"十四五"职业教育国家规划教材

住房和城乡建设部"十四五"规划教材

全国住房和城乡建设职业教育教学指导委员会规划推荐教材

# 市政工程计量与计价

（第五版）

（市政工程技术专业适用）

袁建新　袁　媛　主　编
侯　兰　李剑心　李大平　副主编
夏一云　主　审

中国建筑工业出版社

图书在版编目（CIP）数据

市政工程计量与计价 / 袁建新，袁媛主编；侯兰，李剑心，李大平副主编. — 5版. — 北京：中国建筑工业出版社，2024.1（2025.1重印）
"十四五"职业教育国家规划教材 住房和城乡建设部"十四五"规划教材 全国住房和城乡建设职业教育教学指导委员会规划推荐教材. 市政工程技术专业适用
ISBN 978-7-112-29630-9

Ⅰ. ①市… Ⅱ. ①袁… ②袁… ③侯… ④李… ⑤李… Ⅲ. ①市政工程－工程造价－高等职业教育－教材 Ⅳ. ①TU723.3

中国国家版本馆 CIP 数据核字(2024)第 040850 号

本书是市政工程技术专业主干课程的新型教材，具有条理清楚、重点突出、结合实际、工学结合和可读性强的特点。

本书的主要内容包括市政工程造价原理、市政工程定额编制方法与应用、工程单价、定额计价方式确定市政工程造价、清单计价方式确定市政工程造价、市政工程预算定额、土石方工程工程量清单计价、道路工程工程量清单计价、桥涵工程工程量清单计价、管道工程工程量清单计价、市政工程 BIM 算量概论。

本书适合高职高专院校市政工程技术专业及相关专业学生学习使用，也可供中职学生、技术培训、工程技术人员及大学师生学习和参考。

为了更好地支持相应课程的教学，我们向采用本书作为教材的教师提供课件，有需要者可与出版社联系。

建工书院：http://edu.cabplink.com
邮箱：jckj@cabp.com.cn，2917266507@qq.com
电话：010-58337285

\* \* \*

责任编辑：聂 伟 王美玲
责任校对：张惠雯

"十四五"职业教育国家规划教材
住房和城乡建设部"十四五"规划教材
全国住房和城乡建设职业教育教学指导委员会规划推荐教材
## 市政工程计量与计价（第五版）
（市政工程技术专业适用）
袁建新 袁 媛 主 编
侯 兰 李剑心 李大平 副主编
夏一云 主 审

\*

中国建筑工业出版社出版、发行（北京海淀三里河路9号）
各地新华书店、建筑书店经销
北京红光制版公司制版
天津安泰印刷有限公司印刷

\*

开本：787毫米×1092毫米 1/16 印张：20½ 字数：456千字
2024年8月第五版 2025年1月第二次印刷
定价：58.00元（附数字资源及赠教师课件）
ISBN 978-7-112-29630-9
（42337）

版权所有 翻印必究
如有内容及印装质量问题，请联系本社读者服务中心退换
电话：(010) 58337283 QQ：2885381756
（地址：北京海淀三里河路9号中国建筑工业出版社604室 邮政编码：100037）

# 出版说明

党和国家高度重视教材建设。2016年，中办国办印发了《关于加强和改进新形势下大中小学教材建设的意见》，提出要健全国家教材制度。2019年12月，教育部牵头制定了《普通高等学校教材管理办法》和《职业院校教材管理办法》，旨在全面加强党的领导，切实提高教材建设的科学化水平，打造精品教材。住房和城乡建设部历来重视土建类学科专业教材建设，从"九五"开始组织部级规划教材立项工作，经过近30年的不断建设，规划教材提升了住房和城乡建设行业教材质量和认可度，出版了一系列精品教材，有效促进了行业部门引导专业教育，推动了行业高质量发展。

为进一步加强高等教育、职业教育住房和城乡建设领域学科专业教材建设工作，提高住房和城乡建设行业人才培养质量，2020年12月，住房和城乡建设部办公厅印发《关于申报高等教育职业教育住房和城乡建设领域学科专业"十四五"规划教材的通知》（建办人函〔2020〕656号），开展了住房和城乡建设部"十四五"规划教材选题的申报工作。经过专家评审和部人事司审核，512项选题列入住房和城乡建设领域学科专业"十四五"规划教材（简称规划教材）。2021年9月，住房和城乡建设部印发了《高等教育职业教育住房和城乡建设领域学科专业"十四五"规划教材选题的通知》（建人函〔2021〕36号）。为做好"十四五"规划教材的编写、审核、出版等工作，《通知》要求：（1）规划教材的编著者应依据《住房和城乡建设领域学科专业"十四五"规划教材申请书》（简称《申请书》）中的立项目标、申报依据、工作安排及进度，按时编写出高质量的教材；（2）规划教材编著者所在单位应履行《申请书》中的学校保证计划实施的主要条件，支持编著者按计划完成书稿编写工作；（3）高等学校土建类专业课程教材与教学资源专家委员会、全国住房和城乡建设职业教育教学指导委员会、住房和城乡建设部中等职业教育专业指导委员会应做好规划教材的指导、协调和审稿等工作，保证编写质量；（4）规划教材出版单位应积极配合，做好编辑、出版、发行等工作；（5）规划教材封面和书脊应标注"住房和城乡建设部'十四五'规划教材"字样和统一标识；（6）规划教材应在"十四五"期间完成出版，逾期不能完成的，不再作为《住房和城乡建设领域学科专业"十四五"规划教材》。

住房和城乡建设领域学科专业"十四五"规划教材的特点，一是重点以修订教育部、住房和城乡建设部"十二五""十三五"规划教材为主；二是严格按照专业标准规范要求编写，体现新发展理念；三是系列教材具有明显特点，满足不同层次和类型的学校专业教学要求；四是配备了数字资源，适应现代化教学的要求。规划教材的出版凝聚了作者、主审及编辑的心血，得到了有关院校、出版单位的大力支持，教材建设管理过程有严格保障。希望广大院校及各专业师生在选用、使用过程中，对规划教材的编写、出版质量进行反馈，以促进规划教材建设质量不断提高。

住房和城乡建设部"十四五"规划教材办公室<br>
2021年11月

# 第五版序言

全国住房和城乡建设职业教育教学指导委员会市政工程专业指导委员会（以下简称"专业指导委员会"）是受教育部委托，由住房和城乡建设部牵头组建和管理，对市政工程专业职业教育和培训工作进行研究、咨询、指导和服务的专家组织，每届任期五年。专业指导委员会的主要职能包括：开展市政工程专业人才需求预测分析，提出市政工程专业技术技能人才培养的职业素质、知识和技能要求，指导职业院校教师、教材、教法改革，参与职业教育教学标准体系建设，开展产教对话活动，指导推进校企合作、职教集团建设，指导实训基地建设，指导职业院校技能竞赛，组织课题研究，实施教育教学质量评价，培育和推荐优秀教学成果，组织市政工程专业教学经验交流活动等。

专业指导委员会成立以来，在住房和城乡建设部人事司和全国住房和城乡建设职业教育教学指导委员会的领导下，组织了"市政工程技术专业""给排水工程技术专业"理论教材、实训教材以及市政工程类职教本科教材的编审工作。

本套教材的编审坚持贯彻以能力为本位，以实用为主导的指导思路，毕业的学生具备本专业必需的文化基础、专业理论知识、专业技能和职业素养，成为能胜任市政工程类专业设计、施工、监理、运维及物业设施管理的高素质技术技能人才；坚持以就业为导向，走产学研结合发展道路的办学方针，以提高质量为核心，以增强专业特色为重点，创新教材体系，深化教育教学改革，为我国建设行业发展提供具有爱岗敬业精神的人才支撑和智力支持。专业指导委员会在总结近几年教育教学改革与实践的基础上，通过开发新课程，更新课程内容，增加实训教材，构建了新的教材体系，充分体现了其先进性、创新性、适用性，反映了国内外最新技术和研究成果，突出高等职业教育的特点。

"市政工程技术""给排水工程技术"专业教材的编写工作得到了教育部、住房和城乡建设部人事司的支持，在全国住房和城乡建设职业教育教学指导委员会的领导下，专业指导委员会聘请全国各高职院校多年从事"市政工程技术""给排水工程技术"专业教学、研究、设计、施工的副教授以上的专家担任主编和主审，同时吸收工程一线具有丰富实践经验的工程技术人员及优秀中青年教师参加编写。该系列教材的出版凝聚了全国各高职院校"市政工程技术""给排水工程技术"专业同行的心血，也是他们多年来教学、工作的结晶。值此教材出版之际，专业指导委员会谨向全体主编、主审及参编人员致以崇高的敬意。对大力支持这套教材出版的中国建筑工业出版社表示衷心的感谢，向在编写、审稿、出版过程中给予关心和帮助的单位和同仁致以诚挚的谢意。本套教材全部获评住房和城乡建设部"十四五"规划教材，得到了业内人士的肯定。深信本套教材将会受到高职院校师生和专业工程技术人员欢迎，必将推动市政工程类专业的建设和发展。

全国住房和城乡建设职业教育教学指导委员会<br>
市政工程专业指导委员会

# 第一版序言

近年来，随着国家经济建设的迅速发展，市政工程建设已进入专业化的时代，而且市政工程建设发展规模不断扩大，建设速度不断加快，复杂性增加，因此，需要大批市政工程建设管理和技术人才。针对这一现状，近年来，不少高职高专院校开办市政工程技术专业，但适用的专业教材的匮乏，制约了市政工程技术专业的发展。

高职高专市政工程技术专业是以培养适应社会主义现代化建设需要，德、智、体、美全面发展，掌握本专业必备的基础理论知识，具备市政工程施工、管理、服务等岗位能力要求的高等技术应用性人才为目标，构建学生的知识、能力、素质结构和专业核心课程体系。全国高职高专教育土建类专业教学指导委员会是建设部受教育部委托聘任和管理的专家机构，该机构下设建筑类、土建施工类、建筑设备类、工程管理类、市政工程类五个专业指导分委员会，旨在为高等职业教育的各门学科的建设发展、专业人才的培养模式提供智力支持，因此，市政工程技术专业人才培养目标的定位、培养方案的确定、课程体系的设置、教学大纲的制订均是在市政工程类专业指导分委员会的各成员单位及相关院校的专家经广州会议、贵阳会议、成都会议反复研究制定的，具有科学性、权威性、针对性。为了满足该专业教学需要，市政工程类专业指导分委员会在全国范围内组织有关专业院校骨干教师编写了该专业与教学大纲配套的 10 门核心课程教材，包括：《市政工程识图与构造》《市政工程材料》《土力学与地基基础》《市政工程力学与结构》《市政工程测量》《市政桥梁工程》《市政道路工程》《市政管道工程施工》《市政工程计量与计价》《市政工程施工项目管理》。这套教材体系相互衔接，整体性强；教材内容突出理论知识的应用和实践能力的培养，具有先进性、针对性、实用性。

本次推出的市政工程技术专业 10 门核心课程教材，必将对市政工程技术专业的教学建设、改革与发展产生深远的影响。但是加强内涵建设、提高教学质量是一个永恒主题，教学改革是一个与时俱进的过程，教材建设也是一个吐故纳新的过程，所以希望各用书学校及时反馈教材使用信息，并对教材建设提出宝贵意见；也希望全体编写人员及时总结各院校教学建设和改革的新经验，不断积累和吸收市政工程建设的新技术、新材料、新工艺、新方法，为本套教材的长远建设、修订完善做好充分准备。

全国高职高专教育土建类专业教学指导委员会
市政工程类专业分指导委员会
2007 年 2 月

# 第五版前言

市政工程造价的职业道德和行业规定，包含了在确定市政工程造价工作中，实事求是、吃苦耐劳、精益求精和必须遵守法律法规和反腐倡廉的各项规定。因此，本课程的重点任务之一，就是要使学员通过学习，树立爱党、爱国、热爱专业的思想，及为建设社会主义强国而贡献自己力量的理想。

本教材是"十二五""十三五""十四五"职业教育国家规划教材。

"市政工程计量与计价"是以市政工程技术为基础，工程造价专业知识、方法与技能综合应用的专业核心课程。本教材涵盖了市政工程的土石方、道路、桥涵和管道工程造价计算的重要内容，特别是以独特的编排方式，讲解了市政工程造价原理、市政工程定额计价与清单计价的重要内容，以及运用全国《市政工程消耗量定额》编制了土石方、道路、桥涵和管道工程造价的实例，使学员能够在较短的学习时间内，领会市政工程造价的系统方法，掌握市政工程造价的基本技能。

本教材由四川建筑职业技术学院袁建新、侯兰、李剑心、贺攀明、蒋飞、钱磊，上海城建职业学院袁媛，中国建筑第八工程局有限公司总承包公司总经济师李大平，中交路桥华东工程有限公司项目经理黄祥恩共同完成。

本教材主编为袁建新、袁媛，副主编为侯兰、李剑心、李大平。袁媛编写了教学单元2，侯兰编写了教学单元3，李剑心编写了6.1节、6.2节，贺攀明编写了6.3节，蒋飞编写了5.1节、5.2节、5.3节，钱磊编写了5.4节、5.5节，李大平编写了教学单元7，黄祥恩编写了教学单元8，其余教学单元均由袁建新编写。

本次教材改版得到了中国建筑工业出版社的大力支持和帮助，四川建筑职业技术学院高级工程师夏一云作为本教材主审提出了很多有益的意见和建议，在此一并表示感谢。

另外，由于作者水平有限，书中难免有不当之处，敬请广大读者批评指正。

# 第四版前言

高质量发展是全面建设社会主义现代化国家的首要任务。教育高质量发展是全面建设社会主义现代化国家的优先要素与内生变量,应全面贯彻党的教育方针,落实立德树人根本任务,坚持以人民为中心,在普及、质量、公平、结构等方面实现教育高质量发展的整体提升,提高人才培养与经济社会发展的契合度,培养德智体美劳全面发展的社会主义建设者和接班人,引领广大青年学生坚定不移听党话、跟党走,立志做有理想、敢担当、能吃苦、肯奋斗的新时代好青年,让青春在全面建设社会主义现代化国家的火热实践中绽放绚丽之花。

"市政工程计量与计价"是高等职业教育市政工程技术专业核心课程。本书是运用微课等信息化手段、工学结合的新形态一体化教材。通过本课程的学习,学生在学习市政工程造价原理、市政工程造价计价方式、市政工程定额应用方法的基础上,熟练掌握市政工程预算、市政工程量清单、市政工程量清单报价的编制方法与技能。

本次修订根据《中华人民共和国增值税暂行条例》以及《住房城乡建设部办公厅关于做好建筑业营改增建设工程计价依据调整准备工作的通知》(建办标〔2016〕4号)文件要求和建筑业增值税计算办法,增加了"营改增"后工程造价计算方法的有关内容。

本书由四川建筑职业技术学院袁建新教授、侯兰副教授、李剑心副教授、贺攀明讲师、蒋飞讲师,中国建筑第八工程局有限公司总承包公司李大平高级经济师修编。侯兰编写了教学单元2、李剑心编写了教学单元8、贺攀明编写了教学单元7、蒋飞编写了教学单元3,李大平编写了教学单元10,其余教学单元由袁建新编写。本书由袁建新任主编,李大平任副主编。

本书由广州大学市政技术学院杨玉衡和山西建筑职业技术学院全国注册造价工程师田恒久主审。书稿修订过程中得到了中国建筑工业出版社的大力支持和帮助,为此一并表示衷心的感谢。

由于作者水平有限,书中难免会有不足之处,敬请广大读者批评指正。

# 第三版前言

《市政工程计量与计价》（第三版）根据《建设工程工程量清单计价规范》GB 50500—2013、《市政工程工程量计算规范》GB 50857—2013 进行了全面的修订，反映了当前最新的工程量清单计价内容。

《市政工程计量与计价》（第三版）根据 2013 年清单计价规范和计量规费的内容，进一步完善了清单计价的内容。教材中切合造价工作实际的内容和计算方法，由浅入深、由表及里、由简单到复杂的编排，实现了"螺旋进度法"的教学思想，是工学结合将工作内容转换为学习内容的又一次有益的实践成果。

《市政工程计量与计价》（第三版）由四川建筑职业技术学院袁建新主编。根据 2013 年新清单计价规范的内容对教材的教学单元 1、4、5、8、9 进行了修订。四川建筑职业技术学院黄己伟参加了修订工作，并编写了教学单元 4 的 4.1 节。其余内容由袁建新修订。

本书编写过程中得到了四川建筑职业技术学院马慧丽老师和中国建筑工业出版社的大力支持。为此一并表示感谢。

由于我国的市政工程造价计价方法和计价定额均处于发展时期，加上作者水平有限，书中也难免出现不准确的地方，敬请广大师生和读者批评指正。

# 第 二 版 前 言

《市政工程计量与计价》(第二版)根据《建设工程工程量清单计价规范》GB 50500—2008 版的内容进行了修改。主要对土石方工程量清单计价、道路工程量清单计价、桥涵护岸工程量清单计价、管道工程量清单计价的综合单价确定、分部分项工程量清单费计算、措施项目费计算、其他项目费计算、规费和税金计算进行了全面修改。另外,对书中出现错误的地方也进行了更正。

本教材在使用过程中更加清晰地体现了将市政工程造价理论划分为定额计价方式与清单计价方式取得的学习效果,这种划分是学生完整掌握市政工程造价理论的必要学习途径。

第二版教材编写得到了广州大学市政技术学院杨玉衡教授的大力帮助,在主审教材过程中提出了很好的意见,对此表示感谢。

市政工程造价在不断发展,书中难免有不足之处,敬请广大读者批评指正。

# 第 一 版 前 言

《市政工程计量与计价》是紧跟市政工程技术专业发展要求，满足该专业教学需求的新型教材。

该教材的特点是：思路清晰、条理清楚，通过市政工程造价原理的讲解，清楚地介绍了定额计价方式与清单计价方式的不同点和相互间的联系；重点突出，本书将市政工程预算定额的应用、工程单价编制、施工图预算编制、工程量清单报价编制作为重点；结合实际，选用了具有代表性的全国统一市政工程预算定额作为编制工程量清单报价的依据；工学结合，土石方工程、道路工程、桥涵护岸工程、管道工程等工程量清单报价编制完全从实际工作的要求出发，具有较强的实践性和实用性。

本书由四川建筑职业技术学院袁建新任主编，并编写了第一章、第二章、第三章、第四章、第五章、第六章的第三节、第七章的第二节和第三节、附录一；由徐州建筑职业技术学院的张宝军任副主编，并编写了第九章；四川省德阳市建设工程造价管理站的高级工程师刘德甫编写了第六章的第一节、第二节；四川建筑职业技术学院吴珊编写了第七章的第一节；宁波工程学院周小春编写了第八章；浙江建筑职业技术学院王云江提供了附录二的市政工程施工图。

本书由广州大学市政技术学院杨玉衡主审。

由于作者的水平有限，难免有不足之处，敬请广大读者批评指正。

# 目 录

## 第1篇 知识方法篇

**教学单元1 市政工程造价原理** ··································· 1
  1.1 市政工程建筑产品的内容与特点 ························· 1
  1.2 建设程序的概念和建设项目划分 ························· 2
  1.3 工程造价基本原理 ············································ 3
  1.4 施工图预算编制简例 ········································ 9
  1.5 工程量清单报价编制简例 ·································· 13
  思考题与习题 ························································ 20

**教学单元2 市政工程定额编制方法与应用** ··················· 21
  2.1 编制定额的基本方法 ········································ 21
  2.2 预算定额的特性 ············································· 22
  2.3 预算定额的编制原则 ········································ 23
  2.4 劳动定额编制 ················································· 24
  2.5 材料消耗定额编制 ··········································· 25
  2.6 机械台班定额编制 ··········································· 29
  2.7 预算定额编制 ················································· 31
  2.8 预算定额编制实例 ··········································· 33
  2.9 市政工程预算定额应用 ····································· 37
  思考题与习题 ························································ 43

**教学单元3 工程单价** ·················································· 44
  3.1 概述 ······························································ 44
  3.2 人工单价确定 ················································· 44
  3.3 材料单价确定 ················································· 47
  3.4 机械台班单价确定 ··········································· 49
  思考题与习题 ························································ 52

**教学单元4 定额计价方式确定市政工程造价** ················ 53
  4.1 概述 ······························································ 53
  4.2 工程量计算规则 ············································· 60
  4.3 工程量计算方法 ············································· 68
  4.4 直接费计算及工料机用量分析 ··························· 70
  4.5 材料价差调整 ················································· 74
  4.6 间接费、利润、税金计算方法 ··························· 75

  4.7 建筑安装工程费用计算方法 ··············································· 77
  4.8 施工企业工程取费等级 ····················································· 79
  4.9 间接费、利润、税金费（税）率实例 ········································· 79
  思考题与习题 ·································································· 80

**教学单元 5 清单计价方式确定市政工程造价** ········································ 82
  5.1 工程量清单计价概述 ······················································· 82
  5.2 工程量清单编制内容 ······················································· 83
  5.3 工程量清单报价编制内容 ·················································· 86
  5.4 工程量清单计价与定额计价的区别 ········································· 88
  5.5 工程量清单及其报价格式 ·················································· 89
  5.6 工程量清单编制方法 ······················································ 104
  5.7 工程量清单报价编制方法 ················································· 106
  思考题与习题 ································································· 110

**教学单元 6 市政工程预算定额** ···················································· 112
  6.1 预算定额概述 ···························································· 112
  6.2 某地区人工、材料、机械台班单价 ········································ 114
  6.3 市政工程消耗量定额与计价定额 ·········································· 115
  思考题与习题 ································································· 137

## 第 2 篇 实 践 篇

**教学单元 7 土石方工程工程量清单计价** ············································ 138
  模块 7.1 土石方工程基础知识 ··············································· 138
  模块 7.2 土石方工程工程量清单编制 ········································· 144
  模块 7.3 土石方工程工程量清单报价编制 ····································· 155
  思考题与习题 ································································· 164

**教学单元 8 道路工程工程量清单计价** ·············································· 165
  模块 8.1 道路工程基础知识 ················································· 165
  模块 8.2 道路工程工程量清单编制 ··········································· 177
  模块 8.3 道路工程工程量清单报价编制实例 ··································· 180
  思考题与习题 ································································· 186

**教学单元 9 桥涵工程工程量清单计价** ·············································· 187
  模块 9.1 桥涵工程基础知识 ················································· 187
  模块 9.2 桥涵工程工程量清单编制 ··········································· 190
  模块 9.3 桥涵工程工程量清单报价编制 ······································· 197
  思考题与习题 ································································· 216

**教学单元 10 管道工程工程量清单计价** ············································· 217
  模块 10.1 管道工程基础知识 ················································ 217
  模块 10.2 市政管网工程量清单编制 ·········································· 233
  模块 10.3 市政管网工程量清单报价编制 ······································ 240

思考题与习题 ················································································· 250

**教学单元 11　市政工程 BIM 算量概论** ························································ 251
　　模块 11.1　BIM 概述 ········································································· 251
　　模块 11.2　BIM 软件概述 ····································································· 252
　　模块 11.3　市政工程 BIM 算量应用举例 ······················································ 253
　　思考题与习题 ················································································· 262

**附录　市政工程施工图** ·········································································· 263
　　道路工程说明 ················································································· 263
　　排水施工图总说明 ············································································ 273

**主要参考文献** ···················································································· 311

## 二维码索引

**码 1-1**　桥梁建设先行者——全国劳模张胜林 ······················································ 1
**码 1-2**　市政工程建筑产品内容 ···································································· 1
**码 1-3**　电力排管工程 ············································································· 1
**码 1-4**　建设项目划分 ············································································· 2
**码 2-1**　共和国的脊梁——全国劳模铁人王进喜 ················································· 21
**码 4-1**　热爱专业，为现代化建筑业贡献力量 ···················································· 53
**码 8-1**　道路路基挖方 ············································································ 170
**码 8-2**　路基填土方 ·············································································· 170
**码 8-3**　水泥石灰土基层 ········································································· 171
**码 8-4**　水泥稳定碎石基层 ······································································ 171
**码 8-5**　沥青路面铺设 ············································································ 172
**码 8-6**　道路雨水口砌筑 ········································································· 175
**码 8-7**　道路人行道铺装 ········································································· 175
**码 8-8**　道路侧平石安装 ········································································· 175
**码 8-9**　综合单价编制 ············································································ 180
**码 8-10**　道路工程造价计算 ····································································· 184
**码 9-1**　市政道路箱涵 ············································································ 189
**码 9-2**　桥梁分段式建造 ········································································· 189
**码 9-3**　悬索桥 ···················································································· 190
**码 10-1**　市政污水工程 ·········································································· 223
**码 10-2**　道路雨水工程 ·········································································· 226
**码 10-3**　道路水箅子安装 ······································································· 230

15

# 第1篇　知识方法篇

## 教学单元1　市政工程造价原理

**【课程思政】** 加快"发展素质教育",转变育人方式,做到知行合一,坚持书本学习和实践学习的统一,既让学生掌握知识,更让学生发展智慧、增长才干。

全面贯彻党的教育方针是教学工作的首要任务。"市政工程计量与计价"是培养学生将来从事编制市政工程施工图预算和市政工程工程量清单报价的理实一体化课程。预算和清单报价作为确定市政工程造价的依据,其造价数据的准确性,直接影响工程成本和建设效益。因此,在学习阶段就要培养学生遵守工程造价职业道德规范,养成吃苦耐劳的精神、刻苦训练、逐步精通;要从现在做起,实事求是、精益求精地完成市政工程预算和清单报价的学习和实训任务,把自己培养为行业的能手和高素质的社会主义建设接班人。

码1-1
桥梁建设先行者
——全国劳模
张胜林

**【教学目标】** 学生通过对市政工程建筑产品特点、建设项目划分、工程造价费用构成等知识点的学习,掌握市政工程造价基本原理,会运用确定工程造价的数学模型,会编制施工图预算和工程量清单报价。

### 1.1　市政工程建筑产品的内容与特点

#### 1.1.1　市政工程建筑产品的内容

市政工程包括:道路、桥涵、隧道、地铁、给水、排水、燃气、供热等市政管网工程的土建、管道、设备安装工程,一般称为市政公用设施,简称市政工程。

建筑工人运用劳动工具作用于建筑材料,根据施工图设计的预定目标将其建造成道路、桥梁、地铁、排水管网等建筑产品。

码1-2
市政工程建筑
产品内容

#### 1.1.2　市政工程建筑产品的特点

1. 单件性

市政工程建筑产品具有单件性的特点。因为每一座桥梁、每一条道路都在不同的地点建造,其地质条件、地形条件、气候条件、结构类型、构造类型、外形尺寸等几乎不可能完全相同。所以,市政工程建筑产品具有单件性的特点。这一特点决定了市政工程建筑产品工程造价必须采用单件计算的方法确定。

2. 固定性

市政工程建筑产品的建造必须固定在大地上,建成后一般不能移动。市政工

码1-3
电力排管工程

程建筑产品的固定性的特点，使得每一项产品的建筑材料由于来源地不同而产生单价不同，进而影响工程成本。

3. 流动性

流动性是指施工队伍的流动性。由于工程固定，工程完工后施工队伍又要转移到新的工程地点，使施工人员、机械设备、周转材料等转移到新的工地而发生各种费用。

4. 艰苦性

艰苦性是指建筑施工大多是露天作业，在严冬、盛夏、雨季等气候条件下施工，困难较多，施工作业受到一定影响。由此会产生露天作业措施费。另外还会产生临时设施费等费用。

## 1.2 建设程序的概念和建设项目划分

### 1.2.1 工程建设程序的概念

工程建设程序是指房屋建筑、路桥建筑、设备安装、管道敷设等建筑安装工程从决策、设计、施工到竣工验收全过程必须遵守的有规律的先后顺序。工程建设程序必须依照我国现行的法律法规，有计划有步骤地进行。

工程建设程序主要包括：

1. 可行性研究

可行性研究是运用多种定性和定量的方法对建设项目进行投资决策前的技术经济论证。它的主要任务是研究项目在技术上是否先进适用，经济上是否经济合理，使工程建设项目建立在科学的基础上，以减少项目决策的盲目性。

2. 编制设计任务书

设计任务书又称计划任务书，是确定建设项目以及编制设计文件的依据。

设计任务书一般包括：建设目的与依据；建设规模、产品方案和工艺要求；各种资源、水文、地质、燃料、动力、供水、运输、交通等协作配套条件；资源综合利用和"三废"治理要求；建设地点和占地面积；建设工期；投资估算；经济效益和技术水平等。建设地点要考虑工业布局和环境保护的要求。

3. 编制设计文件

工程项目的设计一般分三个阶段，即初步设计、技术设计和施工图设计。

4. 组织施工

建设项目列入年度计划和具备开工条件后，施工单位按照设计文件的要求，确定施工方案，将施工图设计变成建筑物和构筑物。

5. 竣工验收，交付使用

建设项目按照批准的设计文件的要求全部建完，能够正常使用，就可以办理竣工结算和竣工验收，交付使用。

### 1.2.2 建设项目的划分

工程建设项目按照合理确定工程造价和建设项目管理工作的要求，划分为建设项目、单项工程、单位工程、分部工程、分项工程五个层次。

码1-4
建设项目划分

1. 建设项目

建设项目一般是指一个总体设计范围内，由一个或几个工程项目组成，经济上实行独立核算，行政上实行独立管理，并且建设单位具有法人资格。例如，××高速公路就是一个建设项目。

2. 单项工程

单项工程又称工程项目，它是建设项目的组成部分，是指具有独立的设计文件，竣工后可以独立发挥生产能力或使用效益的工程。例如，某个城区的立交桥、城市道路等分别是一个单项工程。

3. 单位工程

单位工程是单项工程的组成部分，是指具有独立的设计文件，能单独施工，但建成后不能独立发挥生产能力或使用效益的工程。例如，城市道路这个单项工程由道路工程、排水工程、路灯工程等单位工程组成。

4. 分部工程

分部工程是单位工程的组成部分。分部工程一般按不同的构造和工作内容来划分。例如，道路工程这个单位工程由路床整形、道路基层、道路面层、人行道侧缘石及其他等分部工程组成。

5. 分项工程

分项工程是分部工程的组成部分。一般按照分部工程划分的方法，将分部工程划分为若干个分项工程。例如，道路基层分部工程可以划分为10cm厚人工铺装碎石底层、10cm厚人机配合碎石底层、20cm厚人工铺装块石底层等分项工程。

分项工程是市政工程的基本构造要素。通常将这一基本构造要素称为"假定建筑产品"。假定建筑产品虽然没有独立存在的意义，但是这一概念在施工图预算编制原理、计划统计、施工管理、工程成本核算等方面都具有十分重要的意义。

## 1.3 工程造价基本原理

### 1.3.1 工程造价的费用构成

市政工程也是建筑产品。从理论上讲建筑产品的价格也同其他产品一样，由生产这个产品的社会必要劳动量确定，劳动价值论表达为：$C+V+m$。现行的建设预算制度将 $C+V$ 表达为直接费和间接费，$m$ 表达为利润和税金。因此，用施工图预算确定的工程造价由上述四部分费用构成。

1. 直接费

直接费是与建筑产品生产直接有关的各项费用，包括直接工程费和措施费。

（1）直接工程费

直接工程费是指完成工程实体所消耗的各项费用，主要包括人工费、材料费和机械使用费。

（2）措施费

措施费是指有助于完成工程实体所消耗的各项费用，主要包括文明施工、安全施工、冬雨期施工、夜间施工、材料二次搬运、临时设施等各项费用。

2. 间接费

间接费是指不能直接计入某个工程的各项费用，而只有通过分摊的方法计入工程成本，主要包括企业管理费和规费等。

3. 利润

利润是劳动者为企业创造的价值。利润按国家或地方规定的利润率计取。

利润的计取具有竞争性。承包商投标时，可以根据本企业的经营管理水平和建筑市场的供求状况，在允许的范围内确定本企业的利润水平。

4. 税金

税金是劳动者为社会劳动创造的价值。与利润的不同之处是它具有法令性和强制性。按现行规定，税金为增值税。

### 1.3.2　施工图预算确定工程造价的必要性

建筑产品具有产品生产的单件性、建设地点的固定性、施工生产的流动性等特点。这些特点是建筑产品必须通过编制施工图预算确定工程造价的根本原因。

上述建筑产品的三大特性，决定了在实物形态上千差万别及在生产要素上价格的千差万别。这种差别给判定建筑产品统一的价格水平带来了困难，通常工业产品的定价方法已经不适用于建筑产品的定价。

当前，建筑产品价格主要有两种表现形式，一是政府指导价，二是市场竞争价。用施工图预算确定的工程造价属于政府指导价；通过招标投标实现的工程量清单报价属于市场竞争价。不过，应该指出，市场竞争价也是在施工图预算编制方法的基础上确定的。所以，只有掌握了用施工图预算确定工程造价的方法，才能有效地掌握工程量清单报价编制方法。

产品定价的基本规律，除了价值规律外，还应该有两条，一是通过市场竞争形成价格；二是同类产品的价格水平应该基本一致。

对于建筑产品来说，价格水平一致性的要求与建筑产品单件性的差别，是一对需要解决的矛盾。因为我们无法做到既以一个建筑产品为对象来整体定价而又能达到保持价格水平一致性的要求。

人们通过长期的实践和探索，找到了用编制施工图预算确定建筑产品的方法，较好地解决了这一矛盾。因此，从这个意义上讲，施工图预算是确定建筑产品价格的特殊方法。

### 1.3.3　用施工图预算确定工程造价的两个基本前提

为什么说用编制施工图预算确定工程造价的方法解决了价格水平一致性的问题呢？这主要得益于我们采用的两个基本前提。

1. 建筑产品的共同要素——分项工程

建筑产品是结构较复杂、体型庞大的工程。要对这样一个完整产品实行统一定价，不太容易办到。但是，我们已经找到了一个办法，就是按照一定的规则，将建筑产品进行合理分解，层层分解到构成一个完整产品的共同要素——分项工程为止，就能达到对建筑产品统一定价的目的。

从上述建设项目划分的内容和过程来看，将单位工程按不同构造和工作内容可以划分为若干个分部工程。但是，从建筑产品定价的要求来看，仍然不能满足要求。因为以分部工程为对象来定价，其影响因素较多。例如，同样是路面，其结构层不同，如沥青表面处治、沥青贯入式、乳化沥青碎石混合物、沥青混凝土等；其材料不同，如水泥混凝土路面、沥青混凝土路面等。受这些因素影响，其人工、材料消耗的差别较大。所以还必须按不同的构造、材料等要求，将分部工程分解为更为简单的组成部分——分项工程。例如，4cm 厚沥青贯入式路面，人工摊铺 5cm 厚中粒式沥青混凝土路面。

应该指出，分项工程是按一定规则经过逐步分解，最后得到能够用较为简单的施工过程生产出来的，可以用适当计量单位计算的工程基本构造要素。

2. 单位分项工程消耗量标准——预算定额

单位分项工程是指一个单位的分项工程，如 $1m^3$ 土方运输，$1m^2$ 沥青路面铺装等。

将建设项目层层分解后，我们就能采用一定的方法，编制出确定单位分项工程的人工、材料、机械台班消耗量标准——预算定额。

虽然不同的工程项目由不同的分项工程项目和不同的工程量构成，但是，运用预算定额就可以计算出价格水平基本一致的工程造价。这是因为，预算定额确定的每一单位分项工程的人工、材料、机械台班消耗量起到了统一建筑产品劳动消耗量水平的作用，从而使我们能够将各种市政工程不同的工程数量，计算出符合统一价格水平的工程造价。

例如，甲工程的沥青混凝土路面（5cm 厚）为 $2360m^2$，乙工程的沥青混凝土路面（4cm 厚）为 $5768m^2$，虽然工程量不同、厚度不同，但使用了统一的预算定额后，它们的人工、材料、机械台班消耗量水平是一致的。

如果我们在预算定额消耗量的基础上再考虑价格因素，用货币量反映定额基价，那么，就可以计算出直接费，进而计算出间接费、利润和税金，就可以计算出整个建筑产品的工程造价。

### 1.3.4　确定工程造价的数学模型

用编制施工图预算确定工程造价，一般采用下列三种方法，需构建三种数学模型。

1. 单位估价法

单位估价法是编制施工图预算常采用的方法。该方法根据施工图和预算定额，通过计算分项工程量、分项直接工程费，将分项直接工程费汇总成单位工程直接工程费后，再根据措施费费率、间接费费率、利润率、税率分别计算出各项费用和税金，最后汇总成单位工程造价。其数学模型如下：

工程造价＝直接费＋间接费＋利润＋税金

即：以直接费为取费基础的工程造价 $= \left[ \sum_{i=1}^{n}(\text{分项工程量} \times \text{定额基价})_i \right.$

$\left. \times (1＋\text{措施费费率}＋\text{间接费费率}＋\text{利润率}) \right]$

$\times (1＋\text{税率})$

$$\begin{aligned}\text{以人工费为取费}\atop\text{基础的工程造价}=\Big[&\sum_{i=1}^{n}(\text{分项工程量}\times\text{定额基价})_i\\&+\sum_{i=1}^{n}(\text{分项工程量}\times\text{定额基价中人工费})_i\\&\times(\text{措施费费率}+\text{间接费费率}+\text{利润率})\Big]\\&\times(1+\text{税率})\end{aligned}$$

**2. 实物金额法**

当预算定额中只有人工、材料、机械台班消耗量，而没有定额基价的货币量时，我们可以采用实物金额法来计算工程造价。

实物金额法的基本做法是：先算出各分项工程的人工、材料、机械台班消耗量，然后汇总成单位工程的人工、材料、机械台班消耗量，再将这些消耗量分别乘以各自的单价，最后汇总成单位工程直接费。后面各项费用的计算同单位估价法。其数学模型如下：

$$\text{工程造价}=\text{直接费}+\text{间接费}+\text{利润}+\text{税金}$$

即：

$$\begin{aligned}\text{以直接费为取费}\atop\text{基础的工程造价}=\Big\{\Big[&\sum_{i=1}^{n}(\text{分项工程量}\times\text{定额用工量})_i\\&\times\text{工日单价}+\sum_{j=1}^{m}(\text{分项工程量}\times\text{定额材料用量})_j\\&\times\text{材料单价}+\sum_{k=1}^{p}(\text{分项工程量}\times\text{定额机械台班量})_k\\&\times\text{台班单价}\Big]\times(1+\text{措施费费率}+\text{间接费费率}+\text{利润率})\Big\}\\&\times(1+\text{税率})\end{aligned}$$

$$\begin{aligned}\text{以人工费为取费}\atop\text{基础的工程造价}=\Big[&\sum_{i=1}^{n}(\text{分项工程量}\times\text{定额用工量})_i\times\text{工日单价}\\&\times(1+\text{措施费费率}+\text{间接费费率}+\text{利润率})\\&+\sum_{j=1}^{m}(\text{分项工程量}\times\text{定额材料用量})_j\\&\times\text{材料单价}+\sum_{k=1}^{p}(\text{分项工程量}\times\text{定额机械台班量})_k\\&\times\text{台班单价}\Big]\times(1+\text{税率})\end{aligned}$$

**3. 分项工程完全单价计算法**

分项工程完全单价计算法的特点是：以分项工程为对象计算工程造价，再将分项工程造价汇总成单位工程造价。该方法从形式上类似于工程量清单计价法，但又有本质上的区别。

分项工程完全单价计算法的数学模型为：

$$\begin{aligned}\text{以直接费为取费}\atop\text{基础计算工程造价}=\sum_{i=1}^{n}\Big[&(\text{分项工程量}\times\text{定额基价})\\&\times(1+\text{措施费费率}+\text{间接费费率}+\text{利润率})\\&\times(1+\text{税率})\Big]_i\end{aligned}$$

$$\text{以人工费为取费基础计算工程造价} = \sum_{i=1}^{n} \left\{ \left[ (\text{分项工程量} \times \text{定额基价}) + (\text{分项工程量} \times \text{定额用工量} \times \text{工日单价}) \times (\text{措施费费率} + \text{间接费费率} + \text{利润率}) \right] \times (1 + \text{税率}) \right\}_i$$

注：上述数学模型分两种情况表述的原因是，建筑工程造价一般以直接费为基础计算；装饰工程造价或安装工程造价一般以人工费为基础计算。

### 1.3.5 施工图预算编制程序

上述工程造价的数学模型反映了编制施工图预算的本质特征，同时也反映了编制施工图预算的步骤与方法。

所谓施工图预算编制程序是指编制施工图预算有规律的步骤和顺序，包括施工图预算的编制依据、编制内容和编制程序。

1. 施工图预算编制依据

（1）施工图

施工图是计算工程量和套用预算定额的依据。广义地讲，施工图除了施工蓝图外，还包括标准施工图、图纸会审纪要和设计变更等资料。

（2）施工组织设计或施工方案

施工组织设计或施工方案是编制施工图预算过程中，计算工程量和套用预算定额时，确定土方类别、基础工作面大小、构件运输距离及运输方式等的依据。

（3）预算定额

预算定额是确定分项工程项目、计量单位，计算分项工程量、分项工程直接费和人工、材料、机械台班消耗量的依据。

（4）地区材料预算价格

地区材料预算价格（或材料指导价）是计算材料费和调整材料价差的依据。

（5）费用定额和税率

费用定额包括措施费、间接费、利润和税金的计算基础和费率、税率的规定。

（6）施工合同

施工合同是确定收取哪些费用，按多少收取的依据。

2. 施工图预算编制内容

施工图预算编制的主要内容包括：

（1）列出分项工程项目，简称列项；

（2）计算工程量；

（3）套用预算定额及定额基价换算；

（4）工料分析及汇总；

（5）计算直接费；

（6）材料价差调整；

（7）计算间接费；

（8）计算利润；

（9）计算税金；

（10）汇总为工程造价。

3. 施工图预算编制程序

按单位估价法编制施工图预算的程序如图 1-1 所示。

图 1-1　施工图预算编制程序示意图

注："＊"为编制依据。

### 1.3.6　工程量清单报价编制程序

工程量清单报价编制程序是指编制清单报价有规律的步骤和顺序，包括编制依据、编制内容和编制程序。

1. 编制依据

（1）工程量清单

工程量清单是计算分部分项工程量清单费、措施项目费、其他项目费的依据。

（2）《建设工程工程量清单计价规范》GB 50500—2013

《建设工程工程量清单计价规范》GB 50500—2013（以下简称《建设工程工程量清单计价规范》）是编制综合单价、计算各项费用的依据。

（3）施工图

施工图是计算计价工程量，确定分部分项清单项目综合单价的依据。

（4）消耗量定额

消耗量定额是计算分部分项工程消耗量，确定综合单价的依据。

（5）工料机单价

人工单价、材料单价、机械台班单价是编制综合单价的依据。

（6）税率及各项费率

税率是计算税金的依据。规费费率是计算各项规费的依据。有关费率是计算文明施工费等各项措施费的依据。

2. 清单报价的编制内容

（1）计算计价工程量

根据选用的消耗量定额和清单工程量、施工图计算计价工程量。

（2）套用消耗量定额、计算工料机消耗量

计价工程量算完后再套用消耗量定额计算工料机消耗量。

（3）计算综合单价

根据分析出的工料机消耗量和确定的工料机单价，以及管理费率、利润率计算分部分项工程的综合单价。

（4）计算分部分项工程量清单费

根据分部分项工程量清单和综合单价计算分部分项工程量清单费。

（5）计算措施项目费

根据措施项目清单和企业自身的情况自主计算措施项目费。

（6）计算其他项目费

根据其他项目清单和有关条件计算其他项目费。

（7）计算规费

根据政府主管部门规定的文件，计算有关规费。

（8）计算税金

根据国家规定的税金计取办法计算税金。

（9）工程量清单报价

将上述计算出的分部分项工程量清单费、措施项目费、其他项目费、规费、税金汇总为工程量清单报价。

3. 工程量清单报价编制程序

工程量清单报价编制程序如图 1-2 所示。

图 1-2　工程量清单报价编制程序示意图

注："＊"为编制依据。

## 1.4　施工图预算编制简例

某水泥混凝土路面有关数据和要求如下：

混凝土强度等级：C30；

路长：500m；

路宽：26m；

路厚：20cm；

伸缝：每隔80m一道（沥青玛琋脂20mm宽，人工切缝）；

缩缝：每隔2.8m一道（机锯缝）；

路面养生：草袋养护。

### 1.4.1 计算工程量

根据上述条件和《全国统一市政工程预算定额》，计算4项工程量。

1. C30水泥混凝土路面

$$S = 500 \times 26 = 13000 \text{m}^2$$

2. 路面沥青玛琋脂伸缩（20mm宽，人工切缝）

$$S = (500 \div 80 - 1) \times 26 \times 0.20 = 6 \times 26 \times 0.20 = 31.20 \text{m}^2$$

3. 锯缝机锯缝

$$l = 500 \div 2.8 \times 26$$
$$= 179 \times 26$$
$$= 4654 \text{m}$$

4. 路面草袋养护

$$S = 500 \times 26 = 13000 \text{m}^2$$

### 1.4.2 计算定额直接费

1. 《全国统一市政工程预算定额》摘录

《全国统一市政工程预算定额》摘录见表1-1～表1-3。

水泥混凝土路面　　　　　表1-1

工作内容：放样、模板制作、安拆、模板刷油、混凝土纵缝涂沥青油、拌合、浇筑、捣固、抹光或拉毛。

计量单位：100m²

| 定额编号 | | | | 2-287 | 2-288 | 2-289 | 2-290 | 2-291 | 2-292 |
|---|---|---|---|---|---|---|---|---|---|
| 项　目 | | | | 厚度(cm) | | | | | |
| | | | | 15 | 18 | 20 | 22 | 24 | 28 |
| 基价(元) | | | | 780.17 | 885.97 | 962.37 | 1045.71 | 1120.85 | 1274.17 |
| 其中 | 人　工　费(元) | | | 620.62 | 696.35 | 753.87 | 814.54 | 871.61 | 987.56 |
| | 材　料　费(元) | | | 96.25 | 114.14 | 124.09 | 138.65 | 148.60 | 168.93 |
| | 机　械　费(元) | | | 63.30 | 75.48 | 84.41 | 92.52 | 100.64 | 117.68 |
| | 名　称 | 单位 | 单价(元) | 数　　量 | | | | | |
| 人工 | 综合人工 | 工日 | 22.47 | 27.62 | 30.99 | 33.55 | 36.25 | 38.79 | 43.95 |
| 材料 | 混凝土 | m³ | | (15.300) | (18.360) | (20.400) | (22.440) | (24.480) | (28.560) |
| | 板方材 | m³ | 1764.00 | 0.037 | 0.044 | 0.049 | 0.054 | 0.059 | 0.069 |
| | 圆钉 | kg | 6.66 | 0.200 | 0.200 | 0.200 | 0.200 | 0.200 | 0.200 |
| | 铁件 | kg | 3.83 | 5.500 | 6.500 | 6.500 | 7.700 | 7.700 | 7.700 |
| | 水 | m³ | 0.45 | 18.000 | 21.600 | 24.000 | 26.400 | 28.800 | 34.560 |
| | 其他材料费 | % | | 0.50 | 0.50 | 0.50 | 0.50 | 0.50 | 0.50 |
| 机械 | 双锥反转出料混凝土搅拌机 350L | 台班 | 81.16 | 0.780 | 0.930 | 1.040 | 1.140 | 1.240 | 1.450 |

注：表中各项费用均以不包含增值税可抵扣进项税额的价格计算。

**伸缩缝**  表 1-2

工作内容：1. 切缝：放样、缝板制作、备料、熬制沥青、浸泡木板、拌合、嵌缝、烫平缝面；
2. PG道路嵌缝胶：清理缝道、嵌入泡沫背衬带、配制搅拌PG胶、上料灌缝。

计量单位：10m²

| 定额编号 | | | | | 2-293 | 2-294 | 2-295 | 2-296 | 2-297 | 2-298 | 2-299 |
|---|---|---|---|---|---|---|---|---|---|---|---|
| 项目 | | | | | 人工切缝 | | | | | 锯缝机锯缝每10延长米 | PG道路嵌缝胶每100m² |
| | | | | | 伸缝 | | | 缩缝 | | | |
| | | | | | 沥青木板 | 沥青玛琋脂 | 填充塑料胶 | 沥青木板 | 沥青玛琋脂 | | |
| 基 价(元) | | | | | 491.17 | 834.41 | 30.46 | 362.71 | 466.90 | 22.52 | 354.70 |
| 其中 | 人 工 费(元) | | | | 144.03 | 77.75 | 24.72 | 164.48 | 87.86 | 14.38 | 32.81 |
| | 材 料 费(元) | | | | 347.14 | 756.66 | 3.21 | 198.23 | 379.04 | — | 321.89 |
| | 机 械 费(元) | | | | — | — | 2.53 | — | — | 8.14 | — |
| 名 称 | | 单位 | 单价(元) | | 数 量 | | | | | | |
| 人工 | 综合人工 | 工日 | 22.47 | | 6.41 | 3.46 | 1.10 | 7.32 | 3.91 | 0.64 | 1.46 |
| 材料 | 石粉 | kg | 0.095 | | — | 127.40 | — | — | 63.70 | — | — |
| | 钢锯片 | 片 | | | — | — | — | — | — | 0.065 | — |
| | 薄板 20mm | m³ | 1347.00 | | 0.221 | — | — | 0.111 | — | — | — |
| | 石棉 | kg | 4.42 | | — | 126.00 | — | — | 63.00 | — | — |
| | 石油沥青 60～100号 | t | 1400.00 | | 0.033 | 0.127 | — | 0.033 | 0.064 | — | — |
| | 煤 | t | 169.00 | | 0.008 | 0.032 | — | 0.008 | 0.016 | — | — |
| | 木柴 | kg | 0.21 | | 0.800 | 3.200 | — | 0.800 | 1.600 | — | — |
| | 塑料胶条 | kg | 9.12 | | — | — | 0.35 | — | — | — | — |
| | PG道路嵌缝胶 | kg | 16.40 | | — | — | — | — | — | — | 19.53 |
| | 其他材料费 | % | | | 0.50 | 0.50 | 0.50 | 0.50 | 0.50 | 0.50 | 0.50 |
| 机械 | 电动空气压缩机 0.6m³/min | 台班 | 58.85 | | — | — | 0.043 | — | — | — | — |
| | 锯缝机 | 台班 | 38.75 | | — | — | — | — | — | 0.21 | — |

注：表中各项费用均以不包含增值税可抵扣进项税额的价格计算。

**水泥混凝土路面养生**  表 1-3

工作内容：铺盖草袋、铺撒锯末、涂塑料液、铺塑料膜、养生。

计量单位：100m²

| 定额编号 | | 2-300 | 2-301 | 2-302 | 2-303 |
|---|---|---|---|---|---|
| 项目 | | 草袋养护 | 塑料液养护 | 塑料膜养护 | 锯末养护 |
| 基 价(元) | | 132.43 | 340.60 | 121.12 | 53.24 |
| 其中 | 人 工 费(元) | 25.84 | 49.43 | 22.47 | 27.19 |
| | 材 料 费(元) | 106.59 | 259.39 | 98.65 | 26.05 |
| | 机 械 费(元) | — | 31.78 | — | — |

续表

| | 名 称 | 单位 | 单价(元) | 数量 | | | |
|---|---|---|---|---|---|---|---|
| 人工 | 综合人工 | 工日 | 22.47 | 1.15 | 2.20 | 1.00 | 1.21 |
| 材料 | 草袋 | 个 | 2.32 | 43.00 | 10.00 | — | — |
| | 水 | m³ | 0.45 | 14.00 | 2.00 | 4.00 | 21.00 |
| | 塑料薄膜 | kg | 8.76 | — | — | 11.00 | — |
| | 锯末 | m³ | 10.98 | — | — | — | 1.50 |
| | 塑料液 | kg | 7.80 | — | 30.00 | — | — |
| | 其他材料费 | % | | 0.50 | 0.50 | 0.50 | 0.50 |
| 机械 | 电动空气压缩机 0.6m³/min | 台班 | 58.85 | | 0.54 | | |

注：表中各项费用均以不包含增值税可抵扣进项税额的价格计算。

2. 定额直接费计算

根据上述计算的工程量项目套用预算定额摘录中的 2-289（表1-1）、2-294（表1-2）、2-298（表1-2）、2-300（表1-3）号定额及 C30 路面混凝土的指导价计算定额直接费（表1-4）。

C30 路面混凝土指导价：198.00 元/m³；

钢锯片指导价：125.00 元/片。

**路面工程直接费计算表**　　　　　表 1-4

| 序号 | 定额编号 | 项目及主材名称 | 单位 | 数量 | 单价 | | | 合价 | | |
|---|---|---|---|---|---|---|---|---|---|---|
| | | | | | 基价 | 人工费 | 未计价材料单价 | 小计 | 人工费 | 未计价材料费 |
| 1 | 2-289 | C30 水泥混凝土路面 C30 路面混凝土 | m² m³ | 13000 0.204×13000 =2652 | 9.62 | 7.54 | 198.00 | 125060 | 98020 | 525096 |
| 2 | 2-294 | 路面伸缝沥青玛琋脂(20mm宽、人工切缝) | m² | 31.20 | 83.44 | 7.78 | | 2603.33 | 242.74 | |
| 3 | 2-300 | 水泥混凝土路面草袋养护 | m² | 13000 | 1.32 | 0.26 | | 17160 | 3380 | |
| 4 | 2-298 | 锯缝机锯缝 钢锯片 | m 片 | 4654 0.0065×4654 =30.25 | 2.25 | 1.44 | 125.00 | 10471.50 | 6701.76 | 3781.25 |
| | | 合计 | | | | | | 155294.83 | 108344.5 | 528877.25 |

注：表中各单价均以不包含增值税进项税的单价计算。

3. 工程造价计算

工程造价计算包括措施费、规费、企业管理费、利润和税金。

上述路面工程的工程造价计算条件如下：

施工企业资质：二级；

工程类别：一类；

工程所在地：市区；

文明施工费：定额直接费×1.5%；

安全施工费：定额直接费×2%；

临时设施费：定额直接费×2.8%；

社会保障费：定额人工费×16%；

住房公积金：定额人工费×6.0%；

企业管理费：定额直接费×7.5%；

利润：定额直接费×7%；

增值税：（直接费＋间接费＋利润）×9%。

根据表1-4计算出的直接费和上述取费条件，计算路面工程的工程造价（表1-5）。

××路面工程工程造价计算表　　　　表1-5

| 费用名称 | 序号 | 费用项目 | | 计算式 | 金额（元） |
|---|---|---|---|---|---|
| 直接费 | （一） | 直接工程费 | | 见表1-4 155294.83＋528877.25 | 684172.08 |
| | （二） | 其中:定额人工费 | | 见表1-4 | 108344.50 |
| | （三） | 其中:未计价材料费 | | 见表1-4 | 528877.25 |
| | （四） | 措施费 | 文明施工费 | 684172.08×1.5% | 10262.58 |
| | | | 安全施工费 | 684172.08×2% | 13683.44 |
| | | | 临时设施费 | 684172.08×2.8% | 19156.82 |
| 间接费 | （五） | 规费 | 社会保障费 | 108344.50×16% | 17335.12 |
| | | | 住房公积金 | 108344.50×6.0% | 6500.67 |
| | | 企业管理费 | | 684172.08×7.5% | 51312.91 |
| 利润 | （六） | 利润 | | 684172.08×7% | 47892.05 |
| 税金 | （七） | 增值税 | | [（一）＋（四）＋（五）＋（六）]×9%<br>850315.67×9% | 76528.41 |
| 工程造价 | | 工程造价 | | （一）＋（四）＋（五）＋（六）＋（七） | 926844.08 |

注：表中序号（一）～（六）各费用均以不包含增值税可抵扣进项税额的价格计算。

## 1.5　工程量清单报价编制简例

### 1.5.1　某水泥混凝土路面有关数据和要求

混凝土强度等级：C30；

路长：500m；

路宽：26m；

路厚：20cm；

伸缝：沥青玛琋脂伸缝20mm宽，人工切缝，每隔80m一道；

锯缝：锯缝机锯缝；

路面养生：草袋养护。

### 1.5.2 工程量清单

招标人发布的该路面工程量清单见表 1-6～表 1-10。

**分部分项工程量清单与计价表**　　　　　　　　　　　表 1-6

工程名称：××路面　　　　　　标段：　　　　　　第 1 页　共 1 页

| 序号 | 项目编码 | 项目名称 | 项目特征描述 | 计量单位 | 工程量 | 金额（元） | | |
|---|---|---|---|---|---|---|---|---|
| | | | | | | 综合单价 | 合价 | 其中：暂估价 |
| 1 | 040203007001 | 水泥混凝土路面 | 1. 混凝土强度等级、石料最大粒径：C30,5cm；<br>2. 厚度：20cm；<br>3. 伸缝：沥青玛琋脂；<br>4. 掺合料：无 | m² | 13000 | | | |

**总价措施项目清单与计价表**　　　　　　　　　　　表 1-7

工程名称：××路面　　　　　　标段：　　　　　　第 1 页　共 1 页

| 序号 | 项目名称 | 计算基础 | 费率（%） | 金额（元） |
|---|---|---|---|---|
| 1 | 安全文明施工费 | | | |
| 2 | 夜间施工增加费 | | | |
| 3 | 二次搬运费 | | | |
| 4 | 冬雨季施工增加费 | | | |
| 5 | 大型机械设备进出场及安拆费 | | | |
| 6 | 施工排水 | | | |
| 7 | 施工降水 | | | |
| 8 | 地上、地下设施、建筑物的临时保护设施 | | | |
| 9 | 已完工程及设备保护 | | | |
| 10 | 各专业工程的措施项目 | | | |
| | 合　　计 | | | |

**其他项目清单与计价汇总表**　　　　　　　　　　　表 1-8

工程名称：××路面　　　　　　标段：　　　　　　第 1 页　共 1 页

| 序号 | 项目名称 | 计量单位 | 金额（元） | 备注 |
|---|---|---|---|---|
| 1 | 暂列金额 | | 5000 | 明细详见表 1-9 |
| 2 | 暂估价 | | | |
| 2.1 | 材料暂估价 | | | |
| 2.2 | 专业工程暂估价 | | | |
| 3 | 计日工 | | | |
| 4 | 总承包服务费 | | | |
| | 合　　计 | | | — |

注：材料暂估单价计入清单项目综合单价，此处不汇总。

**暂列金额明细表** 表1-9

工程名称：××路面    标段：    第1页 共1页

| 序号 | 项目名称 | 计量单位 | 暂定金额(元) | 备注 |
|---|---|---|---|---|
| 1 | 工程量清单中工程量偏差 | 项 | 2000 | |
| 2 | 材料价格风险 | 项 | 3000 | |
| | 合　　计 | | 5000 | — |

注：此表由招标人填写，如不详列，也可只列暂定金额总额，投标人应将上述暂列金额计入投标总价中。

**规费、税金项目清单与计价表** 表1-10

工程名称：××路面    标段：    第1页 共1页

| 序号 | 项目名称 | 计算基础 | 费率(%) | 金额(元) |
|---|---|---|---|---|
| 1 | 规费 | | | |
| 1.1 | 工程排污费 | | | |
| 1.2 | 社会保障费 | | | |
| (1) | 养老保险费 | | | |
| (2) | 失业保险费 | | | |
| (3) | 医疗保险费 | | | |
| 1.3 | 住房公积金 | | | |
| 1.4 | 危险作业意外伤害保险 | | | |
| 1.5 | 工程定额测定费 | | | |
| 2 | 增值税金 | 分部分项工程费＋措施项目费＋其他项目费＋规费 | | |
| | 合　　计 | | | |

### 1.5.3 确定清单报价的消耗量定额

该路面工程选用《全国统一市政工程预算定额》，其选用的具体定额见教学单元1的1.4节中定额编号为2-289、2-294、2-298、2-300的4个定额。

### 1.5.4 计算计价工程量

根据招标人发布的工程量清单，通过每个项目的编码和采用的消耗量定额来分析是否要重新计算计价工程量。

先分析《市政工程工程量计算规范》GB 50857—2013（以下简称为《市政工程工程量计算规范》）中040203007的项目为水泥混凝土路面，其工程内容主要有混凝土浇筑、伸缩缝、路面养生等。再对应《全国统一市政工程预算定额》分析，该清单项目由2-289（路面混凝土浇筑）、2-294（伸缝）、2-298、2-300（路面养生）四个定额才能计算完整，所以，要计算这4项计价工程量。

1. C30混凝土路面

$$S = 500 \times 26 = 13000 \text{m}^2$$

2. 沥青玛琋脂伸缝（20mm）

$$S = (500 \div 80 - 1) \times 26 \times 0.20 = 31.20 \text{m}^2$$

3. 锯缝机锯缝

$$l = 500 \div 2.8 \times 26 = 179 \times 26 = 4654 \text{m}$$

4. 路面草袋养护

$$S = 500 \times 26 = 13000 \text{m}^2$$

### 1.5.5 计算综合单价

计算综合单价是通过工料机消耗量分析和自主给定工料机单价计算出直接费，自主计算管理费，自主计算利润（表1-11）。其计算过程见表1-12。

投标人自主确定的工料机单价、管理费率、利润率　　　　表1-11

| 序号 | 名称 | 单位 | 单价 | 序号 | 名称 | 单位 | 单价 |
|---|---|---|---|---|---|---|---|
| 1 | C30路面混凝土 | m³ | 187 | 10 | 木柴 | kg | 0.20 |
| 2 | 板枋材 | m³ | 1810 | 11 | 草袋 | 个 | 2.12 |
| 3 | 圆钉 | kg | 5.86 | 12 | 混凝土搅拌机350L | 台班 | 80 |
| 4 | 铁件 | kg | 3.66 | 13 | 人工 | 工日 | 30 |
| 5 | 水 | m³ | 0.40 | 14 | 管理费工料机×5% | | |
| 6 | 石粉 | kg | 0.08 | 15 | 利润工料机×4% | | |
| 7 | 石棉 | kg | 4.10 | 16 | 钢锯片 | 片 | 120.00 |
| 8 | 石油沥青60号 | kg | 1.25 | 17 | 锯缝机 | 台班 | 55.00 |
| 9 | 煤 | kg | 0.20 | | | | |

注：表中各单价均不包含增值税可抵扣进项税额。

工程量清单综合单价分析表　　　　表1-12

工程名称：××路面　　　标段：　　　第1页 共1页

| 项目编码 | 040203007001 | 项目名称 | 水泥混凝土路面 | 计量单位 | m² |
|---|---|---|---|---|---|

清单综合单价组成明细

| 定额编号 | 定额名称 | 定额单位 | 数量 | 单价 ||||  合价 ||||
|---|---|---|---|---|---|---|---|---|---|---|---|
| | | | | 人工费 | 材料费 | 机械费 | 管理费和利润 | 人工费 | 材料费 | 机械费 | 管理费和利润 |
| 2-289 | 水泥混凝土路面 | m² | 13000 | 10.065 | 39.577 | 0.832 | 4.54 | 130845 | 514501 | 10816 | 59020.00 |
| 2-294 | 路面伸缩沥青玛琋脂 | m² | 31.20 | 10.38 | 69.944 | — | 7.20 | 323.86 | 2182.25 | — | 224.64 |
| 2-298 | 锯缝机锯缝 | m | 4654 | 1.92 | 0.784 | 1.155 | 0.35 | 8935.68 | 3648.74 | 5375.37 | 1628.90 |
| 2-300 | 草袋养护 | m² | 13000 | 0.345 | 0.972 | — | 0.12 | 4485 | 12636.00 | — | 1560.00 |
| 人工单价 | | 小计 ||||| 144589.54 | 532967.99 | 16191.37 | 62433.54 |
| 30元/工日 | | 未计价材料费 ||||||||||
| | | 清单项目综合单价 ||||||| 58.17 ||||

| 材料费明细 | 主要材料名称、规格、型号 | 单位 | 数量 | 单价（元） | 合价（元） | 暂估单价（元） | 暂估合价（元） |
|---|---|---|---|---|---|---|---|
| | C30路面混凝土 | m³ | 2652 | 187 | 495924.00 | | |
| | 板枋材 | m³ | 6.37 | 1810 | 11529.70 | | |

续表

| | 主要材料名称、规格、型号 | 单位 | 数量 | 单价（元） | 合价（元） | 暂估单价（元） | 暂估合价（元） |
|---|---|---|---|---|---|---|---|
| 材料费明细 | 圆钉 | kg | 26 | 5.86 | 152.36 | | |
| | 铁件 | kg | 845 | 3.66 | 3092.70 | | |
| | 水 | m³ | 4940 | 0.40 | 1976.00 | | |
| | 石粉 | kg | 397.49 | 0.08 | 31.80 | | |
| | 石棉 | kg | 393.12 | 4.10 | 1611.79 | | |
| | 石油沥青60号 | kg | 396.24 | 1.25 | 495.30 | | |
| | 煤 | kg | 99.84 | 0.20 | 19.97 | | |
| | 木柴 | kg | 9.98 | 0.20 | 2.00 | | |
| | 草袋 | 个 | 5590 | 2.12 | 11850.80 | | |
| | 钢锯片 | 片 | 1820 | 0.40 | 3630.00 | | |
| | 其他材料费 | | | — | 2651.57 | | |
| | 材料费小计 | | | — | 532967.99 | | |

注：1. 如不使用省级或行业建设主管部门发布的计价依据，可不填定额项目、编号等。
  2. 招标文件提供了暂估单价的材料，按暂估的单价填入表内"暂估单价"栏及"暂估合价"栏。
  3. 表中各项费用均按不包含增值税可抵扣进项税额的价格计算。

### 1.5.6 计算分部分项工程费

分部分项工程量清单费计算见表1-13。

**分部分项工程量清单与计价表** 表1-13

工程名称：××路面　　　　　标段：　　　　　第1页 共1页

| 序号 | 项目编码 | 项目名称 | 项目特征描述 | 计量单位 | 工程量 | 金额（元） | | |
|---|---|---|---|---|---|---|---|---|
| | | | | | | 综合单价 | 合价 | 其中：暂估价 |
| 1 | 040203007001 | 水泥混凝土路面 | 1. 混凝土强度等级、石料最大粒径：C30,5cm；<br>2. 厚度：20cm；<br>3. 伸缝：沥青玛琋脂；<br>4. 锯缝机锯缝 | m² | 13000 | 58.17 | 756210 | |

### 1.5.7 确定措施项目费、其他项目费

1. 措施项目费

根据措施项目清单列出的3个项目和有关规定及企业具体情况，自主确定措施项目费。

已知安全施工费按工料机费用合计的1.5%计算；文明施工费按工料机费用合计的2%计算；环境保护费按工料机费用合计的0.3%计算。

临时设施费按工料机费用合计的1%计算。上述措施项目费计算见表1-14。

**总价措施项目清单与计价表**　　　　　　　　　表 1-14

工程名称：××路面　　　　　标段：　　　　　第 1 页　共 1 页

| 序号 | 项目名称 | 计算基础 | 费率(%) | 金额(元) |
|---|---|---|---|---|
| 1 | 安全文明施工费 | | | 33272.94 |
| 1.1 | 环境保护费 | 工料机合计 | 0.3 | 2081.24 |
| 1.2 | 安全施工费 | 工料机合计 | 1.5 | 10406.23 |
| 1.3 | 文明施工费 | 工料机合计 | 2 | 13847.98 |
| 1.4 | 临时设施费 | 工料机合计 | 1 | 6937.49 |
| 2 | 夜间施工增加费 | | | |
| 3 | 二次搬运费 | | | |
| 4 | 冬雨季施工增加费 | | | |
| 5 | 大型机械设备进出场及安拆费 | | | |
| 6 | 施工排水 | | | |
| 7 | 施工降水 | | | |
| 8 | 地上、地下设施、建筑物的临时保护设施 | | | |
| 9 | 已完工程及设备保护 | | | |
| 10 | 各专业工程的措施项目 | | | |
| | 合　　　计 | | | 33272.94 |

2. 其他项目清单计价表

本工程只有暂列金额部分（见前面其他项目清单），不发生其他费用，见表 1-15、表 1-16。

**其他项目清单与计价表**　　　　　　　　　表 1-15

工程名称：××路面　　　　　标段：　　　　　第 1 页　共 1 页

| 序号 | 项目名称 | 计量单位 | 金额(元) | 备注 |
|---|---|---|---|---|
| 1 | 暂列金额 | | 5000 | 明细详见表 1-16 |
| 2 | 暂估价 | | — | |
| 2.1 | 材料暂估价 | | — | |
| 2.2 | 专业工程暂估价 | | — | |
| 3 | 计日工 | | | |
| 4 | 总承包服务费 | | | |
| | | | | |
| | | | | |
| | 合　　　计 | | 5000 | — |

注：材料暂估单价计入清单项目综合单价，此处不汇总。

**暂列金额明细表**　　　　　　　　　　　　　　　表 1-16

工程名称：××路面　　　　　标段：　　　　　第 1 页　共 1 页

| 序号 | 项目名称 | 计量单位 | 暂定金额(元) | 备注 |
|---|---|---|---|---|
| 1 | 工程量清单中工程量偏差 | 项 | 2000 | |
| 2 | 材料价格风险 | 项 | 3000 | |
| | 合　计 | | 5000 | — |

注：1. 此表由招标人填写，如不详列，也可只列暂定金额总额，投标人应将上述暂列金额计入投标总价中。
　　2. 表中各项费用均以不包含增值税可抵扣进项税额的价格计算。

### 1.5.8　计算工程量清单报价

按某地区现行规定，规费应计取社会保障费（按人工费的 22% 计算）；住房公积金（按人工费的 6% 计算）；危险作业意外伤害保险（按人工费的 0.5% 计算）；工程排污费为 1000 元（表 1-17）。

税金按现行规定计算（见表 1-17）。

**规费、税金项目清单与计价表**　　　　　　　　表 1-17

工程名称：××路面　　　　　标段：　　　　　第 1 页　共 1 页

| 序号 | 项目名称 | 计算基础 | 费率(%) | 金额(元) |
|---|---|---|---|---|
| 1 | 规费 | | | 42214.02 |
| 1.1 | 工程排污费 | | | 1000.00 |
| 1.2 | 社会保障费 | | | 31812.70 |
| (1) | 养老保险费 | 人工费 | 14 | 20242.54 |
| (2) | 失业保险费 | 人工费 | 2 | 2891.79 |
| (3) | 医疗保险费 | 人工费 | 6 | 8678.37 |
| 1.3 | 住房公积金 | 人工费 | 6 | 8678.37 |
| 1.4 | 危险作业意外伤害保险 | 人工费 | 0.5 | 722.95 |
| 1.5 | 工程定额测定费 | | | |
| 2 | 增值税税金 | 分部分项工程费+措施项目费+其他项目费+规费 | 9% | 75302.73 |
| | 合　计 | | | 117516.75 |

单位工程投标报价汇总表见表 1-18。

**单位工程投标报价汇总表**　　　　　　　　　　表 1-18

工程名称：××路面　　　　　　　　　　　　　第 1 页　共 1 页

| 序号 | 汇总内容 | 金额(元) | 其中:暂估价(元) |
|---|---|---|---|
| 1 | 分部分项工程 | 756210 | |
| 2 | 措施项目 | 33272.94 | |
| 2.1 | 安全文明施工费 | 33272.94 | — |
| 3 | 其他项目 | 5000 | — |

续表

| 序号 | 汇总内容 | 金额(元) | 其中：暂估价(元) |
|---|---|---|---|
| 3.1 | 暂列金额 | 5000 | — |
| 3.2 | 专业工程暂估价 |  | — |
| 3.3 | 计日工 |  |  |
| 3.4 | 总承包服务费 |  | — |
| 4 | 规费 | 42214.02 |  |
| 5 | 增值税税金 | 75302.73 | — |
| 投标报价合计＝1＋2＋3＋4＋5 | | 911999.69 | |

注：1. 本表适用于单位工程招标控制价或投标报价的汇总，如无单位工程划分，单项工程也使用本表汇总。
2. 表中序号1～序号4各项费用均以不包含增值税可抵扣进项税额的价格计算。

## 思考题与习题

1. 市政工程建筑产品有哪些特点？
2. 什么是工程建设程序？
3. 建设项目是如何划分的？
4. 工程造价由哪些费用构成？
5. 用施工图预算确定工程造价的两个基本前提是什么？
6. 写出确定工程造价的数学模型。
7. 写出施工图预算编制程序。
8. 写出工程量清单报价编制程序。
9. 施工图预算与工程量清单报价有哪些区别？

# 教学单元 2　市政工程定额编制方法与应用

【课程思政】　深入实施科教兴国战略、人才强国战略、创新驱动发展战略，加快建设教育强国、科技强国、人才强国的举措，为推动职业教育高质量发展提供明确的方向。

《营造法式》是中国古代最完善的土木建筑工程著作之一，由北宋著名建筑学家——李诫编著，全书共三十四卷，由释名、制度、功限、料例和图样五部分构成。其中，"功限"相当于现在的人工定额；"料例"相当于现在的材料消耗定额。《营造法式》关于人工和材料消耗量定额的应用，彰显了古代劳动人民的聪明才智，也为现代研究建设定额的起源、理论与方法提供了宝贵的历史资料。

码2-1
共和国的脊梁
——全国劳模
铁人王进喜

【教学目标】　通过对技术测定法、统计计算法、比较类推法等定额编制方法的学习，学生掌握劳动定额、材料消耗定额、机械台班定额、预算定额的编制方法和技能，为熟练运用市政工程预算定额编制施工图预算和工程量清单报价打好基础。

## 2.1　编制定额的基本方法

编制定额的常用方法有以下四种：

### 2.1.1　技术测定法

技术测定法也称计时观察法，是一种科学的编制定额方法。该方法通过对施工过程的具体活动进行实地观察，详细记录工人和施工机械的工作时间消耗，测定完成产品的数量和有关影响因素，将观察记录结果进行分析研究，整理出可靠的数据资料，再运用一定的计算方法算出编制定额的基础数据。

1. 技术测定法的主要步骤

（1）确定拟编定额项目的施工过程，对其组成部分进行必要的划分；

（2）选择正常的施工条件和合适的观察对象；

（3）到施工现场对观察对象进行测时观察，记录完成产品的数量、工时消耗及影响工时消耗的有关因素；

（4）分析整理观察资料。

2. 常用的技术测定方法

（1）测时法

测时法主要用于观察循环施工过程的定额工时消耗。

测时法的特点：精度高，观察技术较复杂。

（2）写实记录法

写实记录法是一种研究各种性质工作时间消耗的技术测定法。采用该方法可以获得工作时间消耗的全部资料。

写实记录法的特点：精度较高、观察方法比较简单。观察对象是一个工人或一个工人小组，采用普通表作为计时工具。

（3）工作日写实法

工作日写实法是研究整个工作班内各种损失时间、休息时间和不可避免中断时间的方法。

工作日写实法的特点：技术简便、资料全面。

### 2.1.2 经验估计法

经验估计法是根据定额员、施工员、内业技术员、老工人的实际工作经验，对生产某一产品或完成某项工作所需的人工、材料、机械台班数量进行分析、讨论、估算，并最终确定消耗量的一种方法。

经验估计法的特点：简单、工作量小、精度差。

### 2.1.3 统计计算法

统计计算法是运用过去统计资料编制定额的一种方法。

统计计算法编制定额简单可行，只要对过去的统计资料加以分析和整理就可以计算出定额消耗指标。缺点是统计资料不可避免地包含各种不合理因素，这些因素必然会影响定额水平，降低定额质量。

### 2.1.4 比较类推法

比较类推法也叫典型定额法。该方法是在同类型的定额子目中，选择有代表性的典型子目，用技术测定法确定各种消耗量，然后根据测定的定额用比较类推的方法编制其他相关定额。

比较类推法简单易行，有一定的准确性。缺点是该方法运用了正比例的关系来编制定额，故有一定的局限性。

## 2.2 预算定额的特性

在社会主义市场经济条件下，定额具有以下三个方面的特性：

### 2.2.1 科学性

预算定额的科学性是指定额是采用技术测定法、统计计算法等科学方法，在认真研究施工生产过程客观规律的基础上，通过长期的观察、测定、统计分析总结生产实践经验以及广泛搜集现场资料的基础上编制的。在编制过程中，对工作时间、现场布置、工具设备改革、工艺过程以及施工生产技术与组织管理等方面，进行科学的研究分析，因而，所编制的预算定额客观地反映了行业的社会平均水平，所以，定额具有科学性。简而言之，用科学的方法编制定额，因而定额具有科学性。

### 2.2.2 权威性

在计划经济体制下，定额具有法令性，即定额经国家主管机关批准颁发后，具有经济法规的性质，执行定额的所有各方必须严格遵守，不能随意改变定额的内容和水平。

但是，在市场经济条件下，定额的执行过程中允许施工企业根据招标投标的具体情况进行调整，内容和水平也可以变化，使其体现了市场经济竞争性的特点和自主报价的特点，故定额的法令性淡化了。所以具有权威性的预算定额既能起到国家宏观调控建筑市场的作用，又能起到让建筑市场充分发育的作用。这种具有权威性的定额，能使承包商在竞争过程中有根据地改变其定额水平，起到推动社会生产力水平发展和提高建设投资效益的作用。具有权威性的定额符合社会主义市场经济条件下建筑产品的生产规律。

定额的权威性是建立在采用先进科学的编制方法上，能正确反映本行业的生产力水平，符合社会主义市场经济的发展规律。

### 2.2.3 群众性

定额的群众性是指定额的制定和执行都必须有广泛的群众基础。因为定额的水平高低主要取决于建筑安装工人所创造的劳动生产力水平的高低；其次，工人直接参加定额的测定工作，有利于制定出容易使用和推广的定额；最后，定额的执行要依靠广大职工的生产实践活动才能完成。

## 2.3 预算定额的编制原则

预算定额的编制原则主要有以下两个：

### 2.3.1 平均水平原则

平均水平是指编制预算定额时应遵循价值规律的要求，即按生产该产品的社会必要劳动量来确定其人工、材料、机械台班消耗量。这就是说，在正常施工条件下，以平均的劳动强度、平均的技术熟练程度、平均的技术装备条件，完成单位合格建筑产品所需的劳动消耗量来确定预算定额的消耗量水平。这种以社会必要劳动量来确定定额水平的原则，称为平均水平原则。

### 2.3.2 简明适用原则

定额的简明与适用是统一体中的一对矛盾，如果只强调简明，适用性就差；如果单纯追求适用，简明性就差。因此，预算定额应在适用的基础上力求简明。

简明适用原则主要体现在以下几个方面：

（1）满足使用各方的需要。例如，满足编制施工图预算、竣工结算、投标报价、工程成本核算、各种计划等的需要，不但要注意项目齐全，而且还要注意补充新结构、新工艺的项目。另外，还要注意每个定额子目的内容划分要恰当。例如，预制构件的制作、运输、安装划分为三个子目较合适，因为在工程施工中，预制构件的制、运、安往往由不同的施工单位来完成。

（2）确定预算定额的计量单位时，要考虑简化工程量的计算。例如，砌墙定额的计量单位采用"$m^3$"要比用"块"更简便。

（3）预算定额中的各种说明，要简明扼要，通俗易懂。

（4）编制预算定额时要尽量少留活口，因为补充预算定额必然会影响定额水平的一致性。

## 2.4 劳动定额编制

预算定额是根据劳动定额、材料消耗定额、机械台班定额编制的，在讨论预算定额编制前应该了解上述三种定额的编制方法。

### 2.4.1 劳动定额的表现形式及相互关系

1. 产量定额

在正常施工条件下某工种工人在单位时间内完成合格产品的数量，称为产量定额。

产量定额的常用单位是：$m^2$/工日、$m^3$/工日、t/工日、套/工日、组/工日等。

例如，砌一砖半厚标准砖基础的产量定额为：1.08$m^3$/工日。

2. 时间定额

在正常施工条件下，某工种工人完成单位合格产品所需的劳动时间，称为时间定额。

时间定额的常用单位是：工日/$m^2$、工日/$m^3$、工日/t、工日/组等。

例如，现浇混凝土过梁的时间定额为：1.99 工日/$m^3$。

3. 产量定额与时间定额的关系

产量定额和时间定额是劳动定额两种不同的表现形式，它们之间是互为倒数的关系。

$$时间定额 = \frac{1}{产量定额}$$

或：

$$时间定额 \times 产量定额 = 1$$

利用这种倒数关系我们就可以求另外一种表现形式的劳动定额。例如：

$$一砖半厚砖基础的时间定额 = \frac{1}{产量定额} = \frac{1}{1.08} = 0.926 \text{ 工日}/m^3$$

$$现浇过梁的产量定额 = \frac{1}{时间定额} = \frac{1}{1.99} = 0.503 m^3/\text{工日}$$

### 2.4.2 时间定额与产量定额的特点

产量定额以"$m^2$/工日、$m^3$/工日、t/工日、套/工日"等单位表示，数量直观、具体，容易被工人理解和接受，因此，产量定额适用于向工人班组下达生产任务。

时间定额以"工日/$m^2$、工日/$m^3$、工日/t、工日/组"等为单位，不同的工作内容有共同的时间单位，定额完成量可以相加，因此，时间定额适用于劳动计划的编制和统计完成任务情况。

### 2.4.3 劳动定额编制方法

在取得现场测定资料后，一般采用以下计算公式编制劳动定额。

$$N = \frac{N_{基} \times 100}{100 - (N_{辅} + N_{准} + N_{息} + N_{断})}$$

式中　$N$——单位产品时间定额；

$N_{基}$——完成单位产品的基本工作时间;
$N_{辅}$——辅助工作时间占全部定额工作时间的百分比;
$N_{准}$——准备与结束时间占全部定额工作时间的百分比;
$N_{息}$——休息时间占全部定额工作时间的百分比;
$N_{断}$——不可避免的中断时间占全部定额工作时间的百分比。

【例 2-1】 根据下列现场测定资料,计算每 100m² 水泥砂浆抹地面的时间定额和产量定额。

基本工作时间:1450 工分/50m²;
辅助工作时间:占全部工作时间 3%;
准备与结束工作时间:占全部工作时间 2%;
不可避免中断时间:占全部工作时间 2.5%;
休息时间:占全部工作时间 10%。

【解】

$$抹100m^2水泥砂浆地面的时间定额 = \frac{1450 \times 100}{100-(3+2+2.5+10)} \div 50 \times 100$$

$$= \frac{145000}{100-17.5} \times \frac{100}{50} = \frac{145000}{82.5} \times 2$$

$$= 3515 \text{ 工分} = 58.58 \text{ 工时}$$

$$= 7.32 \text{ 工日}$$

抹水泥砂浆地面的时间定额 = 7.32 工日/100m²

抹水泥砂浆地面的产量定额 = $\frac{1}{7.32}$ = 0.137(100m²)/工日 = 13.7m²/工日

## 2.5 材料消耗定额编制

### 2.5.1 材料净用量定额和损耗量定额

1. 材料消耗量定额的构成

材料消耗量定额包括:
(1) 直接消耗用于建筑安装工程上的构成工程实体的材料;
(2) 不可避免产生的施工废料;
(3) 不可避免的材料施工操作损耗。

2. 材料消耗净用量定额与材料损耗量定额的划分

直接构成工程实体的材料用量定额,称为材料消耗净用量定额。

不可避免的施工废料和施工操作损耗定额,称为材料损耗量定额。

3. 净用量定额与损耗量定额之间的关系

$$材料消耗定额 = 材料消耗净用量定额 + 材料损耗量定额$$

$$材料损耗率 = \frac{材料损耗量定额}{材料消耗量定额} \times 100\%$$

或:

$$材料损耗率 = \frac{材料损耗量}{材料总消耗量} \times 100\%$$

$$材料消耗定额 = \frac{材料消耗净用量定额}{1 - 材料损耗率}$$

或：
$$总消耗量 = \frac{净用量}{1-损耗率}$$

在实际工作中，为了简化上述计算过程，常用以下公式计算总消耗量：
$$总消耗量 = 净用量 \times (1+损耗率')$$

其中：
$$损耗率' = \frac{损耗量}{净用量}$$

### 2.5.2 编制材料消耗定额的基本方法

1. 现场技术测定法

用该方法可以取得编制材料消耗定额的全部资料。

一般情况，材料消耗定额中的净用量比较容易确定，损耗量较难确定。可以通过现场技术测定方法来确定材料的损耗量。

2. 试验法

试验法是在试验室内采用专门的仪器设备，通过试验的方法来确定材料消耗定额的一种方法。用这种方法提供的数据，虽然精确度较高，但容易脱离现场实际情况。

3. 统计法

统计法是通过对现场用料的大量统计资料进行分析计算的一种方法。用该方法可以获得材料消耗定额的数据。

虽然统计法比较简单，但不能准确区分材料消耗的性质，因而不能区分材料净用量和损耗量，只能笼统地确定材料消耗定额。

4. 理论计算法

理论计算法是运用一定的计算公式确定材料消耗定额的方法。该方法较适合计算块状、板状、卷材状的材料消耗量计算。

### 2.5.3 砌体材料用量计算方法

1. 砌体材料用量计算的一般公式

$$每立方米砌体砌块净用量(块) = \frac{1m^3 砌体}{墙厚 \times (砌块长+灰缝) \times (砌块厚+灰缝) \times 分母体积中砌块的数量}$$

$$砂浆净用量 = 1m^3 砌体 - 砌块净数量 \times 砌块的单位体积$$

2. 砖砌体材料用量计算（图 2-1）

灰砂砖的尺寸为 240mm×115mm×53mm，其材料用量计算公式为：

$$每立方米砌体灰砌砖净用量(块) = \frac{1}{墙厚 \times (砖长+灰缝) \times (砖厚+灰缝)} \times 墙厚的砖数 \times 2$$

$$灰砂砖总消耗量 = \frac{净用量}{1-损耗率}$$

$$砂浆净用量 = 1m^3 - 灰砂砖净用量 \times 0.24 \times 0.115 \times 0.053$$

$$砂浆总消耗量 = \frac{净用量}{1-损耗率}$$

【例 2-2】 计算 $1m^3$ 一砖厚灰砂砖墙的砖和砂浆的总消耗量，灰缝 10mm 厚，砖损耗率 1.5%，砂浆损耗率 1.2%。

图 2-1 砖砌体计算尺寸示意图

【解】（1）灰砂砖净用量

$$\text{每立方米砖墙砂砖净用量} = \frac{1}{0.24\times(0.24+0.01)\times(0.053+0.01)}\times 1\times 2$$

$$= \frac{1}{0.24\times 0.25\times 0.063}\times 2$$

$$= \frac{1}{0.00378}\times 2$$

$$= 529.1 \text{块}$$

（2）灰砂砖总消耗量

$$\text{每立方米砌墙灰砂砖总消耗量} = \frac{529.1}{1-1.5\%} = \frac{529.1}{0.985} = 537.16 \text{块}$$

（3）砂浆净用量

$$\text{每立方米砌体砂浆净用量} = 1 - 529.1\times 0.24\times 0.115\times 0.053 = 1 - 0.773967 = 0.226 \text{m}^3$$

（4）砂浆总消耗量

$$\text{每立方米砌体砂浆总消耗量} = \frac{0.226}{1-1.2\%} = \frac{0.226}{0.988} = 0.229 \text{m}^3$$

3. 砌块砌体材料用量计算

【例 2-3】 计算尺寸为 390mm×190mm×190mm 的 1m³ 的 190mm 厚混凝土空心砌块墙的砌块和砂浆总消耗量，灰缝 10mm，砌块与砂浆的损耗率均为 1.8%。

【解】（1）空心砌块总消耗量

$$\text{每立方米砌体空心砌块净用量} = \frac{1}{0.19\times(0.39+0.01)\times(0.19+0.01)}\times 1$$

$$= \frac{1}{0.19\times 0.40\times 0.20} = 65.8 \text{块}$$

$$\text{每立方米砌体空心砌块总消耗量} = \frac{65.8}{1-1.8\%} = \frac{65.8}{0.982} = 67.0 \text{块}$$

（2）砂浆总消耗量

$$\text{每立方米砌体砂浆净用量} = 1 - 65.8\times 0.19\times 0.19\times 0.39$$

$$= 1 - 0.9264 = 0.074 \text{m}^3$$

$$\frac{\text{每立方米砌体}}{\text{砂浆总消耗量}} = \frac{0.074}{1-1.8\%}$$

$$= \frac{0.074}{0.982} = 0.075 \text{m}^3$$

### 2.5.4 块料面层材料用量计算

$$\frac{\text{每100m}^2 \text{材料}}{\text{面层净用量}}(\text{块}) = \frac{100}{(\text{块料长}+\text{灰缝}) \times (\text{块料宽}+\text{灰缝})}$$

$$\frac{\text{每100m}^2 \text{块料}}{\text{总消耗量}}(\text{块}) = \frac{\text{净用量}}{1-\text{损耗率}}$$

$$\frac{\text{每100m}^2 \text{结合}}{\text{层砂浆净用量}} = 100\text{m}^2 \times \text{结合层厚度}$$

$$\frac{\text{每100m}^2 \text{结合}}{\text{层砂浆总消耗量}} = \frac{\text{净用量}}{1-\text{损耗率}}$$

$$\frac{\text{每100m}^2 \text{块料面层}}{\text{灰缝砂浆净用量}} = (100-\text{块料长} \times \text{块料宽} \times \text{块料净用量}) \times \text{灰缝深}$$

$$\frac{\text{每100m}^2 \text{块料面层}}{\text{灰缝砂浆总消耗量}} = \frac{\text{净用量}}{1-\text{损耗率}}$$

**【例 2-4】** 用水泥砂浆贴 500mm×500mm×15mm 花岗石地面，结合层 5mm 厚，灰缝 1mm 宽，花岗石损耗率 2%，砂浆损耗率 1.5%，试计算每 100m² 地面的花岗石和砂浆的总消耗量。

**【解】**（1）计算花岗石总消耗量

$$\frac{\text{每100m}^2 \text{地面花}}{\text{岗石净消耗量}} = \frac{100}{(0.5+0.001) \times (0.5+0.001)}$$

$$= \frac{100}{0.501 \times 0.501}$$

$$= 398.4 \text{块}$$

$$\frac{\text{每100m}^2 \text{地面花}}{\text{岗石总消耗量}} = \frac{398.4}{1-2\%} = \frac{398.4}{0.98} = 406.5 \text{块}$$

（2）计算砂浆总消耗量

$$\frac{\text{每100m}^2 \text{花岗石地面}}{\text{结合层砂浆净用量}} = 100 \times 0.005 = 0.5 \text{m}^3$$

$$\frac{\text{每100m}^2 \text{花岗石地面}}{\text{灰缝砂浆净用量}} = (100-0.5 \times 0.5 \times 398.4) \times 0.015$$

$$= (100-99.6) \times 0.015$$

$$= 0.006 \text{m}^3$$

$$\text{砂浆总消耗量} = \frac{0.5+0.006}{1-1.5\%} = \frac{0.506}{0.985} = 0.514 \text{m}^3$$

### 2.5.5 预制构件模板摊销量计算

预制构件模板摊销量是按多次使用、平均摊销的方法计算的，计算公式如下：

$$\frac{\text{模板一次}}{\text{使用量}} = \frac{1\text{m}^3 \text{构件模}}{\text{板接触面积}} \times \frac{1\text{m}^2 \text{接触面}}{\text{积模板净用量}} \times \frac{1}{1-\text{损耗率}}$$

$$模板摊销量 = \frac{一次使用量}{周转次数}$$

**【例 2-5】** 根据选定的预制过梁标准图计算,每立方米构件的模板接触面积为 10.16m², 每立方米接触面积的模板净用量 0.095m³, 模板损耗率 5%, 模板周转 28 次, 试计算每立方米预制过梁的模板摊销量。

**【解】** (1) 模板一次使用量计算

$$模板一次使用量 = 10.16 \times 0.095 \times \frac{1}{1-5\%}$$
$$= \frac{0.9652}{0.95} = 1.016 \text{m}^3$$

(2) 模板摊销量计算

$$预制过梁模板摊销量 = \frac{1.016}{28} = 0.036 \text{m}^3$$

## 2.6 机械台班定额编制

施工机械台班定额是施工机械生产率的反映。编制高质量的机械台班定额是合理组织机械施工,有效利用施工机械,进一步提高机械生产率的必备条件。

编制机械台班定额,主要包括以下内容:

### 2.6.1 拟定正常施工条件

机械操作与人工操作相比,劳动生产率在更大程度上受施工条件的影响,所以需要更好地拟定正常的施工条件。

拟定机械工作正常的施工条件,主要是拟定工作地点的合理组织和拟定合理的工人编制。

### 2.6.2 确定机械纯工作一小时的正常生产率

确定机械正常生产率必须先确定机械纯工作一小时的正常劳动生产率。因为只有先取得机械纯工作一小时正常生产率,才能根据机械利用系数计算出施工机械台班定额。

机械纯工作时间,就是指机械必须消耗的净工作时间,包括:正常负荷下工作时间、有根据降低负荷下工作时间、不可避免的无负荷工作时间、不可避免的中断时间。

机械纯工作一小时的正常生产率,就是在正常施工条件下,由具备一定技能的技术工人操作施工机械净工作一小时的劳动生产率。

确定机械纯工作一小时正常劳动生产率可分三步进行。

第一步,计算机械循环一次的正常延续时间。它等于本次循环中各组成部分延续时间之和,计算公式为:

$$机械循环一次正常延续时间 = \sum 循环内各组成部分延续时间$$

**【例 2-6】** 某轮胎式起重机吊装大型屋面板,每次吊装一块,经过现场计时观察,测得循环一次的各组成部分的平均延续时间如下,试计算机械循环一次的正常延续时间。

挂钩时的停车 30.2s；
将屋面板吊至 15m 高 95.6s；
将屋面板下落就位 54.3s；
解钩时的停车 38.7s；
回转悬臂、放下吊绳空回至构件堆放处 51.4s。

【解】 轮胎式起重机循环一次的正常延续时间 $= 30.2 + 95.6 + 54.3 + 38.7 + 51.4$
$= 270.2s$

第二步，计算机械纯工作一小时的循环次数，计算公式为：

$$\text{机械纯工作一小时循环次数} = \frac{60 \times 60}{\text{一次循环的正常延续时间}}$$

【例 2-7】 根据例 2-6 的计算结果，计算轮胎式起重机纯工作一小时的循环次数。

【解】 $\text{轮胎式起重机纯工作一小时循环次数} = \frac{60 \times 60}{270.2} = 13.32$ 次

第三步，求机械纯工作一小时的正常生产率，计算公式为：

$$\text{机械纯工作一小时正常生产率} = \text{机械纯工作一小时正常循环次数} \times \text{一次循环的产品数量}$$

【例 2-8】 根据例 2-7 计算结果和每次吊装的产品数量，计算轮胎式起重机纯工作一小时的正常生产率。

【解】 $\text{轮胎式起重机纯工作一小时正常生产率} = 13.32 \times 1 = 13.32$ 块

### 2.6.3 确定施工机械的正常利用系数

机械的正常利用系数，是指机械在工作班内工作时间的利用率。

机械正常利用系数与工作班内的工作状况有着密切的关系。

拟定工作班的正常状况，关键是如何保证合理利用工时，因此，要注意下列几个问题：

(1) 尽量利用不可避免的中断时间、工作开始前与结束后的时间，进行机械的维护和养护。

(2) 尽量利用不可避免的中间时间作为工人的休息时间。

(3) 根据机械工作的特点，在担负不同工作时，规定不同的开始与结束时间。

(4) 合理组织施工现场，排除由于施工管理不善造成的机械停歇。

确定机械正常利用系数，首先要计算工作班在正常状况下，准备与结束工作、机械开动、机械维护等工作必须消耗的时间，以及有效工作的开始与结束时间，然后再计算机械工作班的纯工作时间，最后确定机械正常利用系数。机械正常利用系数按下列公式计算。

$$\text{机械正常利用系数} = \frac{\text{工作班内机械纯工作时间}}{\text{机械工作班延续时间}}$$

### 2.6.4 计算机械台班定额

计算机械台班定额是编制机械台班定额的最后一个环节。

在确定了机械正常工作条件、机械一小时纯工作时间正常生产率和机械利用系数后，就可以确定施工机械台班产量定额。计算公式如下：

$$\text{施工机械台班产量定额} = \text{机械纯工作一小时正常生产率} \times \text{工作班延续时间} \times \text{机械正常利用系数}$$

【例 2-9】 轮胎式起重机吊装大型屋面板，机械纯工作 1 小时的正常生产率为 13.32 块，工作班 8 小时内实际工作时间 7.2 小时，求产量定额和时间定额。

【解】（1）计算机械正常利用系数

$$\text{机械正常利用系数} = \frac{7.2}{8} = 0.9$$

（2）计算机械台班产量定额

$$\text{轮胎式起重机台班产量定额} = 13.32 \times 8 \times 0.9 = 96 \text{块/台班}$$

（3）求机械台班时间定额

$$\text{轮胎式起重机台班时间定额} = \frac{1}{96} = 0.01 \text{台班/块}$$

## 2.7 预算定额编制

### 2.7.1 预算定额的编制步骤

编制预算定额一般分为以下三个阶段进行。

1. 准备工作阶段

（1）根据工程造价主管部门的要求，组织编制预算定额的领导机构和专业小组。

（2）拟定编制定额的工作方案，提出编制定额的基本要求，确定编制定额的原则、适用范围，确定定额的项目划分以及定额表格形式等。

（3）调查研究，收集各种编制依据和资料。

2. 编制初稿阶段

（1）对调查和收集的资料进行分析研究。

（2）按编制方案中项目划分的要求和选定的典型工程施工图计算工程量。

（3）根据取定的各项消耗指标和有关编制依据，计算分项工程定额中的人工、材料和机械台班消耗量，编制出定额项目表。

（4）测算定额水平。定额初稿编出后，应将新编定额与原定额进行比较，测算新定额的水平。

3. 修改和定稿阶段

组织有关部门和单位讨论新编定额，将征求到的意见交编制专业小组修改定稿，并写出送审报告，交审批机关审定。

### 2.7.2 确定预算定额消耗量指标

1. 预算定额项目计量单位的确定

预算定额项目计量单位的选择，与预算定额的准确性、简明适用性有着密切的关系。因此，要首先确定好预算定额各项目的计量单位。

在确定项目计量单位时，应首先考虑采用该单位能否确切反映单位产品的工、料、机消耗量，保证预算定额的准确性；其次，要有利于减少定额项目数量，提高定额的综合性；最后，要有利于简化工程量计算和预算的编制，保证预算的准确性和及时性。

由于各分项工程的形状不同，定额计量单位应根据分项工程不同的形状特征和变化规律来确定。一般要求如下：

凡物体的长、宽、高三个度量都在变化时，应采用"$m^3$"为计量单位。例如，土方、石方、砌筑、混凝土构件等项目。

当物体有一固定的厚度，而长和宽两个度量所决定的面积不固定时，宜采用"$m^2$"为计量单位。例如，楼地面面层、屋面防水层、装饰抹灰、木地板等项目。

如果物体截面形状大小固定，但长度不固定时，应以延长米为计量单位。例如，装饰线、栏杆扶手、给水排水管道、导线敷设等项目。

有的项目体积、面积变化不大，但重量和价格差异较大，如金属结构制、运、安等，应当以质量单位"t"或"kg"计算。

有的项目还可以"个、组、座、套"等自然计量单位计算。例如，屋面排水用的水斗、水口以及给水排水管道中的阀门、水嘴安装等均以"个"为计量单位；电气照明工程中的各种灯具安装则以"套"为计量单位。

预算定额项目计量单位确定之后，在预算定额项目表中，常用所采用单位的"10倍"或"100倍"等倍数的计量单位来计算定额消耗量。

2. 预算定额消耗指标的确定

确定预算定额消耗指标，一般按以下步骤进行。

（1）按选定的典型工程施工图及有关资料计算工程量

计算工程量的目的是为了综合不同类型工程在本定额项目中实物消耗量的比例数，使定额项目的消耗量更具有广泛性、代表性。

（2）确定人工消耗指标

预算定额中的人工消耗指标是指完成该分项工程必须消耗的各种用工量，包括基本用工、材料超运距用工、辅助用工和人工幅度差。

1）基本用工：指完成该分项工程的主要用工。例如，砌砖墙中的砌砖、调制砂浆、运砖等的用工。采用劳动定额综合成预算定额项目时，还要增加附墙烟囱、垃圾道砌筑等的用工。

2）材料超运距用工：拟定预算定额项目的材料、半成品平均运距要比劳动定额中确定的平均运距远。因此在编制预算定额时，比劳动定额远的那部分运距，要计算超运距用工。

3）辅助用工：指施工现场发生的加工材料的用工。例如筛砂子、淋石灰膏的用工。这类用工在劳动定额中是单独的项目，但在编制预算定额时，要综合进去。

4）人工幅度差：主要指在正常施工条件下，预算定额项目中劳动定额没有包含的用工因素以及预算定额与劳动定额的水平差。例如，各工种交叉作业的停歇时间，工程质量检查和隐蔽工程验收等所占的时间。

预算定额的人工幅度差系数一般为 10%～15%。人工幅度差的计算公式为：
人工幅度差＝(基本用工＋材料超运距用工＋辅助用工)×人工幅度差系数

（3）材料消耗指标的确定

由于预算定额是在劳动定额、材料消耗定额、机械台班定额的基础上综合而成的，所以其材料消耗量也要综合计算。例如，每砌 $10m^3$ 一砖内墙的灰砂砖和砂浆用量的计算过程如下：

1) 计算 $10m^3$ 一砖内墙的灰砂砖净用量；
2) 根据典型工程的施工图计算每 $10m^3$ 一砖内墙中梁头、板头所占体积；
3) 扣除 $10m^3$ 砖墙体积中梁头、板头所占体积；
4) 计算 $10m^3$ 一砖内墙砌筑砂浆净用量；
5) 计算 $10m^3$ 一砖内墙灰砂砖和砂浆的总消耗量。

（4）机械台班消耗指标的确定

预算定额中配合工人班组施工的施工机械，按工人小组的产量计算台班产量。分项工程定额机械台班使用量的计算公式为：

$$分项工程定额机械台班使用量 = \frac{分项工程定额计量单位值}{小组总产量}$$

### 2.7.3 编制预算定额项目表

当分项工程的人工、材料、机械台班消耗量指标确定后，就可以着手编制预算定额项目表。根据典型工程计算编制的预算定额项目表见表 2-1。

**预算定额项目表**　　　　　　　　　　　表 2-1

工程内容：略　　　　　　　　　　　　　　　　　　　　　单位：$10m^3$

| 定额编号 | | | ×××× | ×××× |
|---|---|---|---|---|
| 项目 | | 单位 | 混合砂浆砌砖墙 | |
| | | | 1 砖 | 3/4 砖 |
| 人工 | 砖工 | 工日 | 12.046 | |
| | 其他用工 | 工日 | 2.736 | …… |
| | 小计 | 工日 | 14.782 | |
| 材料 | 灰砂砖 | 千块 | 5.194 | |
| | 砂浆 | $m^3$ | 2.218 | …… |
| | 水 | $m^3$ | 2.16 | |
| 机械 | 2t 塔式起重机 | 台班 | 0.475 | …… |
| | 200L 灰浆搅拌机 | 台班 | 0.475 | |

## 2.8 预算定额编制实例

### 2.8.1 典型工程工程量计算

本书选择了 6 个典型工程计算一砖厚标准砖内墙及墙内构件体积，分别是某加工车间、某职工住宅、某中学教学楼、某高职教学楼、某综合楼、某住宅商品房。具体计算过程见表2-2。

标准砖一砖内墙及墙内构件体积工程量计算表　　　　表 2-2

分部名称：砖石工程　　　　　　　项目：砖内墙
分节名称：砌砖　　　　　　　　　子目：一砖厚

| 序号 | 工程名称 | 砖墙体积 (m³) | | 门窗面积 (m²) | | 板头体积 (m³) | | 梁头体积 (m³) | | 弧形及圆形碴 (m) | 附墙烟囱孔 (m) | 垃圾道 (m) | 抗震柱孔 (m) | 墙顶抹灰找平 (m²) | 壁橱 (个) | 吊柜 (个) |
|---|---|---|---|---|---|---|---|---|---|---|---|---|---|---|---|---|
| | | 1 | 2 | 3 | 4 | 5 | 6 | 7 | 8 | 9 | 10 | 11 | 12 | 13 | 14 | 15 |
| | | 数量 | % | 数量 | % | 数量 | % | 数量 | % | 数量 | 数量 | 数量 | 数量 | 数量 | 数量 | 数量 |
| 一 | 某加工车间 | 30.01 | 2.51 | 24.50 | 16.38 | 0.26 | 0.87 | | | | | | | | | |
| 二 | 某职工住宅 | 66.10 | 5.53 | 40.00 | 12.68 | 2.41 | 3.65 | 0.17 | 0.26 | 7.18 | | | 59.39 | 8.21 | | |
| 三 | 某中学教学楼 | 149.13 | 12.47 | 47.92 | 7.16 | 0.17 | 0.11 | 2.00 | 1.34 | | | | | 10.33 | | |
| 四 | 某高职教学楼 | 164.14 | 13.72 | 185.09 | 21.30 | 5.89 | 3.59 | 0.46 | 0.28 | | | | | | | |
| 五 | 某综合楼 | 432.12 | 36.12 | 250.16 | 12.20 | 10.01 | 2.32 | 3.55 | 0.82 | | 217.36 | 19.45 | 161.31 | 28.68 | | |
| 六 | 某住宅商品房 | 354.73 | 29.65 | 191.58 | 11.47 | 8.65 | 2.44 | | | | 189.36 | 16.44 | 138.17 | 27.54 | 2 | 2 |
| | 合计 | 1196.23 | 100 | 739.25 | 81.89 | 27.39 | 2.29 | 6.18 | 0.52 | 7.18 | 406.72 | 35.89 | 358.87 | 74.76 | 2 | 2 |

一砖内墙及墙内构件体积工程量计算表中门窗洞口面积占墙体总面积的百分比计算公式为：

$$\frac{门窗洞口面积占墙}{体总面积百分比} = \frac{门窗面积}{砖墙体积 \div 墙厚 + 门窗面积} \times 100\%$$

例如，某加工车间门窗洞口面积占墙体总面积百分比的计算式为：

$$\frac{某加工车间门窗洞口面积}{占墙体总面积百分比} = \frac{24.50}{30.01 \div 0.24 + 24.50} \times 100\%$$

$$= \frac{24.5}{149.54} \times 100\% = 16.38\%$$

通过上述 6 个典型工程测算，在一砖内墙中，单面清水、双面清水墙各占 20%，混水墙占 60%。

### 2.8.2 人工消耗指标确定

预算定额砌砖工程材料超运距计算见表2-3。

根据上述计算的工程量有关数据和某劳动定额计算每 10m³ 一砖内墙的预算定额人工消耗指标，见表2-4。

预算定额砌砖工程材料超运距计算表　　　　表 2-3

| 材料名称 | 预算定额运距 | 劳动定额运距 | 超运距 |
|---|---|---|---|
| 砂子 | 80m | 50m | 30m |
| 石灰膏 | 150m | 100m | 50m |
| 灰砂砖 | 170m | 50m | 120m |
| 砂浆 | 180m | 50m | 130m |

注：每砌 10m³ 一砖内墙的砂子定额用量为 2.43m³，石灰膏用量为 0.19m³。

**预算定额项目劳动力计算表**　　　　　　　　　　　　　　表 2-4

子目名称：一砖内墙　　　　　　　　　　　　　　　　　　　　　单位：10m³

| 用工 | 施工过程名称 | 工程量 | 单位 | 劳动定额编号 | 工种 | 时间定额 | 工日数 |
|---|---|---|---|---|---|---|---|
| | 1 | 2 | 3 | 4 | 5 | 6 | 7＝2×6 |
| 基本工 | 单面清水墙 | 2.0 | m³ | §4-2-10 | 砖工 | 1.16 | 2.320 |
| | 双面清水墙 | 2.0 | m³ | §4-2-5 | 砖工 | 1.20 | 2.400 |
| | 混水内墙 | 6.0 | m³ | §4-2-16 | 砖工 | 0.972 | 5.832 |
| | 小计 | | | | | | 10.552 |
| | 弧形及圆形碹 | 0.006 | m | §4-2 加工表 | 砖工 | 0.03 | 0.002 |
| | 附墙烟囱孔 | 0.34 | m | §4-2 加工表 | 砖工 | 0.05 | 0.170 |
| | 垃圾道 | 0.03 | m | §4-2 加工表 | 砖工 | 0.06 | 0.018 |
| | 预留抗震柱孔 | 0.30 | m | §4-2 加工表 | 砖工 | 0.05 | 0.150 |
| | 墙顶面抹灰找平 | 0.0625 | m² | §4-2 加工表 | 砖工 | 0.08 | 0.050 |
| | 壁柜 | 0.002 | 个 | §4-2 加工表 | 砖工 | 0.30 | 0.006 |
| | 吊柜 | 0.002 | 个 | §4-2 加工表 | 砖工 | 0.15 | 0.003 |
| | 小计 | | | | | | 0.399 |
| | 合计 | | | | | | 10.951 |
| 超运距用工 | 砂子超运 30m | 2.43 | m³ | §4-超运距加工表-192 | 普工 | 0.0453 | 0.110 |
| | 石灰膏超运 50m | 0.19 | m³ | §4-超运距加工表-193 | 普工 | 0.128 | 0.024 |
| | 标准砖超运 120m | 10.00 | m³ | §4-超运距加工表-178 | 普工 | 0.139 | 1.390 |
| | 砂浆超运 130m | 10.00 | m³ | §4-超运距加工表-$\begin{cases}178\\173\end{cases}$ | 普工 | $\begin{cases}0.0516\\0.00816\end{cases}$ | 0.598 |
| | 合计 | | | | | | 2.122 |
| 辅助工 | 筛砂子 | 2.43 | m³ | §1-4-82 | 普工 | 0.111 | 0.270 |
| | 淋石灰膏 | 0.19 | m³ | §1-4-95 | 普工 | 0.50 | 0.095 |
| | 合计 | | | | | | 0.365 |
| 共计 | 人工幅度差＝(10.951＋2.122＋0.365)×10％＝1.344 工日 | | | | | | |
| | 定额用工＝10.951＋2.122＋0.365＋1.344＝14.782 工日 | | | | | | |

### 2.8.3 材料消耗指标确定

（1）10m³ 一砖内墙灰砂砖净用量

$$\text{每 10m}^3 \text{ 砌体灰砂砖净用量} = \frac{1}{0.24 \times 0.25 \times 0.063} \times 2 \times 10$$

$$= 529.1 \times 10 = 5291 \text{ 块}/10\text{m}^3$$

（2）扣除 10m³ 砌体中梁头、板头所占体积

查表 2-2，梁头和板头占墙体积的百分比为：梁头 0.52％＋板头 2.29％＝2.81％。

扣除梁头、板头体积后的灰砂砖净用量为：

灰砂砖净用量＝5291×(1－2.81％)＝5291×0.9719＝5142 块

（3）10m³ 一砖内墙砌筑砂浆净用量

砖浆净用量＝(1－529.1×0.24×0.115×0.053)×10＝2.26m³

(4) 扣除梁头、板头体积后的砂浆净用量

$$砖浆净用量=2.26\times(1-2.81\%)=2.26\times0.9719=2.196\text{m}^3$$

(5) 材料总消耗量计算

当灰砂砖损耗率为1%，砌筑砂浆损耗率为1%时，计算灰砂砖和砂浆的总消耗量。

$$灰砂砖总消耗量=\frac{5142}{1-1\%}=5194\text{ 块}/10\text{m}^3$$

$$砌筑砂浆总消耗量=\frac{2.196}{1-1\%}=2.218\text{m}^3/10\text{m}^3$$

### 2.8.4 机械台班消耗指标确定

预算定额项目中配合工人班组施工的施工机械台班按小组产量计算。

根据上述6个典型工程的工程量数据和劳动定额规定砌砖工人小组由22人组成，计算每10m³一砖内墙的塔式起重机和灰浆搅拌机的台班定额。

$$小组总产量=22\times(20\%\times0.862+20\%\times0.833+60\%\times1.029)$$

$$=22\times0.9564=21.04\text{m}^3/\text{工日}$$

$$2\text{t 塔式起重机时间定额}=\frac{\text{分项定额计量单位值}}{\text{小组总产量}}=\frac{10}{21.04}$$

$$=0.475\text{ 台班}/10\text{m}^3$$

$$200\text{L 砂浆搅拌机时间定额}=\frac{10}{21.04}=0.475\text{ 台班}/10\text{m}^3$$

### 2.8.5 编制预算定额项目表

根据上述计算的人工、材料、机械台班消耗指标编制的一砖厚内墙的预算定额项目表见表2-5。

预算定额项目表　　　　　　表2-5

工程内容：略　　　　　　　　　　　　　　　　　　　　单位：10m³

| 定额编号 | | ××× | ××× | ××× |
|---|---|---|---|---|
| 项目 | 单位 | 内墙 | | |
| | | 1 砖 | 3/4 砖 | 1/2 砖 |
| 人工　砖工 | 工日 | 12.046 | …… | …… |
| 　　　其他用工 | 工日 | 2.736 | | |
| 　　　小计 | 工日 | 14.782 | | |
| 材料　灰砂砖 | 块 | 5194 | …… | …… |
| 　　　砂浆 | m³ | 2.218 | | |
| 机械　塔式起重机2t | 台班 | 0.475 | …… | …… |
| 　　　砂浆搅拌机200L | 台班 | 0.475 | | |

## 2.9 市政工程预算定额应用

### 2.9.1 市政工程预算定额的组成

《全国统一市政工程预算定额》由说明部分、工程量计算规则、定额正文和附录等内容组成。

1. 说明部分

说明部分包括总说明、册说明、章说明和定额正文中的"注"。

2. 工程量计算规则

工程量计算规则是计算工程量的重要依据。它规定了增加、扣减的数据和内容,例如"道路基层计算不扣除各种井位所占的面积"。

3. 定额正文

定额正文是主要内容,它由定额编号、工作内容、项目名称、工料机消耗量、定额基价等要素构成。《全国统一市政工程预算定额 第二册 道路工程》道路基层章节的预算定额示例见表2-6。

石灰、炉渣、土基层  表2-6

工作内容:放样、清理路床、运料、上料、铺石灰、焖水、配料拌合、找平、碾压、人工处理碾压不到之处、清除杂物。

计算单位:100m²

| 定额编号 | | | | 2-84 | 2-85 | 2-86 | 2-87 | 2-88 | 2-89 |
|---|---|---|---|---|---|---|---|---|---|
| 项目 | | | | 石灰:炉渣:土(12:38:50) | | | 石灰:炉渣:土(12:48:40) | | |
| | | | | 厚度(cm) | | | | | |
| | | | | 15 | 20 | 每增减1 | 15 | 20 | 每增减1 |
| 基价(元) | | | | 1084.73 | 1416.22 | 66.63 | 1196.84 | 1565.65 | 73.64 |
| 其中 | 人工费(元) | | | 291.89 | 366.94 | 15.05 | 290.76 | 365.36 | 14.83 |
| | 材料费(元) | | | 759.35 | 1011.79 | 50.73 | 872.59 | 1162.80 | 57.96 |
| | 机械费(元) | | | 33.49 | 37.49 | 0.85 | 33.49 | 37.49 | 0.85 |
| | 名称 | 单位 | 单价(元) | 数量 | | | | | |
| 人工 | 综合人工 | 工日 | 22.47 | 12.99 | 16.33 | 0.67 | 12.94 | 16.26 | 0.66 |
| 材料 | 生石灰 | t | 120.00 | 2.71 | 3.61 | 0.18 | 2.71 | 3.61 | 0.18 |
| | 炉渣 | m³ | 39.97 | 10.73 | 14.30 | 0.72 | 13.55 | 18.06 | 0.90 |
| | 黄土 | m³ | | (9.92) | (13.23) | (0.66) | (7.94) | (10.58) | (0.53) |
| | 水 | m³ | 0.45 | 3.32 | 4.42 | 0.22 | 3.25 | 4.33 | 0.22 |
| | 其他材料费 | % | | 0.50 | 0.50 | 0.50 | 0.50 | 0.50 | 0.50 |
| 机械 | 光轮压路机 12t | 台班 | 263.69 | 0.038 | 0.043 | 0.001 | 0.038 | 0.043 | 0.001 |
| | 光轮压路机 15t | 台班 | 297.14 | 0.079 | 0.088 | 0.002 | 0.079 | 0.088 | 0.002 |

(1)定额编号

定额编号确定后,方便定额的使用。

(2) 工作内容

在根据施工图确定预算的分项工程量项目时，由预算定额的工作内容选择应该套用的定额。工作内容是判断预算漏项或重复计算的重要依据。

(3) 项目名称

预算定额的项目名称是套用定额的重要依据。只有项目名称完全与预算分项工程项目对应，才能直接套用该定额。

(4) 工料机消耗量

工料机消耗量是预算定额的核心内容。套用定额的主要目的就是要获得正确的工料机消耗量。

(5) 定额基价

定额基价由人工费、材料费、机械台班费构成。根据表2-6中的数据，分析定额基价与工料机消耗量的关系。

$$定额基价 = 人工费 + 材料费 + 机械台班费$$

其中： $$人工费 = 人工 \times 人工单价$$

$$材料费 = \sum_{i=1}^{n} (材料消耗量 \times 材料单价)_i$$

$$机械台班费 = \sum_{j=1}^{m} (机械台班消耗量 \times 台班单价)_j$$

通过表2-6中2-84号定额，道路石灰：炉渣：土（12：38：50）的基层（人工拌合15cm厚）基价的分析，来说明它们之间的关系。

$$人工费 = 12.99 \times 22.47 = 291.89 \text{ 元}$$

$$材料费 A = \underbrace{2.71 \times 120.00}_{生石灰} + \underbrace{10.73 \times 39.97}_{炉渣} + \underbrace{3.32 \times 0.45}_{水} = 755.57 \text{ 元}$$

$$材料费 B = 其他材料费$$
$$= 材料费 A \times 0.5\%$$
$$= 755.57 \times 0.5\%$$
$$= 3.78 \text{ 元}$$

材料费小计：755.57 + 3.78 = 759.35 元

$$机械台班费 = \underbrace{0.038 \times 263.69}_{光辊压路机12t} + \underbrace{0.079 \times 297.14}_{光辊压路机15t}$$
$$= 10.02 + 23.47$$
$$= 33.49 \text{ 元}$$

$$基价＝人工费＋材料费＋机械台班费$$
$$＝291.89＋759.35＋33.49$$
$$＝1084.73 元/100m^2$$

说明：2-84 号定额中的黄土消耗量加上了括号，黄土也没有给出单价，此时的黄土为未计价材料。该类材料根据工程所在地的材料单价计算后合并到基价中。

### 2.9.2 市政工程预算定额应用

**1. 通用项目分册**

通用项目包括土方工程、打拔工具桩、围堰工程、支撑工程、拆除工程、脚手架及其他工程、护坡和挡土墙工程。

（1）土方工程

干、湿土的划分首先以地质勘察资料为准，含水率≥25％为湿土；或以地下常水位为准，常水位以上为干土，以下为湿土。挖湿土时，人工和机械乘以系数 1.18。

【**例 2-10**】 人工挖沟槽，二类湿土，4m 深，求定额基价。

【**解**】 选用《全国统一市政工程预算定额》中的 1-5 号定额换算（以下相同）。

定额基价＝1054.29×1.18＝1244.06 元/100m³

（2）打拔工具桩

打拔工具桩以直桩为准，如遇打斜桩（包括俯打、仰打）按相应定额人工、机械乘以系数 1.35。

【**例 2-11**】 陆上柴油打桩机打圆木桩（斜桩），乙级土，桩长 5m，求定额基价。

【**解**】 选用 1-472 号定额换算。

$$定额基价＝3021.58＋(846.67＋764.62)×(1.35-1)$$
$$＝3021.58＋1611.29×0.35$$
$$＝3585.53 元/10m^3$$

（3）围堰工程

围堰工程 50m 范围以内取土、砂、砂砾，均不计土方和砂、砂砾的材料价格。取 50m 范围以外的土方、砂、砂砾，应计算土方和砂、砂砾材料的挖、运或外购费用，但应扣除定额中土方现场挖运的人工：55.50 工日/100m³ 黏土。

【**例 2-12**】 筑土围堰（取土距离 100m，黏土挖运的单价：15.00 元/m³），求定额基价。

【**解**】 选用 1-509 号定额换算。

$$定额基价＝2788.09-\underbrace{55.50×22.47}_{\text{现场挖运人工}}＋\underbrace{121.00×15.00}_{\text{挖运土方费用}}$$
$$＝2788.09-1247.09＋1815.00$$
$$＝3356.00 元/100m^3$$

(4) 支撑工程

定额中挡土板支撑按槽坑两侧同时支撑挡土板考虑，支撑面积为两侧挡土板面积之和，支撑宽度为 4.1m 以内。如槽坑宽度超过 4.1m，其两侧均按一侧支挡土板考虑。按槽坑一侧支撑挡土板面积计算时，工日数乘以系数 1.33，除挡土板外，其他材料乘以系数 2.0。

【例 2-13】 某沟槽采用一侧密支撑木挡土板，槽宽 4.5m，支撑高度 1.8m，槽长 20m，求定额基价。

【解】 选用 1-531 号定额换算。

$$\begin{aligned}定额基价 &= \overbrace{480.63 \times 1.33}^{人工} + \overbrace{1126.08 \times 2.0 - 0.395 \times 1764}^{材料}\\ &= 639.24 + 2252.16 - 696.78\\ &= 2194.62 \text{ 元}/100\text{m}^2\end{aligned}$$

(5) 拆除工程

拆除后的旧料应整理干净就近堆放整齐。如需运至指定地点回收利用，则另行计算运费和回收价值。

【例 2-14】 某工地伐 $\phi 30$ 内的树，并运回仓库，每棵树市值 50 元，运杂费每棵 10 元，求树的回收价值。

【解】 运到仓库后每棵树的价值。

$$\phi 30 \text{ 内已伐树木价值} = 50 - 10 = 40 \text{ 元/根}$$

(6) 护坡、挡土墙工程

块石如需冲洗时（利用旧料），每立方米块石增加：用工 0.24 工日，用水 $0.5\text{m}^3$。

【例 2-15】 干砌块石护坡 20cm 厚，（块石需冲洗），求定额基价。

【解】 选用 1-689 号定额换算。

$$\begin{aligned}定额基价 &= 790.84 + \overbrace{11.66 \times 0.24 \times 22.47}^{增加用工} + \overbrace{11.66 \times 0.5 \times 0.45}^{增加用水}\\ &= 790.84 + 62.88 + 2.62\\ &= 856.34 \text{ 元}/10\text{m}^3\end{aligned}$$

2. 道路工程分册

(1) 路基

【例 2-16】 人工拌合石灰土路基 17cm 厚（含灰量 5%），求定额基价。

【解】 选用 2-40、2-50 定额计算。黄土按 12 元/$\text{m}^3$ 计算。

$$\begin{aligned}定额基价 &= 502.36 + 29.51 \times 2 + (21.30 + 1.42) \times 12\\ &= 502.36 + 59.02 + 272.64\\ &= 834.02 \text{ 元}/100\text{m}^2\end{aligned}$$

(2) 路面

水泥混凝土路面以平口为准，如设计为企口时，其用工量按本定额相应项目乘以系数 1.01。木材摊销量按本定额相应项目摊销量乘以系数 1.051。

【例 2-17】 C25 水泥混凝土路面 15cm 厚，企口，求定额基价。C25 混凝土单价：175 元/m³。

【解】 选用 2-287 号定额换算。

其他材料费 = (96.25÷1.005 + 0.037×1764×0.051)×0.005

= (95.77 + 3.33)×0.005

= 0.50 元/100m²

定额基价 = 人工费 620.62×1.01 + 枋板材 0.037×1.051×1764 + 混凝土 15.30×175

+ 圆钉 0.20×6.66 + 铁件 5.50×3.84 + 水 18×0.45

+ 其他材费 0.50 + 机械费 63.30

= 626.83 + 68.60 + 2677.50 + 1.33 + 21.12 + 8.10 + 0.50

= 3403.98 元/100m²

3. 桥涵工程分册

(1) 打桩工程

送桩定额按送 4m 为界，如实际超过 4m 时，按相应定额乘以下列调整系数：

送桩 5m 以内乘以 1.2 系数；

送桩 6m 以内乘以 1.5 系数；

送桩 7m 以内乘以 2.0 系数；

送桩 7m 以上，以调整后 7m 为基础，每超过 1m 递增 0.75 系数。

【例 2-18】 陆上 φ400 钢筋混凝土管桩送桩，送桩 6.5m，求定额基价。

【解】 选用 3-88 号定额换算。

定额基价 = 5151.70×1.5 = 7727.55 元/10m³

(2) 现浇混凝土工程

定额中混凝土按常用强度等级列出，如设计要求不同时可以换算。

【例 2-19】 现浇 C30 混凝土拱桥墩身，求定额基价。C30 混凝土单价：185 元/m³。

【解】 选用 3-276 号定额换算。

定额基价 = 577.52 + 10.15×185

= 2455.27 元/10m³

(3) 装饰工程

镶贴面层定额中，贴面材料与定额不同时，可以调整换算，但人工与机械台班消耗量不变。

【例 2-20】 200×300 瓷砖贴墙面，瓷砖单价：1.25 元/块，求定额基价。

【解】 选用 3-573 号定额换算。

瓷砖用量 = 0.15×0.15×4560÷(0.20×0.30)

= 102.6÷0.06

= 1710 块/100m²

$$定额基价=4900.41-4.560×650.70+1.71×1250.00$$
$$=4900.41-2967.19+2137.50$$
$$=4070.72 \text{ 元}/100\text{m}^2$$

4. 给水工程分册

(1) 管道安装

套管内的管道铺设按相应的管道安装人工、机械乘以系数 1.2。

【例 2-21】 套管内安装 D110 塑料给水管（粘接），求定额基价。D110 塑料管单价：28.00 元/m。

【解】 选用 5-88 号定额换算。

$$定额基价=25.26+(23.37+0.06)×(1.20-1.0)+10.0×28.00$$
$$=25.26+4.69+280.00$$
$$=309.95 \text{ 元}/10\text{m}$$

(2) 取水工程

模板制作安装拆除、钢筋制作安装、沉井工程，如发生时，执行《全国统一市政工程预算定额 第六册 排水工程》有关定额，其中渗渠制作的模板安装、拆除人工按相应项目乘以系数 1.2。

【例 2-22】 求渗渠直墙复合木模板制作项目的定额基价。

【解】 按规定选用 6-1306 号定额。

$$定额基价=2611.47+552.92×(1.20-1.0)$$
$$=2611.47+110.58$$
$$=2722.05 \text{ 元}/100\text{m}^2$$

5. 排水工程分册

(1) 混凝土管道铺设

如在无基础的槽内铺设管道，其人工、机械乘以系数 1.18。

【例 2-23】 求 $\phi200$ 承插式混凝土管道铺设（人工下管）的定额基价。$\phi200$ 混凝土管单价：26.00 元/m。

【解】 选用 6-96 号定额换算。

$$定额基价=230.03×1.18+102.50×26$$
$$=2936.44 \text{ 元}/100\text{m}$$

(2) 非定型井、渠、管道基础及砌筑

石砌体均按块石考虑，如采用片石或平石时，块石与砂浆用量分别乘以系数 1.09 和 1.19，其他不变。

【例 2-24】 求片石砌非定型渠道墙身的定额基价。

【解】 选用 6-619 号定额换算。

$$定额基价=949.47+11.526×41.00×(1.09-1.0)$$
$$+3.67×88.38×(1.19-1.0)$$
$$=949.47+42.53+61.63$$
$$=1053.63 \text{ 元}/10\text{m}^3$$

（3）模板

模板安拆以槽（坑）深 3m 为准，超过 3m 时，人工增加 8% 系数，其他不变。

**【例 2-25】** 沉淀池木模安拆（池深 3.5m），求定额基价。

**【解】** 选用 6-1296 号定额。

$$定额基价 = 5805.74 + 1123.14 \times 0.08$$
$$= 5805.74 + 89.85$$
$$= 5895.59 \text{ 元}/100\text{m}^2$$

## 思考题与习题

1. 什么是技术测定法？
2. 什么是经验估计法？
3. 预算定额有哪些特性？
4. 预算定额的编制原则是什么？
5. 劳动定额有哪两种表现形式？
6. 时间定额的特点是什么？
7. 产量定额的特点是什么？
8. 叙述编制材料消耗定额的基本方法。
9. 请计算 1m³ 370 标准砖墙的砖和砂浆净用量。
10. 如何编制机械台班定额？
11. 编制预算定额应该经历哪三个阶段？
12. 《全国统一市政工程预算定额》由哪些内容组成？
13. 土方挖湿土应该怎样套用定额？
14. 超过 4m 的送桩，应该如何调整定额？
15. 在无基础的槽内铺设管道，其人工、机械如何调整？

## 教学单元 3　工　程　单　价

【课程思政】　要办好人民满意的教育,"江山就是人民,人民就是江山。"为人民而生,因人民而兴,始终同人民在一起,为人民利益而奋斗,是中国共产党立党兴党强党的根本出发点和落脚点。

"交子"是我国乃至世界上发行最早的纸币,发行于北宋时期。当时的四川地区通行铁钱,铁钱值低量重,使用极为不便。当时一铜钱抵铁钱十,1千铁钱的质量,大钱25斤(1斤=0.5kg)(12.5kg),中钱13斤(6.5kg)。买一匹布需铁钱2万,质量约250kg,要用车载。纸币比金属货币容易携带,可以在较大范围内使用,有利于商品的流通,促进了商品经济的发展,这一发明为经济发展作出了较大的贡献。

【教学目标】　通过对综合平均工作等级系数和工资标准计算方法、材料单价的费用构成、材料加权平均原价计算、机械台班单价费用构成等人工单价、材料单价、机械台班单价编制知识点的学习,学生熟练掌握人工单价、材料单价、机械台班单价的编制方法和技能,为编制工程量清单报价的综合单价打好基础。

### 3.1　概　　述

原本预算定额只反映工料机消耗量指标,如果要反映货币量指标,就要另行编制单位估价表。但是现行的建筑工程预算定额多数都列出了定额子目的基价,具备了反映货币量指标的要求。因此,凡是含有定额基价的预算定额都具有了单位估价表的功能。为此,本书没有严格区分预算定额和单位估价表的概念。

预算定额基价由人工费、材料费、机械费构成。其计算过程如下:

$$定额基价 = 人工费 + 材料费 + 机械费$$

其中：

$$人工费 = 定额工日数 \times 人工单价$$

$$材料费 = \sum_{i=1}^{n}(定额材料用量 \times 材料单价)_i$$

$$机械费 = \sum_{i=1}^{n}(定额机械台班用量 \times 机械台班单价)_i$$

### 3.2　人工单价确定

人工单价一般包括基本工资、工资性补贴及有关保险费等。

传统的基本工资是根据工资标准计算的。现阶段企业的工资标准基本上由企业内部制定。为了从理论上理解基本工资的确定原理,就需要了解原工资标准的计算方法。

### 3.2.1 工资标准的确定

研究工资标准的主要目的是为了计算非整数等级的基本工资。

1. 工资标准的概念

工资标准是指国家规定的工人在单位时间内（日或月）按照不同的工资等级所取得的工资数额。

2. 工资等级

工资等级是按国家或企业有关规定，按劳动者的技术水平、熟练程度和工作责任大小等因素所划分的工资级别。

3. 工资等级系数

工资等级系数也称工资级差系数，是某等级的工资标准与一级工工资标准的比值。例如，国家规定的建筑工人的工资等级系数 $K_n$ 的计算公式为：

$$K_n = 1.187^{n-1}$$

式中　$n$——工资等级；

　　　$K_n$——$n$级工资等级系数；

　1.187——工资等级系数的公比。

4. 工资标准的计算方法

计算月工资标准的计算公式为：

$$F_n = F_1 \times K_n$$

式中　$F_n$——$n$级工工资标准；

　　　$F_1$——一级工工资标准；

　　　$K_n$——工资等级系数。

建筑工人工资标准见表 3-1。

**建筑工人工资标准表**　　　表 3-1

| 工资等级 $n$ | 一 | 二 | 三 | 四 | 五 | 六 | 七 |
|---|---|---|---|---|---|---|---|
| 工资等级系数 $K_n$ | 1.000 | 1.187 | 1.409 | 1.672 | 1.985 | 2.358 | 2.800 |
| 级差(%) | — | 18.7 | 18.7 | 18.7 | 18.7 | 18.7 | 18.7 |
| 月工资标准 $F_n$(元/月) | 33.66 | 39.95 | 47.43 | 56.28 | 66.82 | 79.37 | 94.25 |

【例 3-1】　求建筑工人四级工的工资等级系数。

【解】　$K_4 = (1.187)^{4-1} = 1.672$

【例 3-2】　求建筑工人 4.6 级工的工资等级系数。

【解】　$K_{4.6} = (1.187)^{4.6-1} = 1.854$

【例 3-3】　已知某地区一级工月工资标准为 33.66 元，三级工的工资等级系数为 1.409，求三级工的月工资标准。

【解】　$K_3 = 33.66 \times 1.409 = 47.43$ 元/月

【例 3-4】　已知某地区一级工的月工资标准为 33.66 元，求 4.8 级建筑工人的月工资标准。

【解】　（1）求工资等级系数

$$K_{4.8} = 1.187^{4.8-1} = 1.918$$

（2）求月工资标准

$$F_{4.8} = 33.66 \times 1.918 = 64.56 \text{ 元/月}$$

#### 3.2.2 人工单价的计算

预算定额的人工单价包括综合平均工资等级的基本工资、工资性补贴、医疗保险费等。

1. 综合平均工资等级系数和工资标准的计算方法

计算工人小组的平均工资或平均工资等级系数，应采用综合平均工资等级系数的计算方法，计算公式如下：

$$\text{小组成员综合平均工资等级系数} = \frac{\sum_{i=1}^{n}(\text{某工资等级系数} \times \text{同等级工人数})_i}{\text{小组成员总人数}}$$

【例 3-5】 某砖工小组由 10 人组成，各等级的工人及工资等级系数如下，求小组成员综合平均工资等级系数和工资标准（已知 $F_1 = 33.66$ 元/月）。

二级工：1 人　　工资等级系数：1.187
三级工：2 人　　工资等级系数：1.409
四级工：2 人　　工资等级系数：1.672
五级工：3 人　　工资等级系数：1.985
六级工：1 人　　工资等级系数：2.358
七级工：1 人　　工资等级系数：2.800

【解】（1）求综合平均工资等级系数

$$\text{砖工小组综合平均工资等级系数} = \frac{1.187 \times 1 + 1.409 \times 2 + 1.672 \times 2 + 1.985 \times 3 + 2.358 \times 1 + 2.800 \times 1}{1 + 2 + 2 + 3 + 1 + 1}$$

$$= \frac{18.462}{10} = 1.8462$$

（2）求综合平均工资标准

砖工小组综合平均工资标准 = $33.66 \times 1.8462 = 62.14$ 元/月

2. 人工单价计算方法

预算定额人工单价的计算公式为：

$$\text{人工单价} = \frac{\text{基本工资} + \text{工资性补贴} + \text{保险费}}{\text{月平均工作天数}}$$

式中　基本工资——规定的月工资标准；
　　　工资性补贴——包括流动施工补贴、交通费补贴、附加工资等；
　　　保险费——包括医疗保险、失业保险费等；
　　　月平均工作天数 $\frac{365 - 52 \times 2 - 10}{12} = 20.92$ 天。

【例 3-6】 已知砌砖工人小组综合平均月工资标准为 291 元/月，月工资性补贴为 180 元/月，月保险费为 52 元/月，求人工单价。

【解】 人工单价 $= \frac{291 + 180 + 52}{20.92} = \frac{523}{20.92} = 25.00$ 元/日

### 3.2.3 预算定额基价的人工费计算

预算定额基价中的人工费按以下公式计算：

$$预算定额基价人工费 = 定额用工量 \times 人工单价$$

**【例 3-7】** 某预算定额砌 $10m^3$ 砖基础的综合用工为 12.18 工日/$10m^3$，人工单价为 25 元/工日，求该定额项目的人工费。

**【解】** 砌 $10m^3$ 砖基础的定额人工费 $= 12.18 \times 25.00 = 304.50$ 元/$10m^3$

## 3.3 材料单价确定

材料单价类似于以前的材料预算价格，但是随着工程承包计价的发展，原来材料预算价格的概念已经包含不了更多的含义了。

### 3.3.1 材料单价的概念

材料单价是指材料从采购时起至运到工地仓库或堆放场地后的出库价格。

材料从采购、运输到保管，在使用前所发生的全部费用构成了材料单价。

### 3.3.2 材料单价的费用构成

按照材料采购和供应方式的不同，其构成材料单价的费用也不同。一般有以下几种：

1. 材料供货到工地现场

当材料供应商将材料送到施工现场时，材料单价由材料原价、采购保管费构成。

2. 到供货地点采购材料

当需要派人到供货地点采购材料时，材料单价由材料原价、运杂费、采购保管费构成。

3. 需二次加工的材料

当某些材料采购回来后，还需要进一步加工的材料，材料单价除了上述费用外还包括二次加工费。

综上所述，材料单价包括材料原价、运杂费、采购及保管费和二次加工费。

### 3.3.3 材料原价计算

材料原价是指付给材料供应商的材料单价。当某种材料有两个或两个以上的材料供应商供货且材料原价不同时，要计算加权平均原价。

加权平均原价的计算公式为：

$$加权平均材料原价 = \frac{\sum_{i=1}^{n}(材料原价 \times 材料数量)_i}{\sum_{i=1}^{n}(材料数量)_i}$$

注：1. 式中 $i$ 是指不同材料供应商。
   2. 包装费和手续费均已包含在材料原价中。

**【例 3-8】** 某工地所需的墙面面砖由三个材料供应商供货，其数量和单价如下，试计算墙面砖的加权平均原价（表 3-2）。

墙面砖数量和单价　　　　　　　　　　　　　表 3-2

| 供 应 商 | 墙面砖数量($m^2$) | 供货单价(元/$m^2$) |
|---|---|---|
| 甲 | 250 | 32.00 |
| 乙 | 680 | 31.50 |
| 丙 | 900 | 31.20 |

【解】 墙面砖加权平均原价 $= \dfrac{32.00 \times 250 + 31.50 \times 680 + 31.20 \times 900}{250 + 680 + 900} = \dfrac{57500}{1830}$

$= 31.42$ 元/$m^2$

### 3.3.4 材料运杂费计算

材料运杂费是指在采购材料后运回工地仓库发生的各项费用，包括装卸费、运输费和合理的运输损耗费等。

材料装卸费按行业标准支付。

材料运输费按运输价格计算，若供货来源地不同且供货数量不同时，需要计算加权平均运输费，其计算公式为：

$$加权平均运输费 = \dfrac{\sum_{i=1}^{n}(运输单价 \times 材料数量)_i}{\sum_{i=1}^{n}(材料数量)_i}$$

材料运输损耗费是指在运输和装卸材料过程中不可避免产生的损耗所发生的费用，一般按下列公式计算：

$$材料运输损耗费 = (材料原价 + 装卸费 + 运输费) \times 运输损耗率$$

【例 3-9】 例 3-8 墙面砖由 3 个供应地点供货，根据下列资料计算墙面砖运杂费（表 3-3）。

墙面砖供货信息　　　　　　　　　　　　　　　　　　表 3-3

| 供货地点 | 面砖数量($m^2$) | 运输单价(元/$m^2$) | 装卸费(元/$m^2$) | 运输损耗率(%) |
|---|---|---|---|---|
| 甲 | 250 | 1.20 | 0.80 | 1.5 |
| 乙 | 680 | 1.80 | 0.95 | 1.5 |
| 丙 | 900 | 2.40 | 0.85 | 1.5 |

【解】 （1）计算加权平均装卸费

墙面砖加权平均装卸费 $= \dfrac{0.80 \times 250 + 0.95 \times 680 + 0.85 \times 900}{250 + 680 + 900} = \dfrac{1611}{1830}$

$= 0.88$ 元/$m^2$

（2）计算加权平均运输费

墙面砖加权平均运输费 $= \dfrac{1.20 \times 250 + 1.80 \times 680 + 2.40 \times 900}{250 + 680 + 900} = \dfrac{3684}{1830}$

$= 2.01$ 元/$m^2$

（3）计算运输损耗费

墙面砖运输损耗费 $= (31.42 + 0.88 + 2.01) \times 1.5\%$

$= 34.31 \times 1.5\% = 0.51$ 元/$m^2$

(4) 计算运杂费

$$墙面砖运杂费 = 0.88 + 2.01 + 0.51 = 3.40 \, 元/m^2$$

### 3.3.5 材料采购及保管费计算

材料采购及保管费是指施工企业在组织采购材料和保管材料过程中发生的各项费用，包括采购人员的工资、差旅交通费、通信费、业务费、仓库保管的各项费用等。材料采购及保管费一般按前面各项费用之和乘以一定的费率计算，通常取2%左右。计算公式为：

$$材料采购及保管费 = (材料原价 + 运杂费) \times 采购及保管费率$$

【例3-10】 上述墙面砖的采购保管费率为2%，根据前面计算结果计算墙面砖的采购及保管费。

【解】 墙面砖采购及保管费 $= (31.42 + 3.40) \times 2\% = 34.82 \times 2\% = 0.70 \, 元/m^2$

### 3.3.6 材料单价汇总

通过以上分析，可以知道，材料单价的计算公式为：

$$材料单价 = \left(\begin{array}{c}加权平均\\材料原价\end{array} + \begin{array}{c}加权平均\\材料运杂费\end{array}\right) \times \left(1 + \begin{array}{c}采购及保\\管费费率\end{array}\right)$$

【例3-11】 根据已经算出的结果，计算墙面砖的材料单价。

【解】 墙面砖材料单价 $= (31.42 + 3.40) \times (1 + 2\%) = 35.52 \, 元/m^2$

或 $= 31.42 + 3.40 + 0.70 = 35.52 \, 元/m^2$

## 3.4 机械台班单价确定

### 3.4.1 机械台班单价的概念

机械台班单价也称施工机械台班单价。它是指在单位工作台班中为使机械正常运转所分摊和支出的各项费用。

### 3.4.2 机械台班单价的费用构成

机械台班单价由七项费用构成。这些费用按其性质划分为第一类费用和第二类费用。

1. 第一类费用

第一类费用也称不变费用，是指属于分摊性质的费用，包括折旧费、大修理费、经常修理费、安拆费及场外运输费。

2. 第二类费用

第二类费用也称可变费用，是指属于支出性质的费用，包括燃料动力费、人工费、养路费及车船使用税。

### 3.4.3 第一类费用计算

1. 折旧费

折旧费是指机械设备在规定的使用期限内（耐用总台班），陆续收回其原值及支付贷款利息等费用，其计算公式为：

$$台班折旧费 = \frac{机械预算价格 \times (1 - 残值率) + 贷款利息}{耐用总台班}$$

式中，若是国产运输机械，则：

$$机械预算价格=销售价\times(1+购置附加费)+运杂费$$

【例 3-12】 6t 载重汽车的销售价为 83000 元，购置附加费率为 10%，运杂费为 5000 元，残值率为 2%，耐用总台班为 1900 个，贷款利息为 4650 元，试计算台班折旧费。

【解】 （1）求 6t 载重汽车预算价格

6t 载重汽车预算价格 = 83000×(1+10%)+5000 = 96300 元

（2）求台班折旧费

$$6t\text{ 载重汽车台班折旧费} = \frac{96300\times(1-2\%)+4650}{1900} = \frac{99024}{1900} = 52.12 \text{元/台班}$$

2. 大修理费

大修理费是指机械设备按规定的大修理间隔台班进行大修理，以恢复正常使用功能所需支出的费用，其计算公式为：

$$台班大修理费 = \frac{一次大修理费\times(大修理周期-1)}{耐用总台班}$$

【例 3-13】 6t 载重汽车一次大修理费为 9900 元，大修理周期为 3 个，耐用总台班为 1900 个，试计算台班大修理费。

【解】 $$6t\text{ 载重汽车台班大修理费} = \frac{9900\times(3-1)}{1900} = \frac{19800}{1900} = 10.42 \text{元/台班}$$

3. 经常修理费

经常修理费是指机械设备除大修理外的各级保养及临时故障所需支出的费用，包括为保障机械正常运转所需替换设备、随机配置的工具、附具的摊销及维护费用，包括机械正常运转及日常保养所需润滑、擦拭材料费用和机械停置期间的维护保养费用等。

台班经常修理费可以用以下简化公式计算：

$$台班经常修理费 = 台班大修理费 \times 经常修理费系数$$

【例 3-14】 经测算 6t 载重汽车的台班经常修理费系数为 5.8，根据【例 3-13】计算出的台班大修费，计算台班经常修理费。

【解】 6t 载重汽车台班经常修理费 = 10.42×5.8 = 60.44 元/台班

4. 安拆费及场外运输费

安拆费是指机械在施工现场进行安装、拆卸所需人工、材料、机械和试运转费用，以及机械辅助设施（如行走轨道、枕木等）的折旧、搭设、拆除等费用。

场外运输费是指机械整体或分体自停置地点运至施工现场或由一工地运至另一工地的运输、装卸、辅助材料以及架线费用，其计算公式为：

$$台班安拆费及场外运输费 = \frac{台班辅助设施摊销费+机械一次安拆费\times年平均安拆次数+(一次运输装卸费+辅助材料一次摊销费+一次架线费)\times年平均场外运输次数}{年工作台班}$$

### 3.4.4 第二类费用计算

**1. 燃料动力费**

燃料动力费是指机械设备在运转作业中所耗用的各种燃料、电力、风力、水等的费用,其计算公式为:

$$\text{台班燃料动力费} = \text{每台班耗用的燃料或动力数量} \times \text{燃料或动力单价}$$

**【例 3-15】** 6t 载重汽车每台班耗用柴油 32.19kg,1kg 单价 6.88 元,求台班燃料费。

**【解】** 6t 汽车台班燃料动力费 = 32.19×6.88 = 221.47 元/台班

**2. 人工费**

人工费是指机上司机、司炉和其他操作人员的工作日工资,其计算公式为:

$$\text{台班人工费} = \text{机上操作人员人工工日数} \times \text{工日单价}$$

**【例 3-16】** 6t 载重汽车每个台班的机上操作人工工日数为 1.25 个,人工工日单价为 100 元,求台班人工费。

**【解】** 6t 载重汽车台班人工费 = 1.25×100 = 125 元/台班

**3. 养路费及车船使用税**

养路费及车船使用税是指按国家规定缴纳的养路费和车船使用税,其计算公式为:

$$\text{台班养路费及车船使用税} = \frac{\text{载重量或核定吨位} \times \{\text{养路费}[元/(t \cdot 月)] \times 12 + \text{车船使用税}[元/(t \cdot 车)]\}}{\text{年工作台班}} + \text{保险费及年检费}$$

$$\text{保险费及年检费} = \frac{\text{年保险费及年检费}}{\text{年工作台班}}$$

**【例 3-17】** 6t 载重汽车每月应缴纳养路费 150 元/t,每年应缴纳保险费 900 元、车船使用税 50 元/t,每年工作台班 240 个,保险费及年检费共计 2000 元,计算台班养路费及车船使用税。

**【解】**
$$\text{6t 载重汽车养路费及车船使用税} = \frac{6 \times (150 \times 12 + 50) + 900}{240} + \frac{2000}{240} = \frac{14000}{240}$$
$$= 58.33 \text{元/台班}$$

### 3.4.5 机械台班单价计算表

将上述 6t 载重汽车台班单价的计算过程汇总在机械台班单价计算表内(表3-4)。

机械台班单价计算表　　　　　　　　　　　表 3-4

单位：台班

| 项目 | | 6t 载重汽车 | | |
|---|---|---|---|---|
| | | 单位 | 金额 | 计算式 |
| 台班单价 | | 元 | 527.78 | 122.98＋404.8＝527.78 |
| 第一类费用 | 折旧费 | 元 | 52.12 | $\dfrac{96300\times(1-2\%)+4650}{1900}=52.12$ |
| | 大修理费 | 元 | 10.42 | $9900\times(3-1)\div1900=10.42$ |
| | 经常修理费 | 元 | 60.44 | $10.42\times5.8^{*}=60.44$ |
| | 安拆费及场外运输费 | 元 | — | — |
| | 小　计 | 元 | 122.98 | |
| 第二类费用 | 燃料动力费 | 元 | 221.47 | $32.19\times6.88=221.47$ |
| | 人工费 | 元 | 125 | $1.25\times100=125$ |
| | 养路费及车船使用税 | 元 | 58.33 | $\dfrac{6\times(150\times12+50)+900+2000}{240}=58.33$ |
| | 小　计 | 元 | 404.8 | |

注：带"＊"的为取定值。

## 思考题与习题

1. 什么是工资标准？
2. 什么是工资等级系数？
3. 如何计算综合平均工资标准？
4. 简述材料单价的概念。
5. 材料单价由哪些费用构成？
6. 如何计算材料原价？
7. 如何计算材料运杂费？
8. 如何计算材料采购保管费？
9. 简述机械台班单价的费用构成。
10. 什么是第一类费用？
11. 什么是第二类费用？

# 教学单元 4　定额计价方式确定市政工程造价

【课程思政】 要推进教育数字化，建设全民终身学习的学习型社会、学习型大国。把教育数字化建设与学习型社会建设联系起来，意味着国家将进一步发展面向全社会的教育智慧平台。

【教学目标】 通过对预算分类、施工图预算费用构成、土石方工程量计算规则、围堰工程量计算规则、脚手架工程量计算规则、护坡工程量计算规则、桥涵工程量计算规则、给水排水工程量计算规则等知识点的学习，学生掌握土石方工程量、围堰工程量、脚手架工程量、护坡工程量、桥涵工程量、给水排水工程量等定额工程量计算方法与技能及施工图预算的编制方法与技能。

码4-1
热爱专业，为现代化建筑业贡献力量

定额计价方式是指采用编制预算的方式来确定市政工程造价。

广义的预算包括设计概算、施工图预算和施工预算。狭义的预算单指施工图预算。

## 4.1　概　　述

### 4.1.1　预算的分类

1. 设计概算

设计概算一般在设计阶段编制，是设计单位根据扩大初步设计图纸（或施工图）、概算指标或概算定额及有关费用定额编制的确定工程概算造价的文件，是工程投资的控制文件。

2. 施工图预算

市政工程施工图预算是施工单位在开工前，根据施工图、施工方案、市政工程预算定额、费用定额等编制的确定工程预算造价的文件。该文件是招标人编制工程标底和施工单位办理工程结算的依据。市政工程预算一般由施工单位编制，作为工程标底时可由建设单位负责编制。

3. 施工预算

施工预算是根据施工图、施工方案、企业定额编制的用于控制工程造价的文件。

施工预算由施工单位编制，是企业签发施工任务单、限额领料单、考核劳动成果的依据。

### 4.1.2　施工图预算的费用组成

施工图预算费用也称为施工图预算造价，是指构成发承包工程预算造价的各项费用，根据《住房和城乡建设部　财政部关于印发〈建筑安装工程费用项目组成〉的通知》（建标〔2013〕44号）确定。

为了加强建设项目投资管理和适应建筑市场的发展、有利于合理确定和控制工程造价、提高建设投资效益，国家统一了建筑安装工程费用划分的口径。这一做法使得设计单位、业主、承包商、监理单位、造价咨询公司、招标代理公司、政府主管及监督部门各方，在编制设计概算、施工图预算、建设工程招标文件、招标控制价、投标报价，确定工程承包价、工程成本核算、工程结构等方面有了统一的标准。

1. 按照费用构成要素划分

建筑安装工程费按照费用构成要素划分由直接费、间接费、利润和税金组成。

（1）直接费

直接费由人工费、材料费、施工机具使用费组成。

1）人工费

人工费是指按工资总额构成规定，支付给从事工程施工的生产工人和附属生产单位的各项费用。其主要内容包括：

① 计时工资或计件工资：按计时工资标准和工作时间或已做工作按计件单价支付给个人的劳动报酬。

② 奖金：是指对超额劳动和增收节支支付给个人的劳动报酬，如节约奖、劳动竞赛奖等。

③ 津贴、补贴：为了补偿职工特殊或额外的劳动消耗和因其他特殊原因支付给个人的津贴，以及为了保证职工工资水平不受物价影响支付给个人的物价补贴，如流动施工津贴、高温作业临时津贴、高空津贴等。

④ 加班加点工资：是指按规定支付的在法定节假日工作的加班工资和在法定日工作时间外延时工作的加点工资。

⑤ 特殊情况下支付的工资：根据国家法律、法规和政策规定，因病、工伤、产假、计划生育假、婚丧假、事假、探亲假、定期休假、停工学习、执行国家或社会义务等原因按计时工资标准或计时工资标准的一定比例支付的工资。

2）材料费

材料费是指施工过程中耗费的原材料、辅助材判、构配件、零件、半成品或成品的费用和周转使用材料的摊销（或租赁）费用。材料费包括：

① 材料原价：材料的出厂价格或商家供应价格。

② 运杂费：材料自来源地运至工地仓库或指定堆放地点所发生的全部费用。

③ 运输损耗费：材料在运输装卸过程中不可避免的损耗。

④ 采购及保管费：为组织采购、供应、保管材料的过程中所需要的各项费用，包括采购费、仓储费、工地保管费、仓储损耗等。

3）施工机具使用费

施工机具使用费是指施工作业所发生的施工机械、仪器仪表使用费或其租赁费。施工机械使用费是指施工作业所发生的机械使用费以及机械安拆费和场外运输费或其租赁费，由下列七项费用组成：

① 折旧费：施工机械在规定的使用年限内，陆续收回其原值的费用及购置资

金的时间价值。

② 大修理费：施工机械按规定的大修理间隔台班进行必要的大修理，以恢复其正常功能所需的费用。

③ 经常修理费：施工机械除大修理以外的各级保养和临时故障排除所需的费用。其包括为保障机械正常运转所需替换设备与随机配备工具附具的摊销和维护费用，机械运转中日常保养所需润滑与擦拭的材料费用及机械停滞期间的维护和保养费用等。

④ 安拆费及场外运费。安拆费指施工机械（大型机械另计）在现场进行安装与拆卸所需的人工、材料、机械和试运转费用以及机械辅助设施的拆旧、搭设、拆除等费用；场外运费指施工机械整体或分体自停放地点运至施工现场或由一施工地点运至另施工地点的运输、装卸、辅助材料及架线等费用。

⑤ 人工费：机上司机和其他操作人员的人工费。

⑥ 燃料动力费：施工机械在运转作业中所消耗的各种燃料及水电费等。

⑦ 税费：施工机械按照国家规定应缴纳的车船使用税、保险费及年检费等。

（2）间接费

间接费由企业管理费和规费组成。

1）企业管理费

企业管理费是指施工企业组织施工生产和经营管理所需的费用。其内容包括：

① 管理人员工资：按规定支付给管理人员的计时工资、津贴补贴、加班加点工资及特殊情况下支付的工资等。

② 办公费：企业管理办公用的文具、纸张、账表、印刷、邮电、书报、办公软件、现场监控、会议、水电、烧水和集体取暖降温（包括现场临时设施取暖降温）等费用。

③ 差旅交通费：职工因公出差、调动工作的差旅费，住勤补助费，市内交通费和误餐补助费，职工探亲路费，劳动力招募费，职工退休、退职一次性路费，工伤人员就医路费，工地转移费以及管理部门使用的交通工具的油料、燃料等费用。

④ 固定资产使用费：管理和附属生产单位使用的属于固定资产的房屋、设备、仪器等的折旧、大修、维修或租赁费。

⑤ 工具用具使用费：企业管理使用的多属于固定资产的工具、器具、家具、交通工具、测绘、消防用具等的购置、维修和摊销费。

⑥ 劳动保险和职工福利费：由企业支付的职工退职金、按规定支付给离休干部的经费，集体福利费、冬季取暖补贴、上下班交通补贴等。

⑦ 劳动保护费：企业按规定发放的劳动保护用品的支出，如工作服、手套、防暑降温饮料以及在有碍身体健康的环境中施工的保健费用等。

⑧ 检验试验费：施工企业按照有关标准规定，对建筑以及材料、构件和建筑安装物进行一般鉴定、检查所发生的费用，包括自设试验室进行试验所耗用的材

料等费用,不包括新结构、新材料的试验费,对构件做破坏性试验及其他特殊要求检验试验的费用和建设单位委托检测机构进行检测的费用,对此类检测发生的费用,由建设单位在工程建设其他费用中列支。但对施工企业提供的具有合格证明的材料进行检测不合格的,该检测费用由施工企业支付。

⑨ 工会经费:企业按《中华人民共和国工会法》规定的全部职工工资总额比例计提的工会经费。

⑩ 职工教育经费:按职工工资总额的规定比例计提,企业为职工进行专业技术和职业技能培训,专业技术人员继续教育、职工职业技能鉴定、职业资格认定以及根据需要对职工进行各类文化教育所发生的费用。

⑪ 财产保险费:施工管理用财产、车辆等的保险费用。

⑫ 财务费:企业为施工生产筹集资金或提供预付款担保、履约担保、职工工资支付担保等所发生的各种费用。

⑬ 税金:企业按规定缴纳的房产税、非施工机械车船使用税、土地使用税、印花税等。"营改增"后城市维护建设税、教育费附加、地方教育附加已经列入企业管理费计算。

⑭ 其他:包括技术转让费、技术开发费、投标费、业务招待费、绿化费、广告费、公证费、法律顾问费、审计费、咨询费、保险费等。

2) 规费

规费是指按国家法律、法规规定,由省级政府和省级有关权力部门规定必须缴纳或计取的费用。其包括:

① 社会保险费:包括养老保险费、失业保险费、医疗保险费、生育保险费、工伤保险费。

② 住房公积金:企业按规定标准为职工缴纳的住房公积金。

③ 工程排污费:企业按规定缴纳的施工现场工程排污费。

其他应列而未列入的规费,按实际发生计取。

(3) 利润

利润是指施工企业完成所承包工程获得的盈利。

(4) 税金

税金是指国家税法规定的应计入建筑安装工程造价的增值税。

按照现行规定,建筑安装工程费用(施工图预算费用)可以由直接费、间接费、利润和税金构成,如图4-1所示。其中,直接费与间接费之和称为工程成本。

2. 建筑安装工程费按照工程造价形成划分

建筑安装工程费按照工程造价形成由分部分项工程费、措施项目费、其他项目费、规费、税金组成。

分部分项工程费、措施项目费、其他项目费均包含人工费、材料费、施工机具使用费、企业管理费和利润,如图4-2所示。

(1) 分部分项工程费

分部分项工程费是指各专业工程的分部分项工程应予列支的各项费用。

图 4-1 建筑安装工程费用项目组成表（按费用构成要素划分）

1) 专业工程

专业工程是指按现行《建设工程工程量清单计价规范》划分的房屋建筑与装饰工程、仿古建筑工程、通用安装工程、市政工程、园林绿化工程、矿山工程、构筑物工程、城市轨道交通工程、爆破工程等各类工程。

2) 分部分项工程

分部分项工程指按现行国家工程量计算规范对各专业工程划分的项目，如房屋建筑与装饰工程划分的土石方工程、地基处理与桩基工程、砌筑工程、钢筋及钢筋混凝土工程等。

各类专业工程的分部分项工程划分见现行国家或行业计量规范。

(2) 措施项目费

措施项目费是指为完成建设工程施工，发生于该工程施工前和施工过程中的技术、生活、安全、环境保护等方面的费用。其内容包括：

1) 安全文明施工费

① 环境保护费：施工现场为达到环保部门要求所需要的各项费用。

图 4-2 建筑安装工程费用项目组成表（按造价形成划分）

② 文明施工费：施工现场文明施工所需要的各项费用。

③ 安全施工费：施工现场安全施工所需要的各项费用。

④ 临时设施费：施工企业为进行建设工程施工所必须搭设的生活和生产用的临时建筑物、构筑物和其他临时设施费用，包括临时设施的搭设、维修、拆除费或摊销费等。

2）夜间施工增加费

夜间施工增加费是指因夜间施工所发生的夜班补助费、夜间施工降效、夜间施工照明设备摊销及照明用电等费用。

3）二次搬运费

二次搬运费是指因施工场地条件限制而发生的材料、构配件、半成品等一次运输不能到达堆放地点，必须进行二次或多次搬运所发生的费用。

4）冬雨季施工增加费

冬雨季施工增加费是指在冬期或雨期施工需增加的临时设施、防滑、排除雨雪，人工及施工机械效率降低等费用。

5）已完工程及设备保护费

已完工程及设备保护费是指竣工验收前，对已完工程及设备采取的必要保护措施所发生的费用。

6）工程定位复测费

工程定位复测费是指工程施工过程中进行全部施工测量放线和复测工作的费用。

7）特殊地区施工增加费

特殊地区施工增加费是指工程在沙漠或其边缘地区、高海拔、高寒、原始森林等特殊地区施工增加的费用。

8）大型机械设备进出场及安拆费

大型机械设备进出场及安拆费是指机械整体或分体自停放场地运至施工现场或由一个施工地点运至另一个施工地点，所发生的机械进出场运输转移费用及机械在施工现场进行安装、拆卸所需的人工费、材料费、机械费、试运转费和安装所需的辅助设施的费用。

9）脚手架工程费

脚手架工程费是指施工需要的各种脚手架搭、拆、运输费用以及脚手架购置费的摊销（或租赁）费用。

措施项目及其包含的内容详见各类专业工程的现行国家或行业计量规范。

（3）其他项目费

1）暂列金额

暂列金额是指建设单位在工程量清单中暂定并包括在工程合同价款中的一笔款项。其用于施工合同签订时尚未确定或者不可预见的所需材料、工程设备、服务的采购，施工中可能发生的工程变更、合同约定调整因素出现时的工程价款调整以及发生的索赔、现场签证确认等的费用。

2）计日工

计日工是指在施工过程中，施工企业完成建设单位提出的施工图纸以外的零星项目或工作所需的费用。

3）总承包服务费

总承包服务费是指总承包人为配合、协调建设单位进行的专业工程发包，对建设单位自行采购的材料、工程设备等进行保管以及施工现场管理、竣工资料汇总整理等服务所需的费用。

（4）规费

规费定义同"按照费用构成要素划分"。

（5）税金

税金定义同"按照费用构成要素划分"。

## 4.2 工程量计算规则

### 4.2.1 土石方

(1) 本章定额（《全国统一市政工程预算定额》，下同）的土、石方体积均以天然密实体积（自然方）计算，回填土按碾压后的体积（实方）计算，土方体积换算见表4-1。

土方体积换算表　　　　　　　　　　　　　　　　　　　表4-1

| 虚方体积 | 天然密实度体积 | 夯实后体积 | 松填体积 |
| --- | --- | --- | --- |
| 1.00 | 0.77 | 0.67 | 0.83 |
| 1.30 | 1.00 | 0.87 | 1.08 |
| 1.50 | 1.15 | 1.00 | 1.25 |
| 1.20 | 0.92 | 0.80 | 1.00 |

(2) 土方工程量按图纸尺寸计算，修建机械上下坡的便道土方量并入土方工程量内。石方工程量按图纸尺寸加允许超挖量。开挖坡面每侧允许超挖量：松、次坚石20cm，普、特坚石15cm。

(3) 夯实土堤按设计断面计算。清理土堤基础按设计规定以水平投影面积计算，清理厚度为30cm内，废土运距按30m计算。

(4) 人工挖土堤台阶工程量，按挖前的堤坡斜面积计算，运土应另行计算。

(5) 人工铺草皮工程量以实际铺设的面积计算，花格铺草皮中的空格部分不扣除。花格铺草皮，设计草皮面积与定额不符时可以调整草皮数量，人工按草皮增加比例增加，其余不调整。

(6) 管道接口作业坑和沿线各种井室所需增加开挖的土石方工程量按有关规定如实计算。管沟回填土应扣除管径在200mm以上的管道、基础、垫层和各种构筑物所占的体积。

(7) 挖土放坡和沟、槽底加宽应按图纸尺寸计算，如无明确规定，可按表4-2和表4-3计算。

放坡系数　　　　　　　　　　　　　　　　　　　　　表4-2

| 土壤类别 | 放坡起点深度(m) | 机械开挖 | | 人工开挖 |
| --- | --- | --- | --- | --- |
| | | 坑内作业 | 坑上作业 | |
| 一、二类土 | 1.20 | 1∶0.33 | 1∶0.75 | 1∶0.50 |
| 三类土 | 1.50 | 1∶0.25 | 1∶0.67 | 1∶0.33 |
| 四类土 | 2.00 | 1∶0.10 | 1∶0.33 | 1∶0.25 |

管沟底部每侧工作面宽度（cm）　　　　　　　　　　　表4-3

| 普通结构宽(cm) | 混凝土管道基础≤90° | 混凝土管道基础>90° | 金属管道 | 构筑物 | |
| --- | --- | --- | --- | --- | --- |
| | | | | 无防潮层 | 有防潮层 |
| 50以内 | 40 | 40 | 30 | 40 | 60 |
| 100以内 | 50 | 50 | 40 | 40 | 60 |
| 250以内 | 60 | 50 | 40 | | |

挖土交接处产生的重复工程量不扣除。如在同一断面内遇有数类土壤,其放坡系数可按各类土占全部深度的百分比加权计算。

管道结构宽:无管座按管道外径计算,有管座按管道基础外缘计算,构筑物按基础外缘计算,如设挡土板则每侧增加10cm。

(8) 土、石方运距应以挖土重心至填土重心或弃土重心最近距离计算,挖土重心、填土重心、弃土重心按施工组织设计确定。如遇下列情况应增加运距:

1) 人力及人力车运土、石方上坡坡度在15%以上,推土机、铲运机重车上坡坡度大于5%,斜道运距按斜道长度乘以系数(表4-4)。

系数表　　　　　　　　　　　　　　　　表 4-4

| 项　目 | 推土机、铲运机 | | | | 人力及人力车 |
| --- | --- | --- | --- | --- | --- |
| 坡度(%) | 5～10 | 15以内 | 20以内 | 25以内 | 15以上 |
| 系数 | 1.75 | 2 | 2.25 | 2.5 | 5 |

2) 采用人力垂直运输土、石方,垂直深度每米折合水平运距7m计算。

3) 拖式铲运机 3m³ 加 27m 转向距离,其余型号铲运机加 45m 转向距离。

(9) 沟槽、基坑、平整场地和一般土石方的划分:底宽7m以内,底长大于底宽3倍以上按沟槽计算;底长小于底宽3倍以内按基坑计算,其中基坑底面积在150m²以内执行基坑定额。厚度在30cm以内就地挖、填土按平整场地计算。超过上述范围的土、石方按挖土方和石方计算。

(10) 机械挖土方中如需人工辅助开挖(包括切边、修整底边),机械挖土按实挖土方量计算,人工挖土土方量按实套相应定额乘以系数1.5。

(11) 人工装土汽车运土时,汽车运土定额乘以系数1.1。

(12) 土壤及岩石分类见土壤及岩石(普氏)分类表。

### 4.2.2 打拔工具桩

(1) 圆木桩:按设计桩长 $L$(检尺长)和圆木桩小头直径 $D$(检尺径)查《木材、立木材积速算表》,计算圆木桩体积。

(2) 钢板桩:以"t"为单位计算。

钢板桩使用费=钢板桩定额使用量×使用天数×钢板桩使用费标准　　［元/(t·d)］

(3) 凡打断、打弯的桩,均需拔除重打,但不重复计算工程量。

(4) 竖、拆打拔桩架次数,按施工组织设计规定计算。如无规定时按打桩的进行方向:双排桩每100延长米、单排桩每200延长米计算一次,不足一次者均各计算一次。

(5) 打拔桩土质类别的划分,见打拔桩土质类别划分表。

### 4.2.3 围堰工程

(1) 围堰工程分别采用"m³"和"延长米"计量。

(2) 用"m³"计算的围堰工程按围堰的施工断面乘以围堰中心线的长度计算。

(3) 以"延长米"计算的围堰工程按围堰中心线的长度计算。

(4) 围堰高度按施工期内的最高临水面加0.5m计算。

(5) 草袋围堰如使用麻袋、尼龙袋装土，其定额消耗量应乘以调整系数，调整系数为：装 1m³ 土需用麻袋或尼龙袋数除以 17.86。

#### 4.2.4 拆除工程

(1) 拆除旧路及人行道按实际拆除面积以"m²"计算。
(2) 拆除侧缘石及各类管道按长度以"m"计算。
(3) 拆除构筑物及障碍物按体积以"m³"计算。
(4) 伐树、挖树蔸按实挖数以"棵"计算。
(5) 路面凿毛、路面铣刨按施工组织设计的面积以"m²"计算。铣刨路面厚度大于 5cm 须分层铣刨。

#### 4.2.5 脚手架及其他工程

(1) 脚手架工程量按墙面水平边线长度乘以墙面砌筑高度以"m²"计算。柱形砌体按图示柱结构外围周长另加 3.6m 乘以砌筑高度以"m²"计算。浇筑混凝土用仓面脚手架按仓面的水平面积以"m²"计算。
(2) 轻型井点 50 根为一套；喷射井点 30 根为一套；大口径井点以 10 根为一套。井点使用定额单位为"套天"，累计根数不足一套者按一套计算，一天按 24h 计算。井管的安装、拆除以"根"计算。

#### 4.2.6 护坡、挡土墙

(1) 块石护底、护坡以不同平面厚度按"m³"计算。
(2) 浆砌料石、预制块的体积按设计断面以"m³"计算。
(3) 浆砌台阶以设计断面的实砌体积以"m³"计算。
(4) 砂石滤沟按设计尺寸以"m³"计算。

#### 4.2.7 道路工程

道路工程路床（槽）碾压宽度计算应按设计车行道宽度另计两侧加宽值，加宽值的宽度由各省自治区、直辖市自行确定，以利路基的压实。

(1) 道路工程路基应按设计车行道宽度另计两侧加宽值，加宽值的宽度由各省、自治区、直辖市自行确定。
(2) 道路工程石灰土、多合土养生面积计算，按设计基层、顶层的面积计算。
(3) 道路基层计算不扣除各种井位所占的面积。
(4) 道路工程的侧缘（平）石、树池等项目以延米计算，包括各转弯处的弧形长度。
(5) 水泥混凝土路面以平口为准，如设计为企口时，其用工量按本定额相应项目乘以系数 1.01。木材摊销量按本定额相应项目摊销量乘以系数 1.051。
(6) 道路工程沥青混凝土、水泥混凝土及其他类型路面工程量以设计长乘以设计宽计算（包括转弯面积），不扣除各类井所占面积。
(7) 伸缩缝以面积为计量单位。此面积为缝的断面积，即设计宽×设计厚。
(8) 道路面层按设计图所示面积（带平石的面层应扣除平石面积）以"m²"计算。

人行道板、异型彩色花砖安砌面积按实铺面积计算。

### 4.2.8 桥涵工程

1. 打桩

（1）钢筋混凝土方桩、板桩按桩长度（包括桩尖长度）乘以桩横断面面积计算；

（2）钢筋混凝土管桩按桩长度（包括桩尖长度）乘以桩横断面面积，减去空心部分体积计算；

（3）钢管桩按成品桩考虑，以"t"计算。

2. 焊接桩型钢用量可按实调整

3. 送桩

（1）陆上打桩时，以原地面平均标高增加1m为界线，界线以下至设计桩顶标高之间的打桩实体积为送桩工程量。

（2）支架上打桩时，以当地施工期间的最高潮水位增加0.5m为界线，界线以下至设计桩顶标高之间的打桩实体积为送桩工程量。

（3）船上打桩时，以当地施工期间的平均水位增加1m为界线，界线以下至设计桩顶标高之间的打桩实体积为送桩工程量。

（4）灌注桩成孔工程量按设计入土深度计算。定额中的孔深指护筒顶至桩底的深度。成孔定额中同一孔内的不同土质，不论其所在的深度如何，均执行总孔深定额。

（5）人工挖桩孔土方工程量按护壁外缘包围的面积乘以深度计算。

（6）灌注桩水下混凝土工程量按设计桩长增加1.0m乘以设计横断面面积计算。

（7）灌注桩工作平台按《全国统一市政工程预算定额 第三册 桥涵工程》第九章有关项目计算。

（8）钻孔灌注桩钢筋笼按设计图纸计算，套用《全国统一市政工程预算定额 第三册 桥涵工程》第四章钢筋工程有关项目。

（9）钻孔灌注桩需使用预埋铁件时，套用《全国统一市政工程预算定额 第三册 桥涵工程》第四章钢筋工程有关项目。

（10）砌筑工程量按设计砌体尺寸以"$m^3$"体积计算，嵌入砌体中的钢管、沉降缝、伸缩缝以及单孔面积$0.3m^2$以内的预留孔所占体积不予扣除。

（11）拱圈底模工程量按模板接触砌体的面积计算。

（12）钢筋按设计数量套用相应定额计算（损耗已包括在定额中）。设计未包括施工用筋，经建设单位同意后可另计。

（13）T形梁连接钢板项目按设计图纸，以"t"为单位计算。

（14）锚具工程量按设计用量乘以下列系数计算：

锥形锚：1.05；OVM锚：1.05；墩头锚：1.00。

（15）管道压浆不扣除钢筋体积。

（16）混凝土工程量按设计尺寸以实体积计算（不包括空心板、梁的空心体积），不扣除钢筋、铁丝、铁件、预留压浆孔道和螺栓所占的体积。

（17）模板工程量按模板接触混凝土的面积计算。

（18）现浇混凝土墙、板上单孔面积在 0.3m² 以内的孔洞体积不予扣除，洞侧壁模板面积也不再计算；单孔面积在 0.3m² 以上时，应予扣除，洞侧壁模板面积并入墙、板模板工程量之内计算。

4. 混凝土工程量计算

（1）预制桩工程量按桩长度（包括桩尖长度）乘以桩横断面面积计算。

（2）预制空心构件按设计图尺寸扣除空心体积，以实体积计算。空心板梁的堵头板体积不计入工程量内，其消耗量已在定额中考虑。

（3）预制空心板梁，凡采用橡胶囊做内模的，考虑其压缩变形因素，可增加混凝土数量，当梁长在 16m 以内时，可按设计计算体积增加 7%，若梁长大于 16m，则增加 9%计算。如设计图已注明考虑橡胶囊变形时，不得再增加计算。

（4）预应力混凝土构件的封锚混凝土数量并入构件混凝土工程量计算。

5. 模板工程量计算

（1）预制构件中预应力混凝土构件及 T 形梁、I 形梁、双曲拱、桁架拱等构件均按模板接触混凝土的面积（包括侧模、底模）计算。

（2）灯柱、端柱、栏杆等小型构件按平面投影面积计算。

（3）预制构件中非预应力构件按模板接触混凝土的面积计算，不包括胎模、地模。

（4）空心板梁中空心部分，本定额均采用橡胶囊抽拔，其摊销量已包括在定额中，不再计算空心部分模板工程量。

（5）空心板中空心部分，可按模板接触混凝土的面积计算工程量。

6. 预制构件中的钢筋混凝土桩、梁及小型构件，可按混凝土定额基价的 2%计算其运输、堆放、安装损耗，但该部分不计材料用量。

7. 箱涵滑板下的肋楞，其工程量并入滑板内计算。

8. 箱涵混凝土工程量，不扣除单孔面积 0.3m² 以下的预留孔洞体积。

9. 顶柱、中继间护套及挖土支架均属专用周转性金属构件，定额中已按摊销量计列，不得重复计算。

10. 箱涵顶进定额分空顶、无中继间实土顶和有中继间实土顶三类，其工程量计算如下：

（1）空顶工程量按空顶的单节箱涵重量乘以箱涵位移距离计算；

（2）实土顶工程量按被顶箱涵的重量乘以箱涵位移距离分段累计计算。

11. 气垫只考虑在预制箱涵底板上使用，按箱涵底面积计算。气垫的使用天数由施工组织设计确定，但采用气垫后在套用顶进定额时应乘以系数 0.7。

12. 本章定额安装预制构件以"m³"为计量单位的，均按构件混凝土实体积（不包括空心部分）计算。

13. 驳船不包括进出场费，其"元/(t·d)"单价由各省、自治区、直辖市确定。

本章定额除金属面油漆以"t"计算外，其余项目均按装饰面积计算。

### 4.2.9 给水工程

（1）管道安装均按施工图中心线的长度计算（支管长度从主管中心开始计算

到支管末端交接处的中心），管件、阀门所占长度已在管道施工损耗中综合考虑，计算工程量时均不扣除其所占长度。

（2）管道安装均不包括管件（指三通、弯头、异径管）、阀门的安装，管件安装按有关定额执行。

（3）遇有新旧管连接时，管道安装工程量计算到碰头的阀门处，但阀门及与阀门相连的承（插）盘短管、法兰盘的安装均包括在新旧管连接定额内，不再另计。

管道内防腐按施工图中心线长度计算，计算工程量时不扣除管件、阀门所占的长度，但管件、阀门的内防腐也不另行计算。

管件、分水栓、马鞍卡子、二合三通、水表的安装按施工图数量以"个"或"组"为单位计算。

（4）各种井均按施工图数量，以"座"为单位计算。

（5）管道支墩按施工图以实体积计算，不扣除钢筋、铁件所占的体积。

大口井内套管、辐射井管安装按设计图中心线长度计算。

### 4.2.10 排水工程

（1）各种角度的混凝土基础、混凝土管、缸瓦管铺设，井中至井中的中心扣除检查井长度，以"延长米"计算工程量。每座检查井扣除长度按表4-5计算。

**检查井扣除长度表** 表4-5

| 检查井规格(mm) | 扣除长度(m) | 检查井规格 | 扣除长度(m) |
|---|---|---|---|
| φ700 | 0.4 | 各种矩形井 | 1.0 |
| φ1000 | 0.7 | 各种交汇井 | 1.20 |
| φ1250 | 0.95 | 各种扇形井 | 1.0 |
| φ1500 | 1.20 | 圆形跌水井 | 1.60 |
| φ2000 | 1.70 | 矩形跌水井 | 1.70 |
| φ2500 | 2.20 | 阶梯式跌水井 | 按实扣 |

（2）管道接口区分管径和做法，以实际接口个数计算工程量。

（3）管道闭水试验，以实际闭水长度计算，不扣除各种井所占长度。

（4）管道出水口区分形式、材质及管径，以"处"为单位计算。

（5）各种井按不同井深、井径以"座"为单位计算。

（6）各类井的井深按井底基础以上至井盖顶计算。

（7）本章所列各项目的工程量均以施工图为准计算，其中：

1) 砌筑按计算体积，以"$10m^3$"为单位计算。

2) 抹灰、勾缝以"$100m^2$"为单位计算。

3) 各种井的预制构件以实体积"$m^3$"计算，安装以"套"为单位计算。

4) 井、渠垫层、基础按实体积以"$10m^3$"计算。

5) 沉降缝应区分材质按沉降缝的断面积或铺设长度分别以"$100m^2$"和"100m"计算。

6）各类混凝土盖板的制作按实体积以"m³"计算，安装应区分单件（块）体积，以"10m³"计算。

（8）检查井筒的砌筑适用于混凝土管道井深不同的调整和方沟井筒的砌筑，区分高度以"座"为单位计算，高度与定额不同时采用每增减 0.5m 计算。

（9）方沟（包括存水井）闭水试验的工程量，按实际闭水长度的用水量，以"100m³"计算。

（10）工作坑土方区分挖土深度，以挖方体积计算。

（11）各种材质管道的顶管工程量，按实际顶进长度，以"延长米"计算。

（12）顶管接口应区分操作方法、接口材质分别以口的个数和管口断面积计算工程量。

（13）钢板内、外套环的制作，按套环重量以"t"为单位计算。

（14）沉井垫木按刃脚中心线以"100 延长米"为单位。

（15）沉井井壁及隔墙的厚度不同，如上薄下厚时，可按平均厚度执行相应定额。

（16）钢筋混凝土各类构件均按图示尺寸，以混凝土实体积计算，不扣除 $0.3m^2$ 以内的孔洞体积。

（17）各类池盖中的进入孔、透气孔盖以及与盖相连接的结构，工程量合并在池盖中计算。

（18）平底池的池底体积，应包括池壁下的扩大部分；池底带有斜坡时，斜坡部分应按坡底计算；锥形底应算至壁基梁底面，无壁基梁者算至锥底坡的上口。

（19）池壁分别按不同厚度计算体积，如上薄下厚的壁，以平均厚度计算。池壁高度应自池底板面算至池盖下面。

（20）无梁盖柱的柱高，应自池底上表面算至池盖的下表面，并包括柱座、柱帽的体积。

（21）无梁盖应包括与池壁相连的扩大部分的体积；肋形盖应包括主、次梁及盖部分的体积；球形盖应自池壁顶面以上，包括边侧梁的体积在内。

（22）沉淀池水槽，指池壁上的环形溢水槽及纵横 U 形水槽，但不包括与水槽相连接的矩形梁，矩形梁可执行梁的相应项目。

（23）预制钢筋混凝土滤板按图示尺寸区分厚度以"10m³"计算，不扣除滤头套管所占体积。

（24）除钢筋混凝土滤板外其他预制混凝土构件均按图示尺寸以"m³"计算，不扣除 $0.3m^2$ 以内孔洞所占体积。

（25）折板安装区分材质均按图示尺寸以"m²"计算。

（26）稳流板安装区分材质不分断面均按图示长度以"延长米"计算。

（27）滤料铺设：各种滤料铺设均按设计要求的铺设平面乘以铺设厚度以"m³"计算，锰砂、铁矿石滤料以"10t"计算。

（28）各种防水层按实铺面积，以"100m²"计算，不扣除 $0.3m^2$ 以内孔洞所占面积。

(29) 平面与立面交接处的防水层，其上卷高度超过 500mm 时，按立面防水层计算。

(30) 施工缝：各种材质的施工缝填缝及盖缝均不分断面按设计缝长以"延长米"计算。

(31) 井、池渗漏试验：井、池的渗漏试验区分井、池的容量范围，以"1000m³"水容量计算。

(32) 格栅除污机、滤网清污机、搅拌机械、曝气机、生物转盘、带式压滤机均区分设备重量，以"台"为计量单位，设备重量均包括设备带有的电动机的重量在内。

(33) 螺旋泵、水射器、管式混合器、辊压转鼓式污泥脱水机、污泥造粒脱水机均区分直径以"台"为计量单位。

(34) 排泥、撇渣和除砂机械均区分跨度或池径以"台"为计量单位。

(35) 闸门及驱动装置，均区分直径或长×宽以"座"为计量单位。

(36) 曝气管不分曝气池和曝气沉砂池，均区分管径和材质按"延长米"为计量单位。

(37) 集水槽制作安装分别按碳钢、不锈钢，区分厚度按"10m²"为计量单位。

(38) 集水槽制作、安装以设计断面尺寸乘以相应长度以"m²"计算，断面尺寸应包括需要折边的长度，不扣除出水孔所占面积。

(39) 堰板制作分别按碳钢、不锈钢区分厚度以"10m²"为计量单位。

(40) 堰板安装分别按金属和非金属区分厚度以"10m²"计量。金属堰板适用于碳钢、不锈钢，非金属堰板适用于玻璃钢和塑料。

(41) 齿型堰板制作安装按堰板的设计宽度乘以长度以"m²"计算，不扣除齿型间隔空隙所占面积。

(42) 穿孔管钻孔项目，区分材质按管径以"100 个孔"为计量单位。钻孔直径是综合考虑取定的，不论孔径大与小均不作调整。

(43) 斜板、斜管安装仅是安装费，以"10m²"为计量单位。

(44) 格栅制作安装区分材质按格栅重量，以"t"为计量单位，制作所需的主材应区分规格、型号，分别按定额中规定的使用量计算。

(45) 现浇混凝土构件模板按构件与模板的接触面积以"m²"计算。

(46) 预制混凝土构件模板，按构件的实体积以"m³"计算。

(47) 砖、石拱圈的拱盔和支架均以拱盔与圈弧弧形接触面积计算，并执行《全国统一市政工程预算定额 第三册 桥涵工程》相应项目。

(48) 各种材质的地模胎膜，按施工组织设计的工程量，并应包括操作等必要的宽度以"m²"计算，执行《全国统一市政工程预算定额 第三册 桥涵工程》相应项目。

(49) 井字架区分材质和搭设高度以"架"为单位计算，每座井计算一次。

(50) 井底流槽按浇筑的混凝土流槽与模板的接触面积计算。

(51) 钢筋工程，应区分现浇、预制分别按设计长度乘以单位重量，以"t"

计算。

(52) 计算钢筋工程量时,设计已规定搭接长度的,按规定搭接长度计算;设计未规定搭接长度的,已包括在钢筋的损耗中,不另计算搭接长度。

(53) 先张法预应力钢筋,按构件外形尺寸计算长度,后张法预应力钢筋按设计图规定的预应力钢筋预留孔道长度,并区别不同锚具,分别按下列规定计算:

1) 钢筋两端采用螺杆锚具时,预应力的钢筋按预留孔道长度减 0.35m,螺杆另计。

2) 钢筋一端采用镦头插片,另一端采用螺杆锚具时,预应力钢筋长度按预留孔道长度计算。

3) 钢筋一端采用镦头插片,另一端采用帮条锚具时,增加 0.15m,如两端均采用帮条锚具,预应力钢筋共增加 0.3m 长度。

4) 采用后张混凝土自锚时,预应力钢筋长度增加 0.35m。

(54) 钢筋混凝土构件预埋铁件,按设计图示尺寸,以"t"为单位计算工程量。

## 4.2.11 燃气与集中供热工程

(1) 本教学单元中各种管道的工程量均按"延长米"计算,管件、阀门、法兰所占长度已在管道施工损耗中综合考虑,计算工程量时均不扣除其所占长度。

(2) 埋地钢管使用套管时(不包括顶进的套管),按套管管径执行同一安装项目。套管封堵的材料费可按实际耗用量调整。

(3) 铸铁管安装按 N1 型和 X 型接口计算,如采用 N 型和 SMJ 型人工乘以系数 1.05。

(4) 强度试验、气密性试验项目,分段试验合格后,如需总体试压和发生二次或二次以上试压时,应再套用本定额相应项目计算试压费用。

(5) 管件长度未满 10m 者,以 10m 计,超过 10m 者按实际长度计。

(6) 管道总试压按 1km 为一个打压次数,执行本定额一次项目,不足 0.5km 按实际计算,超过 0.5km 计算一次。

(7) 集中供热高压管道压力试验执行低中压相应定额,其人工乘以系数 1.3。

## 4.3 工程量计算方法

### 4.3.1 地槽(沟)土方

有放坡地槽(图 4-3)的土方工程量计算公式为:

$$V = (a + 2c + KH)HL$$

式中 $a$——管座基础宽度;
$c$——工作面宽度;
$H$——地槽平均深度;
$K$——放坡系数;
$L$——地槽长度。

图 4-3 有放坡地槽示意图

【例 4-1】 某混凝土管道沟槽长 157m,地槽平均深 2.20m,混凝土管座基础宽

1.20m，混凝土管外径 800mm，有工作面，三类土，计算人工挖沟槽土方工程量。

【解】 已知 $a=1.20$m

$c=0.50$m（查表 4-3）

$H=2.20$m

$L=157$m

$K=0.33$（查表 4-2）

$V=(1.20+2\times0.50+0.33\times2.20)\times2.20\times157$

$=2.926\times2.20\times157$

$=1010.64$m³

#### 4.3.2 挖孔桩土方

人工挖孔桩土方量应按图示桩断面积乘以设计桩孔中心线深度计算。

挖孔桩的底部一般是球冠体（图 4-4）。

球冠体的体积计算公式为：

$$V=\pi h^2\left(R-\frac{h}{3}\right)$$

图 4-4 球冠体示意图

由于施工图中一般只标注 $r$ 的尺寸，无 $R$ 尺寸，所以需变换一下求 $R$ 的公式：

已知 $r^2=R^2-(R-h)^2$

故 $r^2=2Rh-h^2$

所以 $R=\dfrac{r^2+h^2}{2h}$

【例 4-2】 根据图 4-5 中的有关数据和上述计算公式，计算挖孔桩土方工程量。

图 4-5 挖孔桩示意图（mm）

【解】 (1) 桩身部分

$$V=3.1416\times\left(\frac{1.15}{2}\right)^2\times10.90=11.32\text{m}^3$$

(2) 圆台部分

$$V=\frac{1}{3}\pi h(r^2+R^2+rR)$$

$$=\frac{1}{3}\times 3.1416\times 1.0\times\left[\left(\frac{0.80}{2}\right)^2+\left(\frac{1.20}{2}\right)^2+\frac{0.80}{2}\times\frac{1.20}{2}\right]$$

$$=1.047\times(0.16+0.36+0.24)$$

$$=1.047\times 0.76=0.80\text{m}^3$$

(3) 球冠部分

$$R=\frac{\left(\frac{1.20}{2}\right)^2+(0.2)^2}{2\times 0.2}=\frac{0.40}{0.4}=1.0\text{m}$$

$$V=\pi h^2\left(R-\frac{h}{3}\right)=3.1416\times(0.20)^2\times\left(1.0-\frac{0.20}{3}\right)=0.12\text{m}^3$$

挖孔桩体积 = 11.32 + 0.80 + 0.12 = 12.24m³

### 4.3.3 搭拆打桩工作平台面积计算

(1) 桥梁打桩：  $F=N_1F_1+N_2F_2$

每座桥台（桥墩）：  $F_1=(5.5+A+2.5)\times(6.5+D)$

每条通道：  $F_2=6.5\times[L-(6.5+D)]$

(2) 钻孔灌注桩：  $F=N_1F_1+N_2F_2$

每座桥台（桥墩）：  $F_1=(A+6.5)\times(6.5+D)$

每条通道：  $F_2=6.5\times[L-(6.5+D)]$

式中　$F$——工作平台总面积（m²）；

$F_1$——每座桥台（桥墩）工作平台面积（m²）；

$F_2$——桥台至桥墩间或桥墩至桥墩间通道工作平台面积（m²）；

$N_1$——桥台和桥墩总数量；

$N_2$——通道总数量；

$D$——两排桩之间距离（m）；

$L$——桥梁跨径或护岸的第一根桩中心至最后一根桩中心之间的距离（m）；

$A$——桥台（桥墩）每排桩的第一根桩中心至最后一根桩中心之间的距离（m）。

### 4.3.4 桥涵拱盔、支架空间体积计算

(1) 桥涵拱盔体积按起拱线以上弓形侧面积乘以（桥宽+2m）计算；

(2) 桥涵支架体积为结构底至原地面（水上支架为水上支架平台顶面）平均标高乘以纵向距离再乘以（桥宽+2m）计算。

## 4.4　直接费计算及工料机用量分析

当一个单位工程的工程量计算完毕后，就要套用预算定额基价进行直接费的计算。

本节只介绍直接工程费的计算方法，措施费的计算方法详见"建筑工程费用"。

计算直接工程费常采用两种方法，即单位估价法和实物金额法。

### 4.4.1 用单位估价法计算直接工程费

预算定额项目的基价构成，一般有两种形式，一是基价中包含了全部人工费、材料费和机械使用费，这种方式称为完全定额基价，建筑工程预算定额常采用此种形式；二是基价中包含了全部人工费、辅助材料费和机械使用费，不包括主要材料费，这种方式称为不完全定额基价，市政工程预算定额部分项目、安装工程预算定额和建筑装饰工程预算定额常采用此种形式。

凡是采用完全定额基价的预算定额计算直接工程费的方法称为单位估价法，计算出的直接工程费称为定额直接费。

(1) 单位估价法计算直接工程费的数字模型

单位工程定额直接工程费＝定额人工费＋定额材料费＋定额机械费

其中：定额人工费＝∑（分项工程量×定额人工费单价）

定额机械费＝∑（分项工程量×定额机械费单价）

定额材料费＝∑[（分项工程量×定额基价）－定额人工费－定额机械费]

(2) 单位估价法计算定额直接工程费的方法与步骤

1) 先根据施工图和预算定额计算分项工程量；

2) 根据分项工程量的内容套用相对应的定额基价（包括人工费单价、机械费单价）；

3) 根据分项工程量和定额基价计算出分项工程定额直接工程费、定额人工费和定额机械费；

4) 将各分项工程的各项费用汇总成单位工程定额直接工程费、单位工程定额人工费、单位工程定额机械费。

(3) 单位估价法简例

某道路C30水泥混凝土路面856m²，24cm厚。根据该项目的工程量数据和表1-1中的2-291定额，用单位估价法计算定额直接工程费、定额人工费、定额机械费，并进行工料分析。

1) 计算定额直接工程费、定额人工费、定额机械费，见表4-6。

**直接工程费计算表（单位估价法）** 表4-6

| 定额编号 | 项目名称 | 单位 | 工程数量 | 单价 | | | | 总价 | | | |
| --- | --- | --- | --- | --- | --- | --- | --- | --- | --- | --- | --- |
| | | | | 基价 | 其中 | | | 合价 | 其中 | | |
| | | | | | 人工费 | 材料费 | 机械费 | | 人工费 | 材料费 | 机械费 |
| 1 | 2 | 3 | 4 | 5 | 6 | 7 | 8 | 9=4×5 | 10=4×6 | 11 | 12=4×8 |
| | 一、道路工程 | | | | | | | | | | |
| 2-291 | C30水泥混凝土路面 | m² | 856 | 11.21 | 8.72 | | 1.01 | 9595.76 | 7464.32 | | 864.56 |
| | …… | | | | | | | | | | |
| | 分部小计 | | | | | | | 9595.76 | 7464.32 | | 864.56 |

续表

| 定额编号 | 项目名称 | 单位 | 工程数量 | 单价 | | | | 总价 | | | |
|---|---|---|---|---|---|---|---|---|---|---|---|
| | | | | 基价 | 其中 | | | 合价 | 其中 | | |
| | | | | | 人工费 | 材料费 | 机械费 | | 人工费 | 材料费 | 机械费 |
| 1 | 2 | 3 | 4 | 5 | 6 | 7 | 8 | 9=4×5 | 10=4×6 | 11 | 12=4×8 |
| | 二、给水工程 | | | | | | | | | | |
| | …… | | | | | | | | | | |
| | 分部小计 | | | | | | | | | | |
| | 三、排水工程 | | | | | | | | | | |
| | …… | | | | | | | | | | |
| | …… | | | | | | | | | | |
| | 分部小计 | | | | | | | | | | |
| | 合计 | | | | | | | 9595.76 | 7464.32 | | 864.56 |

注：其他材料费暂不计算。表中各费用均以不包含增值税可抵扣进项税额的价格计算。

由于2-291定额中混凝土是未计价材料，所以还应计算未计价材料费。当C30混凝土单价为198元/m³时，其未计价材料费和该项目完整的直接工程费是：

$$未计价材料费 = 未计价材料量 \times 单价$$
$$= 856 \times 0.2448 \times 198$$
$$= 41490.66 \text{ 元}$$

$$完整的直接工程费 = 定额直接费 + 未计价材料费$$
$$= 9595.76 + 41490.66$$
$$= 51086.42 \text{ 元}$$

2）工料分析

人工、材料分析见表4-7。

人工、材料分析表　　　　表4-7

| 定额编号 | 项目名称 | 单位 | 工程量 | 人工（工日） | 主要材料 | | | | |
|---|---|---|---|---|---|---|---|---|---|
| | | | | | C30混凝土(m³) | 枋板材(m³) | 圆钉(kg) | 铁件(kg) | 水(m³) |
| | 一、道路工程 | | | | | | | | |
| 2-291 | C30水泥混凝土路面 | m² | 856 | $\frac{0.3879}{332.04}$ | $\frac{0.2448}{209.55}$ | $\frac{0.00059}{0.505}$ | $\frac{0.002}{1.71}$ | $\frac{0.077}{65.91}$ | $\frac{0.288}{246.53}$ |
| | …… | | | | | | | | |
| | 合计 | | | 332.04 | 209.55 | 0.505 | 1.71 | 65.91 | 246.53 |

注：主要材料栏的分数中，分子表示定额用量，分母表示工程量乘以定额用量。

### 4.4.2 用实物金额法计算直接工程费

(1) 实物金额法计算直接工程费的方法与步骤

凡是用分项工程量分别乘以预算定额子目中的实物消耗量（即人工工日、材料数量、机械台班数量）求出分项工程的人工、材料、机械台班消耗量，然后汇总成单位工程实物消耗量，再分别乘以人工单价、材料单价、机械台班单价求出单位工程人工费、材料费、机械使用费，最后汇总成单位工程直接工程费的方法，称为实物金额法。

(2) 实物金额法的数学模型

单位工程直接工程费＝人工费＋材料费＋机械费

其中：人工费＝∑（分项工程量×定额用工量）×人工单价

材料费＝∑（分项工程量×定额材料用量）×材料单价

机械费＝∑（分项工程量×定额台班用量）×机械台班单价

(3) 实物金额法计算直接费简例

某水泥混凝土路面采用塑料液养护，工程量为 15500$m^2$。根据表 1-3 中 2-301 号定额分析工料机消耗量及表 4-8 中的工料机单价计算直接工程费。

人工、材料、机械台班单价表  表 4-8

| 序号 | 名 称 | 单位 | 单 价(元) |
|---|---|---|---|
| 一 | 人工单价 | | |
| | | 工日 | 25.00 |
| 二 | 材料单价 | | |
| | 草袋 | 个 | 2.60 |
| | 水 | $m^3$ | 1.20 |
| | 塑料液 | kg | 7.50 |
| 三 | 机械台班单价 | | |
| | 电动空气压缩机 0.6$m^3$/min | 台班 | 62.50 |

1) 分析人工、材料、机械台班消耗量

人工、材料、机械台班消耗量分析表见表 4-9。

人工、材料、机械台班消耗量分析表  表 4-9

| 定额编号 | 项目名称 | 单位 | 工程量 | 人工(工日) | 草袋(个) | 水($m^3$) | 塑料液(kg) | 电动空气压缩机 0.6$m^3$/min(台班) |
|---|---|---|---|---|---|---|---|---|
| | 一、道路工程 | | | | | | | |
| 2-301 | 水泥混凝土路面塑料液养护 | $m^2$ | 15500 | $\dfrac{0.022}{341}$ | $\dfrac{0.10}{1550}$ | $\dfrac{0.02}{310}$ | $\dfrac{0.30}{4650}$ | $\dfrac{0.0054}{83.7}$ |
| | …… | | | | | | | |
| | 小计 | | | 341 | 1550 | 310 | 4650 | 83.7 |

注：1. 其他材料费不计。

2. 分子为定额用量，分母为工程量乘以定额用量。

2) 计算直接工程费

直接工程费计算见表 4-10。

直接工程费计算表（实物金额法）  表 4-10

| 序号 | 名称 | 单位 | 数量 | 单价(元) | 合价(元) | 备注 |
|---|---|---|---|---|---|---|
| 1 | 人工 | 工日 | 341 | 25.00 | 8525.00 | 人工费：8525.00元 |
| 2 | 草袋 | 个 | 1550 | 2.60 | 4030.00 | 材料费：39277.00元 |
| 3 | 水 | m³ | 310 | 1.20 | 372.00 | |
| 4 | 塑料液 | kg | 4650 | 7.50 | 34875.00 | |
| 5 | 电动空气压缩机 0.6m³/min | 台班 | 83.7 | 62.50 | 5231.25 | 机械费：5231.25元 |
| | 合计 | | | | 53033.25 | 直接工程费：53033.25元 |

注：表中各费用均以不包含增值税可抵扣进项税额的价格计算。

## 4.5 材料价差调整

1. 材料价差调整产生的原因

凡是使用完全定额基价的预算定额编制的施工图预算，一般需调整材料价差。

目前，预算定额基价中的材料费是根据编制定额所在地区的省会所在地的材料价格计算。由于地区材料价格随着时间的变化而发生变化，其他地区使用该预算定额时材料价格也会发生变化，所以，用单位估价法计算定额直接工程费后，一般还要根据工程所在地区的材料单价调整材料价差。

2. 材料价差调整方法

材料价差的调整有两种基本方法，即单项材料价差调整法和综合系数调整材料价差法。

1) 单项材料价差调整

当采用单位估价法计算定额直接工程费时，一般对影响工程造价较大的主要材料（如钢材、木材、水泥等）进行单项材料价差调整。

单项材料价差调整的计算公式为：

$$单项材料价差调整 = \sum \left[ 单位工程某种材料用量 \times \left( 现行材料单价 - 预算定额中材料单价 \right) \right]$$

【例 4-3】 根据某工程有关材料消耗量和现行材料单价，调整材料价差。有关数据见表 4-11。

某工程有关材料消耗量和现行材料单价  表 4-11

| 材料名称 | 单位 | 数量 | 现行材料单价(元) | 预算定额中材料单价(元) |
|---|---|---|---|---|
| 42.5 级水泥 | kg | 7345.10 | 0.35 | 0.30 |
| φ10 钢筋 | kg | 5618.25 | 2.65 | 2.80 |
| 花岗石板 | m² | 816.40 | 350.00 | 290.00 |

【解】（1）直接计算

某工程单项材料价差 $= 7345.10 \times (0.35 - 0.30) + 5618.25 \times (2.65 - 2.80) + 816.40 \times (350 - 290)$

$= 7345.10 \times 0.05 - 5618.25 \times 0.15 + 816.40 \times 60$

$= 48508.52$ 元

（2）用"单项材料价差调整表（表4-12）"计算

单项材料价差调整表　　　　　　　　　　表4-12

工程名称：××工程

| 序号 | 材料名称 | 数量 | 现行材料单价 | 预算定额中材料单价 | 价差（元） | 调整金额（元） |
|---|---|---|---|---|---|---|
| 1 | 42.5级水泥 | 7345.10kg | 0.35元/kg | 0.30元/kg | 0.05 | 367.26 |
| 2 | φ10钢筋 | 5618.25kg | 2.65元/kg | 2.80元/kg | −0.15 | −842.74 |
| 3 | 花岗石板 | 816.40m² | 350.00元/m² | 290.00元/m² | 60.00 | 48984.00 |
| | 合计 | | | | | 48508.52 |

注：表中各单价均以不包含增值税可抵扣进项税额的价格计算。

2）综合系数调整材料价差

采用单项材料价差的调整方法，其优点是准确性高，但计算过程较繁杂。因此，一些用量大、单价相对低的材料（如地方材料、辅助材料等）常采用综合系数的方法来调整单位工程材料价差。

采用综合系数调整材料价差的具体做法就是用单位工程定额材料费或定额直接工程费乘以综合调整系数，求出单位工程材料价差，其计算公式如下：

单位工程综合系数调整材料价差 = 单位工程定额材料费（定额直接工程费）× 材料价差综合调整系数

【例4-4】某工程的定额材料费为786457.35元，按规定以定额材料费为基础乘以综合调整系数1.38%，计算该工程地方材料价差。

【解】某工程地方材料的材料价差 $= 786457.35 \times 1.38\% = 10853.11$ 元

## 4.6　间接费、利润、税金计算方法

### 4.6.1　间接费计算方法

1. 企业管理费计算方法

企业管理费计算方法一般有三种。即以定额直接费为计算基础计算；以定额人工费为计算基础计算；以定额人工费加定额机械费为基础计算。

（1）以直接费为计算基础

间接费 = Σ分项工程项目定额直接费 × 间接费费率(%)

（2）以定额人工费为计算基础

间接费 = Σ分项工程项目定额人工费 × 间接费费率(%)

(3) 以定额人工费加定额机械费为计算基础

间接费=∑(分项工程项目定额人工费+定额机械费)×间接费费率(%)

2. 规费计算方法

规费计算方法一般是以定额人工费为基础计算。即：

规费=∑分项工程项目定额人工费×对应的规费费率(%)

3. 企业管理费费率

(1) 以分部分项工程费为计算基础

$$企业管理费费率(\%) = \frac{生产工人年平均管理费}{年有效施工天数 \times 人工单价} \times 人工费占分部分项工程费比例(\%)$$

(2) 以人工费和机械费合计为计算基础

$$企业管理费费率(\%) = \frac{生产工人年平均管理费}{年有效施工天数 \times (人工单价+每一工日机械使用费)} \times 100\%$$

(3) 以人工费为计算基础

$$企业管理费费率(\%) = \frac{生产工人年平均管理费}{年有效施工天数 \times 人工单价} \times 100\%$$

工程造价管理机构在确定计价定额中企业管理费时，应以定额人工费或（定额人工费+定额机械费）作为计算基数，其费率根据历年工程造价积累的资料，辅以调查数据确定，列入分部分项工程和措施项目中。

4. 规费计算方法及费率

(1) 社会保险费和住房公积金

社会保险费和住房公积金应以定额人工费为计算基础，根据工程所在地省、自治区、直辖市或建设主管部门规定费率计算。

社会保险费和住房公积金=∑(工程定额人工费×社会保险费和住房公积金费率)

式中，社会保险费和住房公积金费率可以每万元发承包价的生产工人人工费和管理人员工资含量与工程所在地规定的缴纳标准综合分析取定。

(2) 工程排污费

工程排污费等其他应列而未列入的规费应按工程所在地环境保护等部门规定的标准缴纳，按实计取列入。

### 4.6.2 利润计算方法

(1) 施工企业根据企业自身需求并结合建筑市场实际自主确定利润，列入报价中。

(2) 工程造价管理机构在确定工程造价中利润时，应以分项工程定额人工费或（定额人工费+定额机械费）作为计算基数，其费率根据历年工程造价积累的资料，并结合建筑市场实际确定，以单位（单项）工程测算，利润在税前建筑安装工程费的比例可按不低于5%且不高于7%的费率计算。

利润=∑分项工程定额人工费(或定额人工费+定额机械费)×利润率

### 4.6.3 税金计算方法

税金计算公式为:

$$增值税税金 = 税前造价 \times 9\%$$

## 4.7 建筑安装工程费用计算方法

### 4.7.1 建筑安装工程费用（造价）理论计算方法

根据前面论述的建筑安装工程预算编制原理中计算工程造价的理论公式和建筑安装工程的费用构成，可以确定以下理论计算方法，见表4-13。

建筑安装工程费用（造价）理论计算方法　　　　表 4-13

| 序号 | 费用名称 | 计　算　式 | |
|---|---|---|---|
| （一） | 直接费 | 定额直接费 | ∑（分项工程量×定额基价） |
| | | 措施费 | 定额直接工程费×有关措施费费率<br>或：定额人工费×有关措施费费率<br>或：按规定标准计算 |
| （二） | 间接费 | （一）×间接费费率<br>或：定额人工费×间接费费率 | |
| （三） | 利润 | （一）×利润率<br>或：定额人工费×利润率 | |
| （四） | 税金 | 税前造价×9% | |
| | 工程造价 | （一）+（二）+（三）+（四） | |

### 4.7.2 计算建筑安装工程费用的原则

定额直接费根据预算定额基价算出，这具有很强的规范性。按照这一思路，对于措施费、规费、企业管理费等有关费用的计算也必须遵循其规范性，以保证建筑安装工程造价的社会必要劳动量的水平。为此，工程造价主管部门对各项费用计算作了明确的规定：

(1) 建筑工程一般以定额直接工程费为基础计算各项费用；
(2) 安装工程一般以定额人工费为基础计算各项费用；
(3) 装饰工程一般以定额人工费为基础计算各项费用；
(4) 材料价差不能作为计算间接费等费用的基础。

为什么要规定上述计算基础呢？因为这是确定工程造价的客观需要。

首先，要保证计算出的措施费、间接费等各项费用的水平具有稳定性。我们知道，措施费、间接费等费用是按一定的取费基础乘以规定的费率确定的。当费率确定后，要求计算基础必须相对稳定。因而，以定额直接工程费或定额人工费作为取费基础，具有相对稳定性，不管工程在定额执行范围内的什么地方施工，不管由哪个施工单位施工，都能保证计算出水平较一致的各项费用。

其次，以定额直接工程费作为取费基础，既考虑了人工消耗与管理费用的内在关系，又考虑了机械台班消耗量对施工企业提高机械化水平的推动作用。

再者，由于安装工程设计的要求不同，使材料费产生较大幅度的变化，而定额人工费具有相对稳定性，再加上措施费、间接费等费用与人员的管理幅度有直接联系，所以，安装工程、装饰工程采用定额人工费为取费基础计算各项费用较合理。

### 4.7.3 建筑安装工程费用计算程序

建筑安装工程费用计算程序也称建筑安装工程造价计算程序，是指计算建筑安装工程造价有规律的顺序。

建筑安装工程费用计算程序没有全国统一的格式，一般由省、市、自治区工程造价主管部门结合本地区具体情况确定。

（1）建筑安装工程费用计算程序的拟定

拟定建筑安装工程费用计算程序主要有两个方面的内容，一是拟定费用项目和计算顺序；二是拟定取费基础和各项费率。

1）建筑安装工程费用项目及计算顺序的拟定

各地区参照国家主管部门规定的建筑安装工程费用项目和取费基础，结合本地区实际情况拟定费用项目和计算顺序，并颁布在本地区使用的建筑安装工程费用计算程序。

2）费用计算基础和费率的拟定

在拟定建筑安装工程费用计算基础时，应遵照国家的有关规定，遵守确定工程造价的客观经济规律，使工程造价的计算结果较准确地反映本行业的生产力水平。

当取费基础和费用项目确定之后，就可以根据有关资料测算出各项费用的费率，以满足计算工程造价的需要。

（2）建筑安装工程费用计算程序实例

某地区根据《建筑安装工程费用项目组成》设计的建筑安装工程费用计算程序见表 4-14。

某地区建筑安装工程费用计算程序　　　　表 4-14

| 序号 | 费用名称 | | 建筑工程 | 装饰、安装工程 |
|---|---|---|---|---|
| | | | 计算基数 | 计算基数 |
| 1 | 直接费 | | ∑(分项工程费+单价措施项目费) | ∑(分项工程费+单价措施项目费) |
| 2 | 企业管理费 | | ∑(分项工程、单价措施项目定额人工费+定额机械费) | ∑(分项工程、单价措施项目定额人工费+定额机械费) |
| 3 | 利润 | | | |
| 4 | 总价措施费 | 安全文明施工费 | ∑分项工程、单价措施项目人工费 | ∑分项工程、单价措施项目人工费 |
| 5 | | 夜间施工增加费 | | |
| 6 | | 冬雨期施工增加费 | ∑分项工程费 | ∑分部分项工程费 |
| 7 | | 二次搬运费 | ∑(分部分项工程费+单价措施项目费) | ∑(分项工程费+单价措施项目费) |
| 8 | 其他项目费 | 提前竣工费 | 按经审定的赶工措施方案计算 | 按经审定的赶工措施方案计算 |
| 9 | | 暂列金额 | ∑(分项工程费+措施项目费) | ∑(分项工程费+措施项目费) |
| 10 | | 总承包服务费 | 分包工程造价 | 分包工程造价 |
| 11 | | 计日工 | 按暂定工程量×单价 | 按暂定工程量×单价 |

续表

| 序号 | 费用名称 | | 建筑工程 | 装饰、安装工程 |
|---|---|---|---|---|
| | | | 计算基数 | 计算基数 |
| 12 | 规费 | 社会保险费 | ∑分项工程、单价措施项目人工费 | ∑工程、单价措施项目人工费 |
| 13 | | 住房公积金 | | |
| 14 | | 工程排污费 | ∑分项工程费 | ∑分项工程费 |
| 15 | 增值税税金 | | 序号1～14之和 | 序号1～14之和 |
| | 工程造价 | | 序号1～15之和 | 序号1～15之和 |

注：序号1～14中各项费用均以不包含增值税可抵扣进项税额的价格计算。

## 4.8 施工企业工程取费等级

每个施工企业都要由省级建设行政主管部门根据规定的条件核定规费的取费等级。某地区施工企业工程取费等级评审条件见表4-15。

**某地区施工企业工程取费等级评审条件**　　　　　表4-15

| 取费等级 | 评审条件 |
|---|---|
| 特级 | 1. 企业具有特级资质证书<br>2. 企业近五年来承担过两个以上一类工程<br>3. 企业参加了社会劳保统筹，退（离）休职工人数占在册职工人数30％以上 |
| 一级 | 1. 企业具有一级资质证书<br>2. 企业近五年来承担过两个以上二类及其以上工程<br>3. 企业参加了社会劳保统筹，退（离）休职工人数占在册职工人数20％以上 |
| 二级 | 1. 企业具有二级资质证书<br>2. 企业近五年来承担过两个三类及其以上工程<br>3. 企业参加了社会劳保统筹，退（离）休职工人数占在册职工人数10％以上 |
| 三级 | 1. 企业具有三级资质证书<br>2. 企业近五年来承担过两个四类及其以上工程<br>3. 企业参加了社会劳保统筹，退（离）休职工人数占在册职工人数10％以下 |

## 4.9 间接费、利润、税金费（税）率实例

间接费中除不可竞争费费率由省级或行业行政主管部门规定外，其余费率可以由企业自主确定。

《建筑安装工程费用项目组成》规定：利润率由工程造价管理机构确定，利润在税前建筑安装工程费的比例可按不低于5％且不高于7％的费率计算。

例如某地区建筑安装工程费用标准见表 4-16。

某地区建筑安装工程费用标准　　　　表 4-16

| 名称 | 建筑工程费率 | | | 装饰、安装工程费率(%) | | |
|---|---|---|---|---|---|---|
| | 取费基数 | 企业等级 | 费率(%) | 取费基数 | 企业等级 | 费率(%) |
| 企业管理费 | ∑分项工程、单价措施项目定额人工费+定额机械费 | 一级 | 30 | ∑分部分项、单价措施项目定额人工费+定额机械费 | 一级 | 34 |
| | | 二级 | 25 | | 二级 | 30 |
| | | 三级 | 20 | | 三级 | 26 |
| 安全文明施工费 | ∑分项工程、单价措施项目定额人工费 | — | 28 | ∑分部分项、单价措施项目定额人工费 | — | 28 |
| 夜间施工增加费 | ∑分项工程、单价措施项目定额人工费 | — | 2 | ∑分项工程、单价措施项目定额人工费 | — | 2 |
| 冬雨期施工增加费 | ∑分项工程费 | — | 0.5 | ∑分项工程费 | — | 0.5 |
| 二次搬运费 | ∑分项工程费+单价措施项目费 | — | 1 | ∑分项工程费+单价措施项目费 | — | 1 |
| 提前竣工费 | 按经审定的赶工措施方案计算 | | | 按经审定的赶工措施方案计算 | | |
| 总承包服务费 | 分包工程造价 | — | 2 | 分包工程造价 | — | 2 |
| 社会保险费 | ∑分项工程、单价措施项目人工费 | 一级 | 18 | ∑分项工程、单价措施项目人工费 | 一级 | 18 |
| | | 二级 | 15 | | 二级 | 15 |
| | | 三级 | 13 | | 三级 | 13 |
| 住房公积金费 | ∑分项工程、单价措施项目人工费 | 一级 | 5 | ∑分项工程、单价措施项目人工费 | 一级 | 5 |
| | | 二级 | 4 | | 二级 | 4 |
| | | 三级 | 3 | | 三级 | 3 |
| 工程排污费 | ∑分项工程费 | | 0.6 | ∑分项工程费 | | 0.6 |
| 利润 | ∑分项工程、单价措施项目定额人工费 | 一级 | 32 | ∑分项工程、单价措施项目定额人工费 | 一级 | 32 |
| | | 二级 | 27 | | 二级 | 27 |
| | | 三级 | 24 | | 三级 | 24 |
| 增值税 | 税前造价 | | 9% | 税前造价 | | 9% |

注：表中除增值税税金外的各项费用均以不包含增值税可抵扣进项税额的价格计算。

## 思考题与习题

1. 预算是怎样分类的？
2. 什么是设计概算？
3. 什么是施工图预算？
4. 什么是施工预算？

5. 施工图预算由哪些费用构成?
6. 直接费包括哪些费用?
7. 直接工程费包括哪些费用?
8. 措施费包括哪些费用?
9. 间接费包括哪些费用?
10. 税金包括哪些内容?
11. 如何换算不同状态下的土方体积?
12. 四类土人工开挖的放坡规定有哪些?
13. 如何计算管沟土方工程量?
14. 如何计算挖孔桩土方工程量?
15. 如何计算搭拆打桩工作平台面积?
16. 什么是单位估价法?
17. 如何用单位估价法计算直接工程费?
18. 什么是实物金额法?
19. 如何用实物金额法计算直接工程费?
20. 叙述建筑安装费用计算程序。

# 教学单元 5　清单计价方式确定市政工程造价

**【课程思政】**　为加快推进职业教育高质量发展，千方百计办好人民满意的教育，努力培养德智体美劳全面发展的社会主义建设者和接班人，是职业教育的根本目标。

**【教学目标】**　通过对工程量清单的概念、工程量清单报价的概念、工程量清单编制原则、工程量清单编制内容、分部分项工程量清单内容、措施项目清单内容、其他项目清单内容、综合单价确定、分部分项工程费确定、措施项目费确定、其他项目费确定等知识点学习，学生掌握工程量清单和工程量清单报价的编制程序和编制方法。

## 5.1　工程量清单计价概述

### 5.1.1　工程量清单的概念

工程量清单是指表达拟建工程的分部分项工程项目、措施项目、其他项目、规费项目和税金项目的名称和相应数量的明细清单。

分部分项工程量清单表明拟建工程的全部分项实体工程的名称和相应的工程数量。例如，某工程现浇 C20 钢筋混凝土基础梁，167.26m³；低碳钢 $\phi219\times8$ 无缝钢管安装，320m 等。

措施项目清单表明为完成拟建工程全部分项实体工程而必须采取的措施性项目及相应的费用。例如，某工程大型施工机械设备（塔式起重机）进场及安拆；脚手架搭拆等。

其他项目清单主要表明，招标人提出的与拟建工程有关的特殊要求所发生的费用。例如，某工程考虑可能发生工程量变更而预先提出的暂列金额项目、零星工作项目费等。

规费项目清单主要表明有关权力部门规定必须缴纳的费用明细，例如社会保障费等。

工程量清单是招标投标活动中，对招标人和投标人都具有约束力的重要文件，是招标投标活动的重要依据。

### 5.1.2　工程量清单计价的概念

工程量清单计价包括两个方面的内容，一是工程量清单的编制；二是工程量清单报价的编制。

在建设工程招标投标中，招标人按照国家统一的《建设工程工程量清单计价规范》GB 50500—2013、《市政工程工程量计算规范》GB 50857—2013 的要求、施工图、招标文件编制工程量清单；投标人依据工程量清单、《建设工程工程量清单计价规范》GB 50500—2013、《市政工程工程量计算规范》GB 50857—2013（以下简称《市政工程工程量计算规范》)、施工图、招标文件、企业定额（或有关消耗量定额）、工料机市场价、自主确定的利润率等，编制工程量清单报价。

工程量清单计价是一种国际上通行的工程造价计价方式，是经评审后合理低价中标的工程造价计价方式。

### 5.1.3 《建设工程工程量清单计价规范》的编制依据

现行《建设工程工程量清单计价规范》依据《中华人民共和国招标投标法》、住房城乡建设部《关于印发〈2009年工程建设标准规范制订、修订计划〉的通知（建标〔2009〕88号）》编制，并遵照国家宏观调控、市场竞争形成价格的原则，结合我国当前的实际情况制定。

### 5.1.4 工程量清单编制原则

工程量清单编制原则包括"四个统一、三个自主、两个分离"。

1. 四个统一

分部分项工程量清单包括的内容，应满足两方面的要求，一是满足方便管理和规范管理的要求；二是满足工程计价的要求。为了满足上述要求，工程量清单编制必须符合四个统一的要求，即项目编码统一、项目名称统一、计量单位统一、工程量计算规则统一。

2. 三个自主

工程量清单计价是市场形成工程造价的主要形式。现行国家规范《建设工程工程量清单计价规范》第6.1.2条规定：投标价应依据本规范第6.2.1条的规定自由确定投标报价。这一要求使得投标人在报价时自主确定工料机消耗量、自主确定工料机单价、自主确定措施项目费及其他项目费的内容和费率。

3. 两个分离

两个分离是指：量与价分离、清单工程量与计价工程量分离。

量与价分离是从定额计价方式的角度来表达的。因为定额计价的方式采用定额基价计算直接费，工料机消耗量是固定的，工料机单价也是固定的，量价没有分离；而工程量清单计价由于自主确定工料机消耗量、自主确定工料机单价，量价是分离的。

清单工程量与计价工程量分离是从工程量清单报价方式来描述的。清单工程量是根据《建设工程工程量清单计价规范》《市政工程工程量计算规范》编制的，计价工程量是根据所选定的消耗量定额计算的，一项清单工程量可能要对应几项消耗量定额，两者的计算规则也不一定相同，所以，一项清单工程量可能要对应几项计价工程量，其清单工程量与计价工程量要分离。

## 5.2 工程量清单编制内容

工程量清单主要包括三部分内容，一是分部分项工程量清单；二是措施项目清单；三是其他项目清单。

### 5.2.1 分部分项工程量清单

分部分项工程量清单主要包括以下内容：

1. 项目编码

分部分项工程量清单编码以12位阿拉伯数字表示，前9位为全国统一编码，由《市政工程工程量计算规范》确定，不得改变。后3位是清单项目名称编码，由清单编制人根据拟建工程确定的清单项目编码，例如，某拟建工程的砖砌体清单项目的编码为"040305004001"，前9位"040305004"为工程量计算规范的统一编码，后3位"001"为该项目名称的顺序编码。

2. 项目名称

与现行的"预算定额"项目一样，每个分部分项工程量清单项目都有一个项目名称，该名称由工程量计算规范统一规定。分部分项工程量清单项目名称的确定，应考虑三个方面的因素，一是工程量计算规范中的项目名称；二是计价规范中的项目特征；三是拟建工程的实际情况。编制工程量清单时，应以工程量计算规范中的项目名称为主体，考虑该项目的规格、型号、材质等特征要求，结合拟建工程的实际情况，使其工程量清单项目名称具体化，能够反映影响工程造价的主要因素，如C30钢筋混凝土预应力空心板制、运、安；又如低压$\phi 159 \times 5$不锈钢管安装等。

3. 项目特征和工程内容

项目特征、工程内容是与项目名称相对应的。预算定额的项目，一般按施工工序或工作过程、综合工作过程设置，包含的工程内容相对来说较单一，据此规定了相应的工程量计算规则。工程量清单项目的划分，一般按"综合实体"来考虑，一个项目中包含了多个工作过程或综合工作过程，据此也规定了相应的工程量计算规则。这两者的工程内容和工程量计算规则有较大的差别，使用时应充分注意。所以，应该明白，工程量清单项目的工程内容综合性较强。例如，在工程量清单项目中，砖基础项目的工程内容包括：砂浆制作与运输；材料运输；铺设垫层；砌砖基础；防潮层铺设等。上述项目可由2~3个预算定额项目构成。又如，低压$\phi 159 \times 5$不锈钢管安装清单项目包含了管道安装、水压试验、管酸洗、管脱脂、管绝热、镀锌薄钢板保护层6个预算定额项目。

在工程内容中，每个工作对象都有不同的规格、型号和材质，这些必须在项目中说明。所以，每个项目名称都要表达出项目特征，例如，清单项目的砖基础项目，其项目特征包括：垫层材料的种类、厚度，砖品种、规格、强度等级，基础类型，基础深度，砂浆强度等级等。

编制工程量清单时，应以工程量计算规范的项目名称为主体，再考虑拟建工程的工程内容的实际情况和规格、型号、材质等特征要求，使项目名称具体化、细化、能直观地反映出影响工程造价的主要因素。例如，《房屋建筑与装饰工程工程量计算规范》中编号为"0103401001"的项目名称为"砖基础"，但是，我们根据拟建工程的实际情况可以写成"C15混凝土基础垫层200厚，M5水泥砂浆砌1.2m深标准砖带形基础"，其工程内容包括："砂浆、混凝土制作，垫层铺设，材料运输，砌砖基础"等。

4. 计量单位

分部分项工程量清单项目的计量单位，由工程量计算规范规定。

工程量清单项目的计量单位是按照能够较准确地反映该项目工程内容的原则确定的。例如,"实心砖墙"项目的计量单位是"$m^3$";"砖水池"项目的计量单位为"座";"硬木靠墙扶手"项目的计量单位为"m";"墙面一般抹灰"项目的计量单位为"$m^2$";"墙面干挂石材钢骨架"项目的计量单位为"t";"荧光灯安装"项目的计量单位为"套";"车床安装"项目的计量单位为"台";"接地装置"项目的计量单位为"项";"电气配线"的计量单位为"m";"拱顶罐制作、安装"的计量单位为"台"等。

5. 工程量

工程量即工程的实物数量。分部分项工程量清单项目的计算依据有:施工图纸、《建设工程工程量清单计价规范》《市政工程工程量计算规范》等。

分部分项工程量清单项目的工程量是一个综合的数量。综合的意思是指一项工程量中,综合了若干项工程内容,这些工程内容的工程量可能是相同的,也可能是不相同的,例如,"砖基础"项目中,综合了铺设垫层的工程量、砌砖的工程量、铺设防潮层的工程量。当这些不同工程内容的工程量不相同时,除了应该算出项目实体的(主项)工程量外,还要分别算出相关工程内容的(附项)工程量。例如,根据某拟建工程实际情况,计算出的砖基础(主项)工程量为 125.51$m^3$,计算出的基础垫层(附项)工程量为 36.07$m^3$,计算出的基础防潮层(附项)工程量为 8.25$m^2$,这时,该项目的主项工程量可以确定为砖基础 125.51$m^3$,但计算材料、人工、机械台班消耗量时,应分别按各自的工程量计算。只有这样计算,才能为计算综合单价提供准确的依据。

计算工程量还要依据工程量计算规则。分部分项清单项目的工程量计算,必须按照清单计价规则的规定计算。

还须指出,在分析工、料、机消耗量时套用的定额,必须与所采用的消耗量定额的工程量计算规则的规定相对应,这是因为工程量计算规则与编制定额确定消耗量有着内在的对应关系。

### 5.2.2 措施项目清单

措施项目是指有助于形成工程实体而不构成工程实体的项目。

措施项目清单包括:"单价项目"和"总价项目"两类。由于措施项目清单项目除了执行《市政工程工程量计算规范》外,还要依据所在地区的措施项目细则确定;所以,措施项目的确定与计算方法具有较强的地区性,教学时应该紧密结合本地区的有关规定学习和举例。例如,以下一些解释即依据了某些地区的措施项目细则规定。

措施项目清单的编制需考虑多种因素,除工程本身的因素外,还涉及水文、气象、环境、安全等因素。由于影响措施项目设置的因素太多,工程量计算规范不可能将施工中可能出现的措施项目一一列出。我们在编制措施项目清单时,因工程情况不同出现一些工程量计算规范中没有列出的措施项目,可以根据工程的具体情况对措施项目清单作必要的补充。

1. 单价措施项目

"单价项目"是指可以计算工程量,列出了项目编码、项目名称、项目特征、计量单位、工程量计算规则和工作内容的措施项目。例如，《市政工程工程量计算规范》附录 L 的措施项目中，"沉井脚手架"措施项目的编码为"041101004"，项目特征包括"沉井高度"、计量单位"m²"，工程量计算规则为"井壁中心线周长乘以井高计算"，工程内容包括"清理现场、材料场内外运输、搭设拆除脚手架"等。

2. 总价措施项目

"总价项目"是指不能计算工程量，仅列出了项目编码、项目名称，未列出项目特征、计量单位、工程量计算规则的措施项目。例如，《市政工程工程量计算规范》附录 L.9 的措施项目中，"安全文明施工"措施项的编码为"041109001"，工程内容及包含范围包括"环境保护、文明施工"等。

### 5.2.3 其他项目清单

工程建设项目标准的高低、工程的复杂程度、工程的工期长短、工程的组成内容等直接影响其他项目清单的具体内容。

其他项目清单应根据拟建工程的具体情况确定，一般包括暂列金额、暂估价（材料暂估价、专业工程暂估价）、计日工、总承包服务费等。

暂列金额是指招标人在工程量清单中暂定并包括在合同价款中的一笔款项，用于施工合同签订时尚未确定或者不可预见的所需材料、设备、服务的采购，施工中可能发生的工程变更、合同约定调整因素出现时的工程价款调整以及发生的索赔、现场签证确认等的费用。

暂估价是指招标人在工程量清单中提供的用于支付必然发生但暂时不能确定价格的材料的单价以及专业工程的金额。暂估价主要包括材料暂估价和专业工程暂估价两种。

计日工是指在施工过程中，完成发包人提出的施工图纸以外的零星项目或工作，按合同中约定的综合单价计价。例如，某办公楼建筑工程在设计图纸以外发生的零星工作项目，家具搬运用工 30 个工日。

总承包服务费是指总承包人为配合、协调发包人进行的工程分包，对建设单位自行采购的设备、材料等进行保管以及施工现场管理、竣工资料汇总整理等服务所需的费用。

### 5.2.4 规费和税金的确定

规费是根据省级政府或省级有关权力部门规定必须缴纳的，应计入建筑安装工程造价的费用。规费应按省级政府或省级有关权力部门规定的费率计取，不得参与竞争。

税金是指国家税法规定的应计入建筑安装工程造价增值税。该费用也不能参与竞争。

## 5.3 工程量清单报价编制内容

工程量清单报价编制内容包括工料机消耗量的确定、综合单价的确定、措施项目费的确定和其他项目费的确定。

### 5.3.1 工料机消耗量的确定

工料机消耗量是根据分部分项工程量和有关消耗量定额计算出来的，其计算公式为：

$$\text{分部分项工程人工工日} = \text{分部分项主项工程量} \times \text{定额用工量} + \sum(\text{分部分项附项工程量} \times \text{定额用工量})$$

$$\text{分部分项工程某种材料用量} = \text{分部分项主项工程量} \times \text{某种材料定额用量} + \sum(\text{分部分项附项工程量} \times \text{某种材料定额用量})$$

$$\text{分部分项工程某种机械台班用量} = \text{分部分项主项工程量} \times \text{某种机械定额台班量} + \sum(\text{分部分项附项工程量} \times \text{某种机械定额台班用量})$$

在套用定额分析计算工料机消耗量时，分两种情况：一是直接套用；二是分别套用。

1. 直接套用定额，分析工料机用量

当分部分项工程量清单项目与定额项目的工程内容和项目特征完全一致时，就可以直接套用定额消耗量，计算出分部分项的工料机消耗量，例如，某工程 250mm 半圆球吸顶灯安装清单项目，可以直接套用工程内容相对应的消耗量定额，采用该定额分析工料机消耗量。

2. 分别套用不同定额，分析工料机用量

当定额项目的工程内容与清单项目的工程内容不完全相同时，需要按清单项目的工程内容，分别套用不同的定额项目，例如，某工程 M5 水泥砂浆砌砖基础清单项目，还包含了 1∶2 水泥砂浆防潮层附项工程量，应分别套用 1∶2 水泥砂浆防潮层消耗量定额和 M5 水泥砂浆砌砖基础消耗量定额，分别计算其工料机消耗量；又如，室内 DN25 焊接钢管螺纹连接清单项目包含主项：焊接钢管安装，还包括附项：铁皮套管制作、安装，手工除锈，刷防锈漆项目时，要分别套用对应的消耗量定额计算其工料机消耗量。

### 5.3.2 综合单价的确定

综合单价是有别于预算定额基价的另一种确定单价的方式。

综合单价以分部分项工程项目为对象，从我国的实际情况出发，包括了除规费和税金以外的，完成分部分项工程量清单项目规定的，计量单位合格产品所需的全部费用。综合单价主要包括：人工费、材料费、机械费、管理费、利润、风险费等费用。

综合单价不仅适用于分部分项工程量清单，也适用于措施项目清单、其他项目清单等。

综合单价的计算公式表达为：

$$\text{分部分项工程量清单项目综合单价} = \text{人工费} + \text{材料费} + \text{机械费} + \text{管理费} + \text{利润}$$

其中

$$\text{人工费} = \sum_{i=1}^{n}(\text{定额工日} \times \text{人工单价})_i$$

$$\text{材料费} = \sum_{i=1}^{n}(\text{某种材料定额消耗量} \times \text{材料单价})_i$$

$$\text{机械费} = \sum_{i=1}^{n}(\text{某种机械定额消耗量} \times \text{台班单价})_i$$

$$\text{管理费} = \text{人工费(或直接费)} \times \text{管理费费率}$$

$$\text{利润} = \text{人工费(或直接费或直接费} + \text{管理费)} \times \text{利润率}$$

### 5.3.3 措施项目费确定

措施项目费应该由投标人根据拟建工程的施工方案或施工组织设计计算确定，一般可以采用以下几种方法确定。

1. 依据定额计算

脚手架、大型机械设备进出场及安拆费、垂直运输机械费等可以根据已有的定额计算确定。

2. 按系数计算

临时设施费、安全文明施工增加费、夜间施工增加费等，可以直接费为基础乘以适当的系数确定。

3. 按收费规定计算

室内空气污染测试费、环境保护费等可以按有关规定计取费用。

### 5.3.4 其他项目费的确定

招标人部分的其他项目费可按估算金额确定；投标人部分的总承包服务费应根据招标人提出要求按所发生的费用确定；计日工应根据计日工表确定。

其他项目清单中的暂列金额、暂估价和计日工均为预测和估算数额，虽在投标时计入投标人的报价中，但不应视为投标人所有。竣工结算时，应按承包人实际完成的工作内容结算，剩余部分仍归招标人所有。

## 5.4 工程量清单计价与定额计价的区别

工程量清单计价与定额计价主要有以下几个方面的区别。

### 5.4.1 计价依据不同

1. 依据不同定额

定额计价按照政府主管部门颁发的预算定额计算各项消耗量；工程量清单计价按照企业定额计算各项消耗量，也可以选择其他合适的消耗量定额计算工料机消耗量。选择何种定额，由投标人自主确定。

2. 采用的单价不同

定额计价的人工单价、材料单价、机械台班单价采用预算定额基价中的单价或政府指导价；工程量清单计价的人工单价、材料单价、机械台班单价采用市场价，由投标人自主确定。

3. 费用项目不同

定额计价的费用计算，根据政府主管部门颁发的费用计算程序所规定的项目和费率计算；工程量清单计价的费用按照《建筑工程工程量清单计价规范》《市政工程工程量计算规范》的规定和根据拟建项目和本企业的具体情况自主确定实际的费用项目和费率。

### 5.4.2 费用构成不同

定额计价方式的工程造价费用构成一般由直接费（包括直接工程费和措施费）、间接费（包括规费和企业管理费）、利润和增值金构成；工程量清单计价的工程造价费用由分部分项工程项目费、措施项目费、其他项目费、规费和税金构成。

### 5.4.3 计价方法不同

定额计价方式常采用单位估价法和实物金额法计算直接费，然后再计算间接费、利润和税金。而工程量清单计价则采用综合单价的方法计算分部分项工程量清单项目费，然后再计算措施项目费、其他措施项目费、规费和税金。

### 5.4.4 本质特性不同

定额计价方式确定的工程造价，具有计划价格的特性；工程量清单计价方式确定的工程造价具有市场价格的特性。两者有着本质上的区别。

## 5.5 工程量清单及其报价格式

### 5.5.1 招标工程量清单格式

1. 工程量清单格式的内容组成

（1）封面（表 5-1）；
（2）扉页（表 5-2）；
（3）总说明（表 5-3）；
（4）分部分项工程和单价措施项目清单与计价表（表 5-6）；
（5）总价措施项目清单与计价表（表 5-7）；
（6）其他项目清单与计价汇总表（表 5-8）；
（7）暂列金额明细表（表 5-9）；
（8）材料（工程设备）暂估单价及调整表（表 5-10）；
（9）专业工程暂估价及结算价表（表 5-11）；
（10）总承包服务费计价表（表 5-12）；
（11）计日工表（表 5-13）；
（12）规费、税金项目计价表（表 5-14）。

2. 工程量清单格式的填写要求

(1) 工程量清单由招标人填写。

(2) 总说明应填写下列内容。

1) 工程概况

工程概况包括建设规模、工程特征、计划工期、施工现场实际情况、交通运输情况、自然地理条件、环境保护要求等。

2) 工程招标和分包范围。

3) 工程量清单编制依据。

4) 工程质量、材料、施工等的特殊要求。

5) 招标人自行采购材料的名称、规格、型号、数量等。

6) 暂列金额、自行采购材料的金额数量。

7) 其他需要说明的问题。

### 5.5.2　工程量清单报价格式

1. 工程量清单计价格式的内容组成

(1) 投标总价（表5-15）；

(2) 单项工程招标控制价/投标报价汇总表（表5-4）；

(3) 单位工程招标控制价/投标报价汇总表（表5-5）；

(4) 分部分项工程和单价措施项目清单与计价表（表5-6）；

(5) 总价措施项目清单与计价表（表5-7）；

(6) 其他项目清单与计价汇总表（表5-8）；

(7) 暂列金额明细表（表5-9）；

(8) 材料（工程设备）暂估单价及调整表（表5-10）；

(9) 专业工程暂估价及结算价表（表5-11）；

(10) 总承包服务费计价表（表5-12）；

(11) 计日工表（表5-13）；

(12) 规费、税金项目计价表（表5-14）；

(13) 综合单价分析表（表5-16）。

招标工程量清单封面　　　　　　　　　　　　表 5-1

_____工程

# 招标工程量清单

招　标　人：_____
　　　　　　　　（单位盖章）

造价咨询人：_____
　　　　　　　　（单位盖章）

年　月　日

招标工程量清单扉页 　　　　　表 5-2

<u>　　　　　　　　　　</u>工程

# 招标工程量清单

招 标 人：<u>　　　　　　　　</u>　　　造价咨询人：<u>　　　　　　　　　</u>
　　　　　　（单位盖章）　　　　　　　　　　　　（单位资质专用章）

法定代表人　　　　　　　　　　　法定代表人
或其授权人：<u>　　　　　　　　</u>　　或其授权人：<u>　　　　　　　　　</u>
　　　　　　（签字或盖章）　　　　　　　　　　　（签字或盖章）

编制人：<u>　　　　　　　　　</u>　　　复核人：<u>　　　　　　　　　</u>
　　　（造价人员签字盖专用章）　　　　　（造价工程师签字盖专用章）

编制时间：　年　月　日　　　　　　复核时间：　年　月　日

总　说　明　　　　　　　　　　　　　　　表 5-3

工程名称：　　　　　　　　　　　　　　　　　　第　页　共　页

单项工程招标控制价/投标报价汇总表　　　　　　　表 5-4

工程名称：　　　　　　　　　　　　　　　　　　　　　　　第　页　共　页

| 序号 | 单项工程名称 | 金额（元） | 其中：（元） | | |
|---|---|---|---|---|---|
| | | | 暂估价 | 安全文明施工费 | 规费 |
| | | | | | |
| | 合　计 | | | | |

注：本表适用于单项工程招标控制价或投标报价的汇总。暂估价包括分部分项工程中的暂估价和专业工程暂估价。

单位工程招标控制价/投标报价汇总表　　　　表 5-5

工程名称：　　　　　　标段：　　　　　　　第　页　共　页

| 序号 | 汇总内容 | 金额(元) | 其中：暂估价(元) |
|---|---|---|---|
| 1 | 分部分项工程 | | |
| 1.1 | | | |
| 1.2 | | | |
| 1.3 | | | |
| 1.4 | | | |
| 1.5 | | | |
| | | | |
| | | | |
| | | | |
| 2 | 措施项目 | | |
| 2.1 | 其中：安全文明施工费 | | |
| 3 | 其他项目 | | |
| 3.1 | 其中：暂列金额 | | |
| 3.2 | 其中：专业工程暂估价 | | |
| 3.3 | 其中：计日工 | | |
| 3.4 | 其中：总承包服务费 | | |
| 4 | 规费 | | |
| 5 | 税金 | | |
| | 招标控制价合计＝1+2+3+4+5 | | |

注：本表适用于单位工程招标控制价或投标报价的汇总，如无单位工程划分，单项工程也使用本表汇总。

## 分部分项工程和单价措施项目清单与计价表

表 5-6

工程名称： 　　　　　　　标段： 　　　　　　　第 页 共 页

| 序号 | 项目编码 | 项目名称 | 项目特征描述 | 计量单位 | 工程量 | 金额(元) | | |
|---|---|---|---|---|---|---|---|---|
| | | | | | | 综合单价 | 合价 | 其中 暂估价 |
| | | | | | | | | |
| | | | | | | | | |
| | | | | | 本页小计 | | | |
| | | | | | 合　计 | | | |

注：为计取规费等的使用，可在表中增设其中："定额人工费"。

**总价措施项目清单与计价表** 表 5-7

工程名称： 标段： 第 页 共 页

| 序号 | 项目编码 | 项 目 名 称 | 计算基础 | 费率（%） | 金额（元） | 调整费率（%） | 调整后金额（元） | 备注 |
|---|---|---|---|---|---|---|---|---|
|  |  | 安全文明施工费 |  |  |  |  |  |  |
|  |  | 夜间施工增加费 |  |  |  |  |  |  |
|  |  | 二次搬运费 |  |  |  |  |  |  |
|  |  | 冬雨季施工增加费 |  |  |  |  |  |  |
|  |  | 已完工程及设备保护费 |  |  |  |  |  |  |
|  |  |  |  |  |  |  |  |  |
|  |  |  |  |  |  |  |  |  |
|  |  |  |  |  |  |  |  |  |
|  |  |  |  |  |  |  |  |  |
|  |  | 合计 |  |  |  |  |  |  |

编制人（造价人员）： 复核人（造价工程师）：

注：1. "计算基础"中安全文明施工费可为"定额基价""定额人工费"或"定额人工费+定额机械费"，其他项目可为"定额人工费"或"定额人工费+定额机械费"。
2. 按施工方案计算的措施费，若无"计算基础"和"费率"的数值，也可只填"金额"数值，但应在备注栏说明施工方案出处或计算方法。

**其他项目清单与计价汇总表** 表 5-8

工程名称： 标段： 第 页 共 页

| 序号 | 项 目 名 称 | 金额（元） | 结算金额（元） | 备注 |
|---|---|---|---|---|
| 1 | 暂列金额 |  |  | 明细详见表 5-9 |
| 2 | 暂估价 |  |  |  |
| 2.1 | 材料（工程设备）暂估价/结算价 | — |  | 明细详见表 5-10 |
| 2.2 | 专业工程暂估价/结算价 |  |  | 明细详见表 5-11 |
| 3 | 计日工 |  |  | 明细详见表 5-13 |
| 4 | 总承包服务费 |  |  | 明细详见表 5-12 |
| 5 | 索赔与现场签证 | — |  | 明细详见"规范"表-12-6 |
|  |  |  |  |  |
|  |  |  |  |  |
|  | 合计 |  | — |  |

注：1. 材料（工程设备）暂估单价计入清单项目综合单价，此处不汇总。
2. 规范指《建设工程工程量清单计价规范》。

## 暂列金额明细表

表 5-9

工程名称：　　　　　　　　　　标段：　　　　　　　　　　　第 页 共 页

| 序号 | 项目名称 | 计量单位 | 暂定金额(元) | 备注 |
|---|---|---|---|---|
| 1 | | | | |
| 2 | | | | |
| 3 | | | | |
| 4 | | | | |
| 5 | | | | |
| 6 | | | | |
| 7 | | | | |
| 8 | | | | |
| 9 | | | | |
| 10 | | | | |
| 11 | | | | |
| | 合　计 | | | — |

注：此表由招标人填写，如不能详列，也可只列暂定金额总额，投标人应将上述暂列金额计入投标总价中。

## 材料（工程设备）暂估单价及调整表

表 5-10

工程名称：　　　　　　　　　　标段：　　　　　　　　　　　第 页 共 页

| 序号 | 材料（工程设备）名称、规格、型号 | 计量单位 | 数量 | | 暂估(元) | | 确认(元) | | 差额±(元) | | 备注 |
|---|---|---|---|---|---|---|---|---|---|---|---|
| | | | 暂估 | 确认 | 单价 | 合价 | 单价 | 合价 | 单价 | 合价 | |
| | | | | | | | | | | | |
| | | | | | | | | | | | |
| | | | | | | | | | | | |
| | | | | | | | | | | | |
| | | | | | | | | | | | |
| | | | | | | | | | | | |
| | | | | | | | | | | | |
| | | | | | | | | | | | |
| | 合　计 | | | | | | | | | | |

注：此表由招标人填写"暂估单价"，并在备注栏说明暂估价的材料、工程设备拟用在哪些清单项目上，投标人应将上述材料、工程设备暂估单价计入工程量清单综合单价报价中。

**专业工程暂估价及结算价表**　　　　　　　　　　　表 5-11

工程名称：　　　　　　　　标段：　　　　　　　　第　页　共　页

| 序号 | 工程名称 | 工程内容 | 暂估金额（元） | 结算金额（元） | 差额±（元） | 备注 |
|---|---|---|---|---|---|---|
|  |  |  |  |  |  |  |
|  |  |  |  |  |  |  |
|  |  |  |  |  |  |  |
|  |  |  |  |  |  |  |
|  |  |  |  |  |  |  |
|  |  |  |  |  |  |  |
|  |  |  |  |  |  |  |
|  |  |  |  |  |  |  |
| 合计 |  |  |  |  |  |  |

注：此表"暂估金额"由招标人填写，投标人应将"暂估金额"计入投标总价中，结算时按合同约定结算金额填写。

**总承包服务费计价表**　　　　　　　　　　　　表 5-12

工程名称：　　　　　　　　标段：　　　　　　　　第　页　共　页

| 序号 | 项目名称 | 项目价值(元) | 服务内容 | 计算基础 | 费率(%) | 金额(元) |
|---|---|---|---|---|---|---|
| 1 | 发包人发包专业工程 |  |  |  |  |  |
| 2 | 发包人供应材料 |  |  |  |  |  |
|  |  |  |  |  |  |  |
|  |  |  |  |  |  |  |
|  |  |  |  |  |  |  |
|  |  |  |  |  |  |  |
|  |  |  |  |  |  |  |
|  |  |  |  |  |  |  |
| 合计 |  |  | — | — |  |  |

注：此表项目名称、服务内容由招标人填写，编制招标控制价时，费率及金额由招标人按有关计价规定确定；投标时，费率及金额由投标人自主报价，计入投标总价中。

计日工表　　　　　　　　表 5-13

工程名称：　　　　　标段：　　　　　　　　第 页 共 页

| 编号 | 项目名称 | 单位 | 暂定数量 | 实际数量 | 综合单价（元） | 合价(元) ||
|---|---|---|---|---|---|---|---|
| | | | | | | 暂定 | 实际 |
| 一 | 人工 | | | | | | |
| 1 | | | | | | | |
| 2 | | | | | | | |
| 3 | | | | | | | |
| 4 | | | | | | | |
| | 人工小计 | | | | | | |
| 二 | 材料 | | | | | | |
| 1 | | | | | | | |
| 2 | | | | | | | |
| 3 | | | | | | | |
| 4 | | | | | | | |
| | 材料小计 | | | | | | |
| 三 | 施工机械 | | | | | | |
| 1 | | | | | | | |
| 2 | | | | | | | |
| 3 | | | | | | | |
| 4 | | | | | | | |
| | 施工机械小计 | | | | | | |
| 四 | 企业管理费和利润 | | | | | | |
| | 总　　计 | | | | | | |

注：此表项目名称、暂定数量由招标人填写，编制招标控制价时，单价由招标人按有关计价规定确定；投标时，单价由投标人自主报价，按暂定数量计算合价计入投标总价中。结算时，按发承包双方确认的实际数量计算合价。

**规费、税金项目计价表**　　　　　　　　　　　表 5-14

工程名称：　　　　　　　　标段：　　　　　　　　　　第　页　共　页

| 序号 | 项目名称 | 计 算 基 础 | 计算基数 | 计算费率(%) | 金额(元) |
|---|---|---|---|---|---|
| 1 | 规费 | 定额人工费 | | | |
| 1.1 | 社会保险费 | 定额人工费 | | | |
| (1) | 养老保险费 | 定额人工费 | | | |
| (2) | 失业保险费 | 定额人工费 | | | |
| (3) | 医疗保险费 | 定额人工费 | | | |
| (4) | 工伤保险费 | 定额人工费 | | | |
| (5) | 生育保险费 | 定额人工费 | | | |
| 1.2 | 住房公积金 | 定额人工费 | | | |
| 1.3 | 工程排污费 | 按工程所在地环境保护部门收取标准，按实计入 | | | |
| 2 | 税金 | 分部分项工程费＋措施项目费＋其他项目费＋规费－按规定不计税的工程设备金额 | | | |
| | | 合　　计 | | | |

编制人（造价人员）：　　　　　　　　　　　　　　　复核人（造价工程师）：

投标总价封面　　　　　　　　　　　　表 5-15

# 投 标 总 价

招　标　人：_____

工 程 名 称：_____

投 标 总 价(小写)：_____

　　　　（小写）：_____


招　标　人：_____
　　　　　　　　（单位盖章）


法定代表人
或其授权人：_____
　　　　　　　　（签字或盖章）


编　制　人：_____
　　　　　　（造价人员签字盖专用章）


时　间：　　年　　月　　日

综合单价分析表　　　　　　　　　　　　　　表 5-16

工程名称：　　　　　　　标段：　　　　　　　　第　页　共　页

| 项目编码 | | 项目名称 | | 计量单位 | | 工程量 | |
|---|---|---|---|---|---|---|---|

清单综合单价组成明细

| 定额编号 | 定额项目名称 | 定额单位 | 数量 | 单价 | | | | 合价 | | | |
|---|---|---|---|---|---|---|---|---|---|---|---|
| | | | | 人工费 | 材料费 | 机械费 | 管理费和利润 | 人工费 | 材料费 | 机械费 | 管理费和利润 |
| | | | | | | | | | | | |
| | | | | | | | | | | | |
| | | | | | | | | | | | |
| 人工单价 | | | 小计 | | | | | | | | |
| 元/工日 | | | 未计价材料费 | | | | | | | | |
| 清单项目综合单价 | | | | | | | | | | | |

| 材料费明细 | 主要材料名称、规格、型号 | 单位 | 数量 | 单价（元） | 合价（元） | 暂估单价（元） | 暂估合价（元） |
|---|---|---|---|---|---|---|---|
| | | | | | | | |
| | | | | | | | |
| | | | | | | | |
| | | | | | | | |
| | 其他材料费 | | | — | | — | |
| | 材料费小计 | | | — | | — | |

注：1. 如不使用省级或行业建设主管部门发布的计价依据，可不填写定额编号、名称等。
　　2. 招标文件提供了暂估单价的材料，按暂估的单价填入表内"暂估单价"栏及"暂估合价"栏。

2. 工程量清单计价格式填写要求

计价规范提供的工程量清单计价格式为统一格式，不得变更或修改。但是，当工程项目没有采用总承包，而是采用分包制时，表格的使用可以有些变化，需要填写哪些表格，由招标方应提出具体要求。

## 5.6　工程量清单编制方法

### 5.6.1　编制依据

工程量清单是建设工程招标的主要文件，应由具有编制招标文件能力的招标人或受其委托具有相应资质的中介机构进行编制。

工程量清单的编制依据主要有《建设工程工程量清单计价规范》《市政工程工程量计算规范》、工程招标文件、施工图等。

1. 建设工程工程量计价规范

根据《建设工程工程量清单计价规范》《市政工程工程量计算规范》确定拟建工程的分部分项工程项目、措施项目、其他项目的项目名称和相应数量。

2. 工程招标文件

根据拟建工程特定工艺要求，确定措施项目；根据工程承包、分包的要求，确定总承包服务费项目；根据对施工图范围外的其他要求，确定零星工作项目费等项目。

3. 施工图

施工图是计算分部分项工程量的主要依据，依据《市政工程工程量计算规范》中对项目名称、工程内容、计量单位、工程量计算规则的要求和拟建工程施工图计算分部分项工程量。

### 5.6.2　清单工程量计算

1. 清单工程量的概念

清单工程量是分部分项工程量清单的简称，是招标人发布的拟建工程的实物数量，也是投标人计算工、料、机消耗量的依据。按照计价规范计算的分部分项工程量与承包商计算投标报价的工程量有较大的差别。这是因为分部分项工程量清单中每一项工程量的工程内容、工程量计算规则与各承包商采用的分析工、料、机消耗量的定额的工程内容和工程量计算规则各不相同，所以两者有较大的差别。

清单工程量是业主按照《建设工程工程量清单计价规范》《市政工程工程量计算规范》的要求编制，作为报价的工程量。

2. 清单工程量计算方法

（1）清单工程量计算的思路

根据拟建工程施工图和《市政工程工程量计算规范》列项。

根据所列项目填写清单项目的项目编码和计量单位。

确定清单工程量项目的主项内容和所包含的附项内容。

根据施工图、项目主项内容和《市政工程工程量计算规范》中的工程量计算规则，计算主项工程量。一般情况，主项工程量就是清单工程量。

按《市政工程工程量计算规范》所示工程量清单项目的顺序，整理清单工程量的顺序，最后形成分部分项工程量清单。

（2）清单工程量计算方法

清单工程量的计算，严格按照《市政工程工程量计算规范》中计算规则规定的要求计算，其具体的长度、面积、体积计算方法，已经在前文介绍，这里不再赘述。

（3）清单工程量计算用表格

清单工程量计算表见表 5-17。

清单工程量计算表　　　　　　　　　　　表 5-17

工程名称：　　　　　　　　　　　　　　　　　　　　第　页　共　页

| 序号 | 项目编号 | 项目名称 | 单位 | 工程数量 | 计算式 |
|------|----------|----------|------|----------|--------|
|      |          |          |      |          |        |

### 5.6.3 措施项目清单、其他项目清单编制

1. 措施项目清单

《建设工程工程量清单计价规范》中列出了总价措施项目清单与计价表。在提交工程量清单时，这一部分的内容主要由承包商自主确定，因此，不作具体的规定。承包商在确定这部分内容报价时，主要根据拟建工程和企业的具体情况。

2. 其他项目清单

其他项目清单分为两部分内容。第一部分是招标人提出的项目，一般包括暂列金额和专业工程暂估价等，业主在提供工程量清单时，可以明确规定项目的金额。对于招标人提出的这部分清单项目，如果在工程实施过程没有发生或发生一部分，其费用及剩余的费用还是归业主所有。

第二部分是由承包商提出的项目。承包商根据招标文件或承包工程的实际需要发生了分包工程，那么就要提出总承包服务费。如果在投标报价中根据招标人的要求，完成了分部分项工程量清单项目以外的工作，还要提出计日工等费用。

## 5.7 工程量清单报价编制方法

### 5.7.1 编制依据

编制工程量清单报价的依据主要有：清单工程量、施工图、《建设工程工程量清单计价规范》《市政工程工程量计算规范》、消耗量定额、施工方案、工料机市场价格等。

1. 清单工程量

清单工程量是由招标人发布的拟建工程的招标工程量。清单工程量是投标人投标报价的重要依据，投标人应根据清单工程量和施工图计算计价工程量。

2. 施工图

由于采取的施工方案不同，并且清单工程量是分部分项工程量清单项目的主项工程量，不能反映报价的全部内容。所以投标人在投标报价时，需要根据施工图和施工方案计算报价工程量，因而，施工图也是编制工程量清单报价的重要依据。

3. 消耗量定额

消耗量定额一般指企业定额、建设行政主管部门发布的预算定额等，它是分析拟建工程工料机消耗量的依据。

4. 工料机市场价格

工料机市场价格是确定分部分项工程量清单综合单价的重要依据。

### 5.7.2 计价工程量计算

1. 计价工程量的概念

计价工程量也称报价工程量。它是计算工程投标报价的重要数据。

计价工程量是投标人根据拟建工程施工图、施工方案、清单工程量和所采用定额及相对应的工程量计算规则计算出的，是确定综合单价的重要数据。

清单工程量作为统一各投标人工程报价的口径，这是十分重要的，也是十分必要的。但是，投标人不能根据清单工程量直接进行报价。这是因为，施工方案

不同，其实际发生的工程量是不同的。例如，基础挖方是否要留工作面，留多少，不同的施工方法其实际发生的工程量是不同的；采用的定额不同，其综合单价的综合结果也是不同的。所以在投标报价时，各投标人必然要计算计价工程量。我们将用于报价的实际工程量称为计价工程量。

2. 计价工程量计算方法

计价工程量是根据所采用的定额和相对应的工程量计算规则计算的，所以，承包商一旦确定采用何种定额时，就应完全按其定额所划分的项目内容和工程量计算规则计算工程量。

计价工程量的计算内容一般要多于清单工程量。因为，计价工程量不但要计算每个清单项目的主项工程量，而且还要计算所包含的附项工程量。这就需要根据清单项目的工程内容和定额项目的划分内容具体确定。例如，M5水泥砂浆砌砖基础项目，不但要计算主项的砖基础项目，还要计算混凝土基础垫层的附项工程量。又如，低压 $\phi 159\times 5$ 不锈钢管安装项目，除了要计算管道安装主项工程量外，还要计算水压试验、管酸洗、管脱脂、管绝热、镀锌薄钢板保护层5个附项工程量。

计价工程量的具体计算方法，与建筑安装工程预算中的工程量计算方法基本相同。

### 5.7.3 综合单价计算

1. 综合单价的概念

综合单价是相对各分项单价而言，是在分部分项清单工程量以及相对应的计价工程量项目的人工单价、材料单价、机械台班单价、管理费单价、利润单价基础上综合而成的。形成综合单价的综合过程不是简单地将其汇总的过程，而是根据具体分部分项清单工程量和计价工程量及工料机单价通过具体计算后综合而成。

2. 综合单价计算方法

"营改增"后综合单价中各费用均以不包含增值税可抵扣进项税额的价格计算。

综合单价的计算过程是，先用计价工程量乘以定额消耗量得出工料机消耗量，再乘以对应的工料机单价得出主项和附项直接费，然后再计算出计价工程量清单项目费小计，接着再计算管理费、利润得出计价工程量清单项目费，最后再用计价工程量清单项目费除以清单工程量得出综合单价。其示意图如图5-1所示。

图5-1 综合单价计算方法示意图

## 3. 综合单价计算实例（表 5-18）

工程量清单综合单价分析表　　　　　表 5-18

工程名称：××路面　　　　标段：　　　　第 1 页　共 1 页

| 项目编码 | 040203007001 | 项目名称 | 水泥混凝土路面 | 计量单位 | $m^2$ |
|---|---|---|---|---|---|

清单综合单价组成明细

| 定额编号 | 定额名称 | 定额单位 | 数量 | 单价 人工费 | 单价 材料费 | 单价 机械费 | 单价 管理费和利润 | 合价 人工费 | 合价 材料费 | 合价 机械费 | 合价 管理费和利润 |
|---|---|---|---|---|---|---|---|---|---|---|---|
| 2-289 | 水泥混凝土路面 | $m^2$ | 13000 | 10.065 | 39.577 | 0.832 | 4.54 | 130845 | 514501 | 10816 | 59020.00 |
| 2-294 | 路面伸缩沥青玛琋脂 | $m^2$ | 31.20 | 10.38 | 69.944 | — | 7.20 | 323.86 | 2182.25 | — | 224.64 |
| 2-298 | 锯缝机锯缝 | m | 4654 | 1.92 | 0.784 | 1.155 | 0.35 | 8935.68 | 3648.74 | 5375.37 | 1628.9 |
| 2-300 | 草袋养护 | $m^2$ | 13000 | 0.345 | 0.972 | — | 0.12 | 4485 | 12636.00 | — | 1560.00 |
| 人工单价 | | | | 小计 | | | | 144589.54 | 532967.99 | 16191.37 | 62433.54 |
| 30 元/工日 | | | | 未计价材料费 | | | | | | | |
| 清单项目综合单价 | | | | | | | | 58.17 | | | |

| 材料费明细 | 主要材料名称、规格、型号 | 单位 | 数量 | 单价（元） | 合价（元） | 暂估单价（元） | 暂估合价（元） |
|---|---|---|---|---|---|---|---|
| | C30 路面混凝土 | $m^3$ | 2652 | 187 | 495924.00 | | |
| | 板枋材 | $m^3$ | 6.37 | 1810 | 11529.70 | | |
| | 圆钉 | kg | 26 | 5.86 | 152.36 | | |
| | 铁件 | kg | 845 | 3.66 | 3092.70 | | |
| | 水 | $m^3$ | 4940 | 0.40 | 1976.00 | | |
| | 石粉 | kg | 397.49 | 0.08 | 31.80 | | |
| | 石棉 | kg | 393.12 | 4.10 | 1611.79 | | |
| | 石油沥青 60 号 | kg | 396.24 | 1.25 | 495.30 | | |
| | 煤 | kg | 99.84 | 0.20 | 19.97 | | |
| | 木柴 | kg | 9.98 | 0.20 | 2.00 | | |
| | 草袋 | 个 | 5590 | 2.12 | 11850.80 | | |
| | 钢锯片 | 片 | 1820 | 0.40 | 3630.00 | | |
| | 其他材料费 | | | — | 2651.57 | | |
| | 材料费小计 | | | — | 532967.99 | | |

注：1. 如不使用省级或行业建设主管部门发布的计价依据，可不填定额项目、编号等。
　　2. 招标文件提供了暂估单价的材料，按暂估的单价填入表内"暂估单价"栏及"暂估合价"栏。

### 5.7.4 措施项目费、其他项目费、规费、税金计算

1. 措施项目费

（1）单价措施项目

单价措施项目费是指工程量清单中，除分部分项工程量清单项目费以外，为保证工程顺利进行，按照国家现行规定的建设工程施工及验收规范、规程要求，必须配套的工程内容所需的费用。例如，临时设施费、脚手架搭拆费等。

（2）单价措施项目费计算方法

单价措施项目费与分部分项工程费的计算方法相同，也是用清单工程量根据计价定额进行综合单价分析后再乘以单价措施项工程量得出。

（3）总价措施项目费及其计算方法

总价措施项目费主要包括安全文明施工费、夜间施工费等费用。该类费用分为竞争性费用（安全文明施工费）和非竞争性费用（夜间施工费等）。其计算方法按国家、省市或行业行政主管部门颁发的规定计算。一般以人工费或人工费加机械费为计算基数乘以规定的费率。

2. 其他项目费

（1）其他项目费的概念

其他项目费是指暂列金额、暂估价、总承包服务费、计日工项目费、总承包服务费等估算金额的总和。其包括：人工费、材料费、机械台班费、管理费、利润和风险费。

（2）其他项目费的确定

1）暂列金额

暂列金额主要指考虑可能发生的工程量变化和费用增加而预留的金额。引起工程量变化和费用增加的原因很多，一般主要有以下几个方面：

① 清单编制人员错算、漏算引起的工程量增加；

② 设计深度不够、设计质量较低造成的设计变更引起的工程量增加；

③ 在施工过程中应业主要求，经设计或监理工程师同意的工程变更增加的工程量；

④ 其他原因引起应由业主承担的增加费用，如风险费用和索赔费用。

暂列金额由招标人根据工程特点，按有关计价规定进行估算确定，一般按分部分项工程量清单费的10%～15%作为参考。

暂列金额作为工程造价的组成部分计入工程造价。但暂列金额应根据发生的情况和必须通过监理工程师批准方能使用。暂列金额未使用部分归业主所有。

2）暂估价

暂估价根据发布的清单计算，不得更改。暂估价中的材料必须按照暂估单价计入综合单价；专业工程暂估价必须按照其他项目清单中列出的金额填写。

3）计日工项目费

计日工项目费应按照其他项目清单列出的项目和估算的数量，自主确定各项综合单价并计算费用。

4）总承包服务费

总包服务费应该依据招标人在招标文件列出的分包专业工程内容和供应材料、设备情况，按照招标人提出协调、配合与服务要求和施工现场管理需要自主确定。

3. 规费

（1）规费的概念

规费是指根据省级政府或省级有关权力部门规定必须缴纳的，应计入建筑安装工程造价的费用。

（2）规费的内容

1）工程排污费是指按规定缴纳的施工现场的排污费。

2）养老保险费是指企业按规定标准为职工缴纳的养老保险费（指社会统筹部分）。

3）失业保险费是指企业按照国家规定标准为职工缴纳的失业保险费。

4）医疗保险费是指企业按规定标准为职工缴纳的基本医疗保险费。

5）生育保险费指企业按规定标准为职工缴纳的生育保险费。

6）工伤保险费指企业按规定标准为职工缴纳的工伤保险费。

7）住房公积金是指企业按规定标准为职工缴纳的住房公积金。

8）危险作业意外伤害保险是指按照《中华人民共和国建筑法》规定，企业为从事危险作业的建筑安装施工人员支付的意外伤害保险费。

（3）规费的计算

规费可以按"人工费"或"人工费＋机械费"作为基数计算。投标人在投标报价时必须按照国家或省级、行业建设主管部门的规定计算规费。

规费的计算公式为：

$$规费＝计算基数×对应的费率$$

4. 税金

税金是指国家税法规定的应计入建筑安装工程造价的增值税。

其计算公式为：

$$税金＝税前造价×9\%$$

## 思考题与习题

1. 简述工程量清单的概念。
2. 简述工程量清单报价的概念。
3. 编制工程量清单有哪些原则？
4. 叙述工程量清单的编制内容。
5. 什么是措施项目清单？
6. 什么是其他项目清单？
7. 什么是综合单价？如何确定？
8. 工程量清单计价与定额计价的区别是什么？
9. 工程量清单有哪些表格？

10. 工程量清单报价有哪些表格？
11. 什么是计价工程量？如何计算？
12. 叙述综合单价的编制依据。
13. 如何计算措施项目费？
14. 如何计算其他项目费？
15. 如何计算规费？

# 教学单元 6　市政工程预算定额

**【课程思政】**　预算定额是实施工程造价定价方式的重要手段。预算定额中人工工日即活劳动的确定过程,要重视劳动者作为社会主义建设者的国家主人翁地位,充分考虑合理的劳动环境、劳动手段和劳动时间等关键因素。培养尊重劳动、热爱劳动、热爱专业的基本素养,是本课程的重要任务。

**【教学目标】**　熟悉预算定额、消耗量定额、计价定额的含义与区别,熟悉人工单价、材料单价和机械台班单价的作用,会根据消耗量定额和人材机单价编制市政工程计价定额。

## 6.1　预算定额概述

### 6.1.1　预算定额的概念

预算定额是省级及以上工程造价管理部门颁发,用于确定单位分项工程人工、材料、机械台班消耗(或者货币量)的数量标准,包括消耗量定额和计价定额。

消耗量定额只有单位分项工程的人工、材料、机械台班消耗量,没有人工单价、材料单价、机械台班单价及项目基价的货币量。

计价定额既包括单位分项工程的人工、材料、机械台班消耗量,也包括人工单价、材料单价、机械台班单价及项目基价的货币量。

### 6.1.2　市政工程消耗量定额示例

中粒式沥青混凝土路面消耗量定额见表6-1。

该定额的工作内容主要包括:清扫基层、整修侧缘石、摊铺、找平、碾压清理等工序;计量单位是"100m²";包括人工(普工、一般技工)、材料(中粒式沥青混凝土等)、机械(钢轮振动压路机12t等)消耗量。

**中粒式沥青混凝土路面消耗量定额**　　　　表6-1

工作内容:清扫基层、整修侧缘石、测温、摊铺、接茬、找平、
　　　　　点补、碾压清理。　　　　　　　　　　　计量单位:100m²

| 编　号 | | | | 2-3-33 | 2-3-34 |
|---|---|---|---|---|---|
| 项　目 | | | | 人工摊铺 | |
| | | | | 厚度(cm) | |
| | | | | 4 | 每增减1 |
| 名　称 | | | 单位 | 消耗量 | |
| 人工 | 合计工日 | | 工日 | 1.372 | 0.343 |
| | 其中 | 普工 | 工日 | 0.494 | 0.123 |
| | | 一般技工 | 工日 | 0.878 | 0.220 |

续表

| | 名　称 | 单位 | 消耗量 | |
|---|---|---|---|---|
| 材料 | 中粒式沥青混凝土 | m³ | 4.040 | 1.010 |
| | 柴油 | t | 0.004 | 0.001 |
| | 其他材料费 | % | 1.50 | 1.50 |
| 机械 | 钢轮振动压路机12t | 台班 | 0.077 | 0.019 |
| | 钢轮振动压路机15t | 台班 | 0.070 | 0.018 |
| | 轮胎压路机26t | 台班 | 0.035 | 0.009 |

### 6.1.3 市政工程计价定额示例

中粒式沥青混凝土路面计价定额见表6-2。

**中粒式沥青混凝土路面计价定额**　　　　表6-2

工作内容：清扫基层、整修侧缘石、摊铺、找平、碾压清理。　　计量单位：100m²

| 定额编号 | | | | 2-3-33 | 2-3-34 |
|---|---|---|---|---|---|
| 项　目 | | | | 人工摊铺 | |
| | | | | 厚度（cm） | |
| | | | | 4 | 每增减1 |
| 定额基价（元） | | | | 5631.60 | 1409.04 |
| 其中 | 人工费（元） | | | 317.20 | 79.34 |
| | 材料费（元） | | | 5026.00 | 1256.50 |
| | 机械费（元） | | | 288.40 | 73.20 |
| | 名　称 | 单位 | 单价 | 消耗量 | |
| 人工 | 普工 | 工日 | 180.00 | 0.494 | 0.123 |
| | 一般技工 | 工日 | 260.00 | 0.878 | 0.220 |
| 材料 | 中粒式沥青混凝土 | m³ | 1218.00 | 4.04 | 1.010 |
| | 柴油 | t | 7750.00 | 0.004 | 0.001 |
| | 其他材料费 | % | | 1.50 | 1.50 |
| 机械 | 钢轮振动压路机12t | 台班 | 1200.00 | 0.077 | 0.019 |
| | 钢轮振动压路机15t | 台班 | 1500.00 | 0.070 | 0.018 |
| | 轮胎压路机26t | 台班 | 2600.00 | 0.035 | 0.009 |

表6-2的中粒式沥青混凝土路面计价定额是在表6-1消耗量定额的基础上，增加了普工、一般技工的人工单价，然后分别乘以对应的人工工日汇总为人工费；增加了中粒式沥青混凝土、柴油的材料单价，然后分别乘以对应的材料量汇总为材料费；增加了钢轮振动压路机12t、钢轮振动压路机15t、轮胎压路机26t

的台班单价，然后分别乘以对应的台班量，汇总为机械费。

最终，将人工费、材料费、机械费汇总为定额基价。

## 6.2　某地区人工、材料、机械台班单价

某地区人工、材料、机械台班单价见表6-3。

某地区人工、材料、机械台班单价表　　表6-3

| 序号 | 名称 | 单位 | 单价（元） |
|---|---|---|---|
| 1 | 普工 | 工日 | 180.00 |
| 2 | 技工 | 工日 | 260.00 |
| 3 | 高级技工 | 工日 | 300.00 |
| 4 | 钢轮振动压路机 12t | 台班 | 1200.00 |
| 5 | 钢轮振动压路机 15t | 台班 | 1500.00 |
| 6 | 轮胎压路机 26t | 台班 | 2600.00 |
| 7 | 履带式单斗液压挖掘机 0.6$m^3$ | 台班 | 312.76 |
| 8 | 履带式推土机 75kW | 台班 | 424.35 |
| 9 | 履带式推土机 105kW | 台班 | 637.12 |
| 10 | 洒水车 4000L | 台班 | 476.34 |
| 11 | 自卸汽车 8t | 台班 | 582.65 |
| 12 | 轮胎式装载机 1$m^3$ | 台班 | 556.21 |
| 13 | 平地机 120kW | 台班 | 215.65 |
| 14 | 稳定土拌合机 105kW | 台班 | 875.92 |
| 15 | 沥青混凝土摊铺机 8t | 台班 | 1565.34 |
| 16 | 交流弧焊机 32kV·A | 台班 | 98.56 |
| 17 | 履带式旋挖钻机 1000mm | 台班 | 507.45 |
| 18 | 履带式单斗液压挖掘机 1.25$m^3$ | 台班 | 428.55 |
| 19 | 泥浆泵 100mm | 台班 | 189.22 |
| 20 | 电焊条烘干箱 45cm×35cm×45cm | 台班 | 38.15 |
| 21 | 轨道式柴油打桩机 0.6t | 台班 | 489.52 |
| 22 | 电动双筒快速卷扬机 50kN | 台班 | 186.72 |
| 23 | 履带式起重机 15t | 台班 | 1608.87 |
| 24 | 铁驳船 装载质量 50t | 台班 | 258.25 |
| 25 | 电动空气压缩机 1$m^3$/min | 台班 | 165.28 |
| 26 | 手持式风动凿岩机 | 台班 | 198.87 |
| 27 | 履带式电动起重机 5t | 台班 | 808.87 |

续表

| 序号 | 名　称 | 单位 | 单价（元） |
|---|---|---|---|
| 28 | 汽车式起重机 12t | 台班 | 910.65 |
| 29 | 汽车式起重机 12t | 台班 | 798.43 |
| 30 | 隔离剂 | kg | 1.08 |
| 31 | 模板嵌缝料 | kg | 19.89 |
| 32 | 预拌水下混凝土 C20 | m³ | 452.31 |
| 33 | 预拌混凝土 C20 | m³ | 412.31 |
| 34 | 预拌混凝土 C30 | m³ | 492.45 |
| 35 | 预拌砂浆 | m³ | 308.22 |
| 36 | 中粒式沥青混凝土 | m³ | 1056.00 |
| 37 | 细粒式沥青混凝土 | m³ | 1195.00 |
| 38 | 低合金钢焊条 E43 系列 | kg | 6.85 |
| 39 | 钢护筒 | t | 4800.00 |
| 40 | 黏土 | m³ | 8.00 |
| 41 | 导管 | kg | 4.82 |
| 42 | 圆木桩 | m³ | 2030.00 |
| 43 | 板枋材 | m³ | 2835.00 |
| 44 | 无纺土工布 | m² | 1.25 |
| 45 | 电 | kW·h | 1.50 |
| 46 | 水 | m³ | 2.60 |
| 47 | 生石灰 | t | 1800.00 |
| 48 | 柴油 | t | 7235.00 |
| 49 | 型钢（综合） | kg | 4.08 |
| 50 | 六角螺栓 | kg | 6.34 |
| 51 | 圆钉 | kg | 7.23 |
| 52 | 铁件（综合） | kg | 4.87 |
| 53 | 铁丝 $\phi 4.0 \sim 2.8$ | kg | 5.50 |

## 6.3　市政工程消耗量定额与计价定额

本教材例题采用的市政工程计价定额，依据现行《市政工程消耗量定额》和某地区人工、材料、机械台班单价（表 6-3）编制。

### 6.3.1　市政土石方工程消耗量定额和计价定额

1. 市政土石方工程消耗量定额

（1）反铲挖掘机挖沟槽、基坑土方消耗量定额

反铲挖掘机挖沟槽、基坑土方消耗量定额见表 6-4。

反铲挖掘机挖沟槽、基坑土方消耗量定额　　表 6-4

工作内容：1. 挖土，将土堆放在一边或装车，清理机下余土。
　　　　　2. 清理边坡，工作面内人工排水等辅助性工作。　　　计量单位：1000m³

| 编号 | | | 1-1-230 | 1-1-231 | 1-1-232 | 1-1-233 | 1-1-234 | 1-1-235 |
|---|---|---|---|---|---|---|---|---|
| 项目 | | | 反铲挖掘机（斗容量 0.6m³） | | | | | |
| | | | 不装车 | | | 装车 | | |
| | | | 一、二类土 | 三类土 | 四类土 | 一、二类土 | 三类土 | 四类土 |
| 名称 | | 单位 | 消耗量 | | | | | |
| 人工 | 合计工日 | 工日 | 2.000 | 2.000 | 2.000 | 2.000 | 2.000 | 2.000 |
| | 普工 | 工日 | 2.000 | 2.000 | 2.000 | 2.000 | 2.000 | 2.000 |
| 机械 | 履带式单斗液压挖掘机 0.6m³ | 台班 | 3.727 | 4.444 | 5.072 | 4.578 | 5.448 | 6.209 |
| | 履带式推土机 75kW | 台班 | 0.373 | 0.444 | 0.507 | 1.376 | 1.631 | 1.862 |

（2）人工挖基坑土方消耗量定额

人工挖基坑土方消耗量定额见表 6-5。

人工挖基坑土方消耗量定额　　表 6-5

工作内容：挖土、抛土或装土运输、将土堆放于坑边 1m 以外，
　　　　　修整底边、边坡。　　　计量单位：100m³

| 编号 | | | 1-1-15 | 1-1-16 |
|---|---|---|---|---|
| 项目 | | | 三类土（深度 m 以内） | |
| | | | 2 | 4 |
| 名称 | | 单位 | 消耗量 | |
| 人工 | 合计工日 | 工日 | 56.132 | 63.776 |
| | 普工 | 工日 | 56.132 | 63.776 |

（3）人工松填土消耗量定额

人工松填土消耗量定额见表 6-6。

人工松填土消耗量定额　　表 6-6

工作内容：1. 场地平整：厚度 30cm 内的就地挖填，找平。
　　　　　2. 松填土：5m 内的就地取土，铺平。

| 编号 | | | 1-1-48 | 1-1-49 | 1-1-50 |
|---|---|---|---|---|---|
| 项目 | | | 平整场地 | 松填土 | |
| | | | | 槽、坑 | 平地 |
| | | | 100m² | 100m³ | |
| 名称 | | 单位 | 消耗量 | | |
| 人工 | 合计工日 | 工日 | 2.939 | 5.757 | 4.920 |
| | 普工 | 工日 | 2.939 | 5.757 | 4.920 |

(4) 自卸车运土方消耗量定额

自卸车运土方消耗量定额见表 6-7。

自卸车运土方消耗量定额　　　　　　　　　　表 6-7

工作内容：运土、卸土、空回，场内道路洒水。　　　　　计量单位：1000m³

| 编号 | | 1-1-303 | 1-1-304 | 1-1-305 | 1-1-306 |
|---|---|---|---|---|---|
| 项目 | | 自卸汽车（载重 8t 以内） | | | |
| | | 运距 | | | |
| | | 1km 以内 | 30km 以内每增加 1km | 1km 以内 | 30km 以内每增加 1km |
| 名称 | 单位 | 消耗量 | | | |
| 材料 | 水 | m³ | 12.000 | — | 12.000 | — |
| 机械 | 洒水车 4000L | 台班 | 0.484 | — | 0.484 | — |
| | 自卸汽车 8t | 台班 | 8.327 | 2.300 | — | — |
| | 自卸汽车 10t | 台班 | — | — | 6.950 | 1.660 |

(5) 装载机装松填土消耗量定额

装载机装松填土消耗量定额见表 6-8。

装载机装松填土消耗量定额　　　　　　　　　　表 6-8

工作内容：铲土装车，清理机下余土。　　　　　　　　计量单位：1000m³

| 编号 | | 1-1-290 | 1-1-291 | 1-1-292 |
|---|---|---|---|---|
| 项目 | | 装载机（m³） | | |
| | | 1 | 1.5 | 3 |
| 名称 | 单位 | 消耗量 | | |
| 人工 | 合计工日 | 工日 | 2.000 | 2.000 | 2.000 |
| | 普工 | 工日 | 2.000 | 2.000 | 2.000 |
| 机械 | 轮胎式装载机 1m³ | 台班 | 2.270 | — | — |
| | 轮胎式装载机 1.5m³ | 台班 | — | 1.904 | — |
| | 轮胎式装载机 3m³ | 台班 | — | — | 1.436 |

2. 市政土石方工程计价定额编制

(1) 反铲挖掘机挖沟槽、基坑土方计价定额编制

第一步，将表 6-4 中 1-1-234 定额的人工、机械消耗量，填入表 6-9 中。

第二步，将表 6-3 中的人工和机械台班单价，填入表 6-9 中。

第三步，计算人工费和机械费。

第四步，计算定额基价（表 6-9）。

反铲挖掘机挖沟槽、基坑土方计价定额　　　　　　　　　　　　表 6-9

工作内容：同消耗量定额。　　　　　　　　　　　　　计量单位：100m³

| 定额编号 | | | | 1-1-234 |
|---|---|---|---|---|
| 项　目 | | | | 反铲挖掘机斗容量 0.6m³ |
| | | | | 装车 |
| | | | | 三类土 |
| 定额基价（元） | | | | 2756.03 |
| 其中 | 人工费（元） | | | 360.00 |
| | 材料费（元） | | | |
| | 机械费（元） | | | 2396.03 |
| | 名　称 | 单位 | 单价 | 消耗量 |
| 人工 | 普工 | 工日 | 180.00 | 2.000 |
| | 技工 | 工日 | 260.00 | |
| 机械 | 履带式单斗液压挖掘机 0.6m³ | 台班 | 312.76 | 5.448 |
| | 履带式推土机 75kW | 台班 | 424.35 | 1.631 |

（2）人工挖基坑土方计价定额编制

第一步，将表 6-5 中 1-1-15 定额的人工消耗量，填入表 6-10 中。

第二步，将表 6-3 中的人工单价填入表 6-10 中。

第三步，计算人工费。

第四步，计算定额基价（表 6-10）。

人工挖基坑土方计价定额　　　　　　　　　　　　　　　　表 6-10

工作内容：同消耗量定额。　　　　　　　　　　　　　计量单位：100m³

| 定额编号 | | | | 1-1-15 |
|---|---|---|---|---|
| 项　目 | | | | 挖基坑土方 |
| | | | | 三类土、深 2m 以内 |
| 定额基价（元） | | | | 10103.76 |
| 其中 | 人工费（元） | | | 10103.76 |
| | 材料费（元） | | | |
| | 机械费（元） | | | |
| | 名　称 | 单位 | 单价 | 消耗量 |
| 人工 | 普工 | 工日 | 180.00 | 56.132 |
| | 技工 | 工日 | 260.00 | |
| 机械 | | | | |

（3）人工挖基坑土方计价定额编制

第一步，将表 6-6 中 1-1-49 定额的人工消耗量，填入表 6-11 中。

第二步，将表 6-3 中的人工单价，填入表 6-11 中。

第三步，计算人工费。

第四步，计算定额基价（表 6-11）。

人工挖基坑土方计价定额  表 6-11

工作内容：同消耗量定额  计量单位：100³

| 定额编号 | | | | 1-1-49 |
|---|---|---|---|---|
| 项目 | | | | 挖基坑土方 |
| | | | | 三类土、深2m以内 |
| 定额基价（元） | | | | 1036.26 |
| 其中 | 人工费（元） | | | 1036.26 |
| | 材料费（元） | | | |
| | 机械费（元） | | | |
| | 名称 | 单位 | 单价 | 消耗量 |
| 人工 | 普工 | 工日 | 180.00 | 5.757 |
| | 技工 | 工日 | 260.00 | |
| 机械 | | | | |

（4）自卸车运土方计价定额编制

第一步，将表 6-7 中 1-1-303、1-1-304 定额的材料与机械消耗量，填入表 6-12 中。

第二步，将表 6-3 中的材料和机械台班单价，填入表 6-12 中。

第三步，计算材料费和机械费。

第四步，计算定额基价（表 6-12）。

自卸车运土方计价定额  表 6-12

工作内容：同消耗量定额。  计量单位：100³

| 定额编号 | | | 1-1-303 | 1-1-304 |
|---|---|---|---|---|
| 项目 | | | 自卸汽车 8t 内 | |
| | | | 1km 内 | 30km 以内每增加 1km |
| 定额基价（元） | | | 4882.93 | 1340.10 |
| 其中 | 人工费（元） | | | |
| | 材料费（元） | | 31.20 | |
| | 机械费（元） | | 4851.73 | 1340.10 |
| | 名称 | 单位 | 单价 | 消耗量 |
| 材料 | 水 | m³ | 2.60 | 12.000 |
| 机械 | 自卸汽车 8t | 台班 | 582.65 | 8.327 | 2.300 |

（5）装载机装松填土计价定额编制

第一步，将表 6-8 中 1-1-290 定额的人工与机械消耗量，填入表 6-13 中。

第二步，将表 6-3 中的人工和机械单价，填入表 6-13 中。

第三步，计算人工费和机械费。

第四步，计算定额基价（表6-13）。

装载机装松填土计价定额　　　　　　　　　　表6-13

工作内容：同消耗量定额。　　　　　　　　　　计量单位：1000³

| 定额编号 | | 1-1-290 |
|---|---|---|
| 项　目 | | 装载机（m³） |
| | | 1m³ |
| 定额基价（元） | | 1622.60 |
| 其中 | 人工费（元） | 360.00 |
| | 材料费（元） | |
| | 机械费（元） | 1262.60 |

| | 名　称 | 单位 | 单价 | 消耗量 |
|---|---|---|---|---|
| 人工 | 普工 | 工日 | 180.00 | 2.000 |
| | 技工 | 工日 | 260.00 | |
| 机械 | 轮胎式装载机 1m³ | 台班 | 556.21 | 2.270 |

### 6.3.2 市政道路工程消耗量定额与计价定额

1. 市政道路工程消耗量定额

（1）石灰稳定土基层消耗量定额

石灰稳定土基层消耗量定额见表6-14。

石灰稳定土基层消耗量定额　　　　　　　　　　表6-14

工作内容：放样、清理路床、运料、上料、机械整平土方、铺石灰、
　　　　　焖水、拌合机拌合、排压、找平、碾压、人工处理碾压
　　　　　不到之处、清除杂物。　　　　　　　　　计量单位：100m²

| 编　号 | | | 2-2-3 | 2-2-4 | 2-2-5 | 2-2-6 | 2-2-7 | 2-2-8 |
|---|---|---|---|---|---|---|---|---|
| 项　目 | | | 含灰量（%） | | | | | |
| | | | 10 | | 12 | | 14 | |
| | | | 厚度（mm） | | | | | |
| | | | 200 | 每减10 | 200 | 每减10 | 200 | 每减10 |
| | 名　称 | 单位 | 消耗量 | | | | | |
| 人工 | 合计工日 | 工日 | 3.178 | 0.158 | 3.208 | 0.160 | 3.240 | 0.162 |
| | 其中　普工 | 工日 | 1.589 | 0.079 | 1.604 | 0.080 | 1.620 | 0.081 |
| | 　　　一般技工 | 工日 | 1.589 | 0.079 | 1.604 | 0.080 | 1.620 | 0.081 |
| 材料 | 黄土 | m³ | (26.859) | (1.342) | (26.262) | (1.313) | (25.665) | (1.283) |
| | 生石灰 | t | 3.399 | 0.169 | 4.079 | 0.203 | 4.759 | 0.237 |
| | 水 | m³ | 3.360 | 0.168 | 3.300 | 0.165 | 3.120 | 0.156 |
| | 其他材料费 | % | 1.50 | 1.50 | 1.50 | 1.50 | 1.50 | 1.50 |
| 机械 | 履带式推土机 105kW | 台班 | 0.161 | — | 0.161 | — | 0.161 | — |
| | 稳定土拌合机 105kW | 台班 | 0.094 | | 0.094 | | 0.094 | |
| | 平地机 120kW | 台班 | 0.056 | | 0.056 | | 0.056 | |
| | 钢轮内燃压路机 12t | 台班 | 0.064 | | 0.064 | | 0.064 | |
| | 钢轮内燃压路机 15t | 台班 | 0.056 | | 0.056 | | 0.056 | |

（2）中粒式沥青混凝土面层消耗量定额

中粒式沥青混凝土面层消耗量定额见表6-15。

中粒式沥青混凝土面层消耗量定额　　表6-15

工作内容：清扫基层、整修侧缘石、测温、摊铺、接茬、找平、点补、碾压清理。

计量单位：100m²

| 编号 | | | | 2-3-35 | 2-3-36 |
|---|---|---|---|---|---|
| 项目 | | | | 机械摊铺 | |
| | | | | 厚度（cm） | |
| | | | | 4 | 每增减1 |
| | 名　　称 | | 单位 | 消耗量 | |
| 人工 | 合计工日 | | 工日 | 0.832 | 0.208 |
| | 其中 | 普工 | 工日 | 0.300 | 0.075 |
| | | 一般技工 | 工日 | 0.532 | 0.133 |
| 材料 | 中粒式沥青混凝土 | | m³ | 4.040 | 1.010 |
| | 柴油 | | t | 0.004 | 0.001 |
| | 其他材料费 | | ％ | 1.50 | 1.50 |
| 机械 | 钢轮振动压路机12t | | 台班 | 0.071 | 0.018 |
| | 钢轮振动压路机15t | | 台班 | 0.064 | 0.016 |
| | 轮胎压路机26t | | 台班 | 0.032 | 0.008 |
| | 沥青混凝土摊铺机8t | | 台班 | 0.032 | 0.008 |

（3）细粒式沥青混凝土消耗量定额

细粒式沥青混凝土消耗量定额见表6-16。

细粒式沥青混凝土消耗量定额　　表6-16

工作内容：清扫基层、整修侧缘石、测温、摊铺、接茬、找平、点补、碾压清理。

计量单位：100m²

| 编号 | | | | 2-3-39 | 2-3-40 |
|---|---|---|---|---|---|
| 项目 | | | | 机械摊铺 | |
| | | | | 厚度（cm） | |
| | | | | 3 | 每增减1 |
| | 名　　称 | | 单位 | 消耗量 | |
| 人工 | 合计工日 | | 工日 | 1.020 | 0.340 |
| | 其中 | 普工 | 工日 | 0.367 | 0.122 |
| | | 一般技工 | 工日 | 0.653 | 0.218 |
| 材料 | 细粒式沥青混凝土 | | m³ | 3.030 | 1.010 |
| | 柴油 | | t | 0.003 | 0.001 |
| | 其他材料费 | | ％ | 1.50 | 1.50 |
| 机械 | 钢轮振动压路机12t | | 台班 | 0.085 | 0.038 |
| | 钢轮振动压路机15t | | 台班 | 0.077 | 0.026 |
| | 轮胎压路机26t | | 台班 | 0.038 | 0.013 |
| | 沥青混凝土摊铺机8t | | 台班 | 0.038 | 0.013 |

2. 市政道路工程计价定额编制

(1) 石灰稳定土基层计价定额编制

第一步，将表 6-14 中 2-2-3 定额的人工、材料与机械消耗量，填入表 6-17 中。

第二步，将表 6-3 中的人工、材料和机械台班单价，填入表 6-17 中。

第三步，计算人工费、材料费和机械费。

第四步，计算定额基价。

石灰稳定土基层计价定额    表 6-17

工作内容：同消耗量定额。    计量单位：100m²

| 定额编号 | | | 2-2-3 |
|---|---|---|---|
| 项　　目 | | | 含灰量 10% |
| | | | 200mm 厚 |
| 定额基价（元） | | | 7275.79 |
| 其中 | 人工费（元） | | 699.16 |
| | 材料费（元） | | 6218.84 |
| | 机械费（元） | | 357.79 |
| | 名　　称 | 单位 | 单价 | 消耗量 |

| | 名　　称 | 单位 | 单价 | 消耗量 |
|---|---|---|---|---|
| 人工 | 普工 | 工日 | 180.00 | 1.589 |
| | 一般技工 | 工日 | 260.00 | 1.589 |
| 材料 | 水 | m³ | 2.60 | 3.360 |
| | 黄土 | m³ | | (26.859) |
| | 生石灰 | t | 1800.00 | 3.399 |
| | 其他材料费 | % | | 1.50 |
| 机械 | 履带式推土机 105kW | 台班 | 637.12 | 0.161 |
| | 稳定土拌合机 105kW | 台班 | 875.92 | 0.094 |
| | 平地机 120kW | 台班 | 215.65 | 0.056 |
| | 钢轮内燃压路机 12t | 台班 | 1200.00 | 0.064 |
| | 钢轮内燃压路机 15t | 台班 | 1500.00 | 0.056 |

(2) 中粒式沥青混凝土面层计价定额编制

第一步，将表 6-15 中 2-3-35、2-3-36 定额的人工、材料与机械消耗量，填入表 6-18 中。

第二步，将表 6-3 中的人工、材料和机械台班单价，填入表 6-18 中。

第三步，计算人工费、材料费和机械费。

第四步，计算定额基价。

中粒式沥青混凝土面层计价定额　　　　　　　　　表 6-18

工作内容：同消耗量定额。　　　　　　　　　　　　计量单位：100m²

| 定额编号 | | | | 2-3-35 | 2-3-36 |
|---|---|---|---|---|---|
| 项　　目 | | | | 机械摊铺 | |
| | | | | 4cm 厚 | 每增减 1cm 厚 |
| 其中 | 定额基价（元） | | | 4866.42 | 1216.90 |
| | 人工费（元） | | | 192.32 | 48.08 |
| | 材料费（元） | | | 4359.61 | 1089.90 |
| | 机械费（元） | | | 314.49 | 78.92 |
| | 名　称 | 单位 | 单价 | 消耗量 | |
| 人工 | 普工 | 工日 | 180.00 | 0.300 | 0.075 |
| | 一般技工 | 工日 | 260.00 | 0.532 | 0.133 |
| 材料 | 中粒式沥青混凝土 | m³ | 1056.00 | 4.040 | 1.010 |
| | 柴油 | t | 7235.00 | 0.004 | 0.001 |
| | 其他材料费 | ％ | | 1.50 | 1.50 |
| 机械 | 轮胎压路机 26t | 台班 | 2600.00 | 0.032 | 0.008 |
| | 沥青混凝土摊铺机 8t | 台班 | 1565.34 | 0.032 | 0.008 |
| | 钢轮振动压路机 12t | 台班 | 1200.00 | 0.071 | 0.018 |
| | 钢轮振动压路机 15t | 台班 | 1500.00 | 0.064 | 0.016 |

（3）细粒式沥青混凝土面层计价定额编制

第一步，将表 6-16 中 2-3-39、2-3-40 定额的人工、材料与机械消耗量，填入表 6-19 中。

第二步，将表 6-3 中的人工、材料和机械台班单价，填入表 6-19 中。

第三步，计算人工费、材料费和机械费。

第四步，计算定额基价。

细粒式沥青混凝土面层计价定额　　　　　　　　　表 6-19

工作内容：同消耗量定额。　　　　　　　　　　　　计量单位：100m²

| 定额编号 | | | | 2-3-39 | 2-3-40 |
|---|---|---|---|---|---|
| 项　　目 | | | | 机械摊铺 | |
| | | | | 3cm 厚 | 每增减 1cm 厚 |
| 其中 | 定额基价（元） | | | 4308.81 | 1449.79 |
| | 人工费（元） | | | 235.84 | 78.64 |
| | 材料费（元） | | | 3697.19 | 1232.40 |
| | 机械费（元） | | | 375.78 | 138.75 |
| | 名　称 | 单位 | 单价 | 消耗量 | |
| 人工 | 普工 | 工日 | 180.00 | 0.367 | 0.122 |
| | 一般技工 | 工日 | 260.00 | 0.653 | 0.218 |
| 材料 | 细粒式沥青混凝土 | m³ | 1195.00 | 3.030 | 1.010 |
| | 柴油 | t | 7235.00 | 0.003 | 0.001 |
| | 其他材料费 | ％ | | 1.50 | 1.50 |
| 机械 | 轮胎压路机 26t | 台班 | 2600.00 | 0.038 | 0.013 |
| | 沥青混凝土摊铺机 8t | 台班 | 1565.34 | 0.038 | 0.013 |
| | 钢轮振动压路机 12t | 台班 | 1200.00 | 0.085 | 0.038 |
| | 钢轮振动压路机 15t | 台班 | 1500.00 | 0.077 | 0.026 |

### 6.3.3 市政桥涵工程消耗量定额和计价定额

**1. 市政桥涵工程消耗量定额**

（1）钻机成孔灌注桩消耗量定额

钻机成孔灌注桩消耗量定额见表 6-20。

**钻机成孔灌注桩消耗量定额** 表 6-20

工作内容：护筒埋设及拆除，钻机就位，钻孔、提钻、出渣、渣土清理堆放，造浆、压浆、清孔等。  计量单位：10m³

| 编号 | | | | 3-1-75 | 3-1-76 | 3-1-77 | 3-1-78 |
|---|---|---|---|---|---|---|---|
| 项目 | | | | φ≤1000 | φ≤1200 | φ≤1500 | φ≤2000 |
| | | | | 砂土、黏土、砂砾、砾石、卵石 | | | |
| 名称 | | | 单位 | 消耗量 | | | |
| 人工 | 合计工日 | | 工日 | 3.993 | 4.077 | 3.080 | 2.319 |
| | 其中 | 普工 | 工日 | 1.198 | 1.223 | 0.924 | 0.696 |
| | | 一般技工 | 工日 | 2.396 | 2.446 | 1.848 | 1.391 |
| | | 高级技工 | 工日 | 0.399 | 0.408 | 0.308 | 0.232 |
| 材料 | 低合金钢焊条 E43 系列 | | kg | 1.040 | 1.040 | 1.040 | 1.040 |
| | 钢护筒 | | t | 0.004 | 0.004 | 0.004 | 0.004 |
| | 黏土 | | m³ | 0.610 | 0.510 | 0.460 | 0.380 |
| | 水 | | m³ | 19.800 | 19.400 | 18.500 | 18.100 |
| 机械 | 交流弧焊机 32kV·A | | 台班 | 0.180 | 0.180 | 0.100 | 0.060 |
| | 电焊条烘干箱 45×35×45（cm³） | | 台班 | 0.018 | 0.018 | 0.010 | 0.006 |
| | 履带式旋挖钻机 1000mm | | 台班 | 0.576 | — | — | — |
| | 履带式旋挖钻机 1500mm | | 台班 | — | 0.489 | 0.377 | — |
| | 履带式旋挖钻机 2000mm | | 台班 | — | — | — | 0.320 |
| | 履带式单斗液压挖掘机 1.25m³ | | 台班 | 0.480 | 0.470 | 0.340 | 0.230 |
| | 泥浆泵 100mm | | 台班 | 0.330 | 0.220 | 0.180 | 0.150 |

（2）水上工作平台消耗量定额

水上工作平台消耗量定额见表 6-21。

**水上工作平台消耗量定额**　　　　　　　　　　　　　　　　表 6-21

工作内容：竖、拆桩架；制桩，打桩；装、拆桩箍；装钉支柱，盖木，斜撑，搁梁及铺板；拆除脚手板及拔桩；搬运材料，整理，堆放；组装，拆卸船排等。

计量单位：100m²

| 编　号 | | | | 3-1-4 | 3-1-5 | 3-1-6 | 3-1-7 | 3-1-8 |
|---|---|---|---|---|---|---|---|---|
| 项　目 | | | | 水上工作平台 | | | | |
| | | | | 锤重（kg 以内） | | | | |
| | | | | 600 | 1200 | 1800 | 2500 | 4000 |
| 名　称 | | | 单位 | 消耗量 | | | | |
| 人工 | 合计工日 | | 工日 | 67.030 | 77.036 | 99.406 | 124.369 | 185.100 |
| | 其中 | 普工 | 工日 | 20.109 | 23.111 | 29.822 | 37.311 | 55.530 |
| | | 一般技工 | 工日 | 40.218 | 46.222 | 59.643 | 74.621 | 111.060 |
| | | 高级技工 | 工日 | 6.703 | 7.703 | 9.941 | 12.437 | 18.510 |
| 材料 | 圆木桩 | | m³ | 1.008 | 1.302 | 1.751 | 2.493 | 3.827 |
| | 板枋材 | | m³ | 0.832 | 0.901 | 0.993 | 1.124 | 1.316 |
| | 型钢（综合） | | kg | 56.000 | 64.000 | 75.000 | 89.000 | 111.000 |
| | 六角螺栓 | | kg | 8.500 | 10.970 | 16.210 | 25.140 | 38.590 |
| | 圆钉 | | kg | 0.010 | 0.010 | 0.010 | 0.010 | 0.010 |
| | 铁件（综合） | | kg | 17.400 | 20.830 | 28.690 | 40.950 | 62.630 |
| | 铁丝 φ4.0～2.8 | | kg | 0.240 | 0.240 | 0.240 | 0.240 | 0.240 |
| 机械 | 轨道式柴油打桩机 0.6t | | 台班 | 1.535 | 1.925 | 2.520 | 3.513 | 5.297 |
| | 电动双筒快速卷扬机 50kN | | 台班 | 2.335 | 2.919 | 3.830 | 5.317 | 7.997 |
| | 履带式起重机 15t | | 台班 | 1.926 | 1.926 | 2.399 | 2.399 | 3.425 |
| | 铁驳船 装载质量 50t | | 台班 | 15.053 | 18.601 | 24.084 | 33.116 | 49.405 |

(3) 灌注桩混凝土浇筑消耗量定额

灌注桩混凝土浇筑消耗量定额见表 6-22。

**灌注桩混凝土浇筑消耗量定额**　　　　　　　　　　　　　　　表 6-22

工作内容：安拆导管、漏斗，灌注混凝土等。

计量单位：10m³

| 编　号 | | | | 3-1-235 | 3-1-236 | 3-1-237 |
|---|---|---|---|---|---|---|
| 项　目 | | | | 回旋（旋挖）钻孔 | 冲击钻孔 | 冲抓钻孔 |
| 名　称 | | | 单位 | 消耗量 | | |
| 人工 | 合计工日 | | 工日 | 3.470 | 3.617 | 3.757 |
| | 其中 | 普工 | 工日 | 1.041 | 1.085 | 1.127 |
| | | 一般技工 | 工日 | 2.082 | 2.170 | 2.255 |
| | | 高级技工 | 工日 | 0.347 | 0.362 | 0.375 |
| 材料 | 预拌水下混凝土 C20 | | m³ | 12.120 | 12.625 | 13.130 |
| | 导管 | | kg | 3.800 | 3.800 | 3.800 |
| | 六角螺栓 | | kg | 0.410 | 0.410 | 0.410 |
| | 水 | | m³ | 3.000 | 3.000 | 3.000 |
| 机械 | 履带式起重机 15t | | 台班 | 0.256 | 0.267 | 0.278 |

（4）灌注桩凿桩头消耗量定额

灌注桩凿桩头消耗量定额见表6-23。

灌注桩凿桩头消耗量定额　　　　　　表6-23

工作内容：1. 桩头混凝土凿除，钢筋截断。
　　　　　2. 桩头钢筋梳理整形。

| 编号 | | | | 3-1-67 | 3-1-68 | 3-1-69 |
|---|---|---|---|---|---|---|
| 项目 | | | | 凿桩头 | | 桩头钢筋整理 |
| | | | | 预制钢筋混凝土桩 | 灌注钢筋混凝土桩 | |
| | | | | 10m³ | | 10根 |
| | 名称 | | 单位 | 消耗量 | | |
| 人工 | 合计工日 | | 工日 | 8.493 | 7.043 | 0.467 |
| | 其中 | 普工 | 工日 | 2.548 | 2.113 | 0.140 |
| | | 一般技工 | 工日 | 5.096 | 4.226 | 0.280 |
| | | 高级技工 | 工日 | 0.849 | 0.704 | 0.047 |
| 机械 | 电动空气压缩机 1m³/min | | 台班 | 5.005 | 3.575 | — |
| | 手持式风动凿岩机 | | 台班 | 5.005 | 3.575 | — |

（5）桥台碎石垫层消耗量定额

桥台碎石垫层消耗量定额见表6-24。

桥台碎石垫层消耗量定额　　　　　　表6-24

工作内容：1. 碎石：安放流槽，碎石装运，找平等。
　　　　　2. 混凝土：混凝土浇筑、捣固、抹平、养护等。　　　计量单位：10m³

| 编号 | | | | 3-3-1 | 3-3-2 |
|---|---|---|---|---|---|
| 项目 | | | | 垫层 | |
| | | | | 碎石 | 混凝土 |
| | 名称 | | 单位 | 消耗量 | |
| 人工 | 合计工日 | | 工日 | 2.975 | 2.940 |
| | 其中 | 普工 | 工日 | 1.189 | 1.176 |
| | | 一般技工 | 工日 | 1.488 | 1.470 |
| | | 高级技工 | 工日 | 0.298 | 0.294 |
| 材料 | 预拌混凝土 C20 | | m³ | — | 10.100 |
| | 碎石 30~50 | | m³ | 2.516 | — |
| | 碎石 50~80 | | m³ | 10.200 | — |
| | 水 | | m³ | — | 2.100 |

(6) 桥台混凝土基础消耗量定额

桥台混凝土基础消耗量定额见表6-25。

**桥台混凝土基础消耗量定额**　　　　　　　　　　表6-25

工作内容：1. 混凝土：装、运、抛块石，混凝土浇筑、捣固、抹平、养护等。
　　　　　2. 模板：模板制作、安装、涂隔离剂，模板拆除、修理、整堆、模板运输等。

| 编　　号 | | | 3-3-3 | 3-3-4 |
|---|---|---|---|---|
| 项　　目 | | | 混凝土基础 | |
| | | | 毛石混凝土 | 混凝土 |
| | | | 10m³ | |
| 名　　称 | | 单位 | 消耗量 | |
| 人工 | 合计工日 | 工日 | 2.592 | 2.472 |
| | 其中 普工 | 工日 | 1.037 | 0.989 |
| | 　　 一般技工 | 工日 | 1.296 | 1.236 |
| | 　　 高级技工 | 工日 | 0.259 | 0.247 |
| 材料 | 预拌混凝土 C20 | m³ | 8.587 | 10.100 |
| | 块石 | m³ | 2.430 | — |
| | 无纺土工布 | m² | 1.279 | 1.279 |
| | 水 | m³ | 1.659 | 1.659 |
| | 电 | kW·h | 4.114 | 4.457 |
| | 组合钢模板 | kg | — | — |
| | 钢支撑 | kg | — | — |
| | 钢模板连接件 | kg | — | — |
| | 板枋材 | m³ | — | — |
| | 圆钉 | kg | — | — |
| | 隔离剂 | kg | — | — |
| | 模板嵌缝料 | kg | — | — |
| 机械 | 履带式电动起重机 5t | 台班 | 0.280 | 0.357 |
| | 载重汽车 8t | 台班 | — | — |
| | 汽车式起重机 8t | 台班 | — | — |

混凝土承台、混凝土台帽、混凝土台身、预制混凝土空心板、预制混凝土板、混凝土桥面铺装、沥青混凝土桥面铺装、混凝土桥头搭板、混凝土人行道板、混凝土侧石、混凝土枕梁的消耗量定额略。

2. 市政桥涵工程计价定额编制

(1) 钻机成孔灌注桩计价定额编制

第一步,将表6-20中3-1-75定额的人工、材料与机械消耗量,填入表6-26中。
第二步,将表6-3中的人工、材料和机械台班单价,填入表6-26中。
第三步,计算人工费、材料费和机械费。
第四步,计算定额基价(表6-26)。

**钻机成孔灌注桩计价定额** 表6-26

工作内容:同消耗量定额。 计量单位:10m³

| 定额编号 | | | | 3-1-75 |
|---|---|---|---|---|
| 项 目 | | | | $\phi \leqslant 1000$ |
| | | | | 黏土、砂砾 |
| 定额基价(元) | | | | 1619.85 |
| 其中 | 人工费(元) | | | 958.30 |
| | 材料费(元) | | | 82.68 |
| | 机械费(元) | | | 578.87 |
| | 名 称 | 单位 | 单价 | 消耗量 |
| 人工 | 普工 | 工日 | 180.00 | 1.198 |
| | 一般技工 | 工日 | 260.00 | 2.396 |
| | 高级技工 | 工日 | 300.00 | 0.399 |
| 材料 | 低合金钢焊条 E43 系列 | kg | 6.85 | 1.040 |
| | 钢护筒 | t | 4800.00 | 0.004 |
| | 黏土 | m³ | 8.00 | 0.610 |
| | 水 | m³ | 2.60 | 19.800 |
| 机械 | 交流弧焊机 32kV·A | 台班 | 98.56 | 0.180 |
| | 电焊条烘干箱 45×35×45 (cm³) | 台班 | 38.15 | 0.018 |
| | 履带式旋挖钻机 1000mm | 台班 | 507.45 | 0.576 |
| | 履带式单斗液压挖掘机 1.25m³ | 台班 | 428.55 | 0.480 |
| | 泥浆泵 100mm | 台班 | 189.22 | 0.330 |

(2)水上工作平台计价定额编制

第一步,将表6-21中3-1-4定额的人工、材料与机械消耗量,填入表6-27中。
第二步,将表6-3中的人工、材料和机械台班单价,填入表6-27中。
第三步,计算人工费、材料费和机械费。
第四步,计算定额基价(表6-27)。

水上工作平台计价定额  表 6-27

工作内容：同消耗量定额。  计量单位：100m²

| 定额编号 | | | | 3-1-4 |
|---|---|---|---|---|
| 项　　目 | | | | 水上工作平台 |
| | | | | 锤重 600kg 内 |
| 定额基价（元） | | | | 29034.19 |
| 其中 | 人工费（元） | | | 16087.20 |
| | 材料费（元） | | | 4773.46 |
| | 机械费（元） | | | 8173.53 |
| | 名　称 | 单位 | 单价 | 消耗量 |
| 人工 | 普工 | 工日 | 180.00 | 20.109 |
| | 一般技工 | 工日 | 260.00 | 40.218 |
| | 高级技工 | 工日 | 300.00 | 6.703 |
| 材料 | 圆木桩 | m³ | 2030.00 | 1.008 |
| | 板枋材 | m³ | 2835.00 | 0.832 |
| | 型钢（综合） | kg | 4.08 | 56.000 |
| | 六角螺栓 | kg | 6.34 | 8.500 |
| | 圆钉 | kg | 7.23 | 0.010 |
| | 铁件（综合） | kg | 4.87 | 17.400 |
| | 铁丝 φ4.0～2.8 | kg | 5.50 | 0.240 |
| 机械 | 轨道式柴油打桩机 0.6t | 台班 | 489.52 | 1.535 |
| | 电动双筒快速卷扬机 50kN | 台班 | 186.72 | 2.335 |
| | 履带式起重机 15t | 台班 | 1608.87 | 1.926 |
| | 铁驳船 装载质量 50t | 台班 | 258.25 | 15.053 |

（3）灌注桩混凝土浇筑计价定额编制

第一步，将表 6-22 中 3-1-235 定额的人工、材料与机械消耗量，填入表 6-28 中。

第二步，将表 6-3 中的人工、材料和机械台班单价，填入表 6-28 中。

第三步，计算人工费、材料费和机械费。

第四步，计算定额基价（表 6-28）。

灌注桩混凝土浇筑计价定额　　　　　　　　　　　　　表 6-28

工作内容：同消耗量定额。　　　　　　　　　　　　　计量单位：10m³

| 定额编号 | | | | 3-1-235 |
|---|---|---|---|---|
| 项　　目 | | | | 旋挖钻孔 |
| 定额基价（元） | | | | 6755.38 |
| 其中 | 人工费（元） | | | 832.80 |
| | 材料费（元） | | | 5510.71 |
| | 机械费（元） | | | 411.87 |
| | 名　　称 | 单位 | 单价 | 消耗量 |
| 人工 | 普工 | 工日 | 180.00 | 1.041 |
| | 一般技工 | 工日 | 260.00 | 2.082 |
| | 高级技工 | 工日 | 300.00 | 0.347 |
| 材料 | 预拌水下混凝土 C20 | m³ | 452.31 | 12.120 |
| | 导管 | kg | 4.82 | 3.800 |
| | 六角螺栓 | kg | 6.34 | 0.410 |
| | 水 | m³ | 2.60 | 3.000 |
| 机械 | 履带式起重机 15t | 台班 | 1608.87 | 0.256 |

（4）灌注桩凿桩头计价定额编制

第一步，将表 6-23 中 3-1-68 定额的人工与机械消耗量，填入表 6-29 中。

第二步，将表 6-3 中的人工和机械台班单价，填入表 6-29 中。

第三步，计算人工费和机械费。

第四步，计算定额基价（表 6-29）。

灌注桩凿桩头计价定额　　　　　　　　　　　　　　表 6-29

工作内容：同消耗量定额。　　　　　　　　　　　　　计量单位：10m³

| 定额编号 | | | | 3-1-68 |
|---|---|---|---|---|
| 项　　目 | | | | 灌注钢筋混凝土桩凿桩头 |
| 定额基价（元） | | | | 2992.14 |
| 其中 | 人工费（元） | | | 1690.30 |
| | 材料费（元） | | | |
| | 机械费（元） | | | 1301.84 |
| | 名　　称 | 单位 | 单价 | 消耗量 |
| 人工 | 普工 | 工日 | 180.00 | 2.113 |
| | 一般技工 | 工日 | 260.00 | 4.226 |
| | 高级技工 | 工日 | 300.00 | 0.704 |
| 机械 | 电动空气压缩机 1m³/min | 台班 | 165.28 | 3.575 |
| | 手持式风动凿岩机 | 台班 | 198.87 | 3.575 |

(5) 桥台碎石垫层计价定额编制

第一步,将表 6-24 中 3-3-1 定额的人工、材料消耗量,填入表 6-30 中。

第二步,将表 6-3 中的人工、材料单价,填入表 6-30 中。

第三步,计算人工费和材料费。

第四步,计算定额基价(表 6-30)。

**桥台碎石垫层计价定额** 表 6-30

工作内容:同消耗量定额。 计量单位:10m³

| 定额编号 | | | | 3-3-1 |
|---|---|---|---|---|
| 项　目 | | | | 碎石垫层 |
| 定额基价(元) | | | | 1750.62 |
| 其中 | 人工费(元) | | | 690.30 |
| | 材料费(元) | | | 1060.32 |
| | 机械费(元) | | | |
| | 名　称 | 单位 | 单价 | 消耗量 |
| 人工 | 普工 | 工日 | 180.00 | 1.189 |
| | 一般技工 | 工日 | 260.00 | 1.488 |
| | 高级技工 | 工日 | 300.00 | 0.298 |
| 材料 | 碎石 30~50 | m³ | 89.00 | 2.516 |
| | 碎石 50~80 | m³ | 82.00 | 10.200 |

(6) 桥台混凝土基础计价定额编制

第一步,将表 6-25 中 3-3-4 定额的人工、材料与机械消耗量,填入表 6-31 中。

第二步,将表 6-3 中的人工、材料和机械台班单价,填入表 6-31 中。

第三步,计算人工费、材料费和机械费。

第四步,计算定额基价(表 6-31)。

**桥台混凝土基础计价定额** 表 6-31

工作内容:同消耗量定额。 计量单位:10m³

| 定额编号 | | | | 3-3-4 |
|---|---|---|---|---|
| 项　目 | | | | 桥台混凝土基础 |
| 定额基价(元) | | | | 5039.18 |
| 其中 | 人工费(元) | | | 573.48 |
| | 材料费(元) | | | 4176.93 |
| | 机械费(元) | | | 288.77 |
| | 名　称 | 单位 | 单价 | 消耗量 |
| 人工 | 普工 | 工日 | 180.00 | 0.989 |
| | 一般技工 | 工日 | 260.00 | 1.236 |
| | 高级技工 | 工日 | 300.00 | 0.247 |
| 材料 | 预拌混凝土 C20 | m³ | 412.31 | 10.100 |
| | 无纺土工布 | m² | 1.25 | 1.279 |
| | 电 | kW·h | 1.50 | 4.457 |
| | 水 | m³ | 2.60 | 1.659 |
| 机械 | 履带式电动起重机 5t | 台班 | 808.87 | 0.357 |

(7) 混凝土承台计价定额编制

根据《市政工程消耗量定额》定额编号 3-3-6 的人工、材料消耗量和表 6-3 中的人工、材料单价编制的混凝土承台计价定额见表 6-32。

混凝土承台计价定额　　　　　　　　　　　　　　　表 6-32

工作内容：同消耗量定额。　　　　　　　　　　　　计量单位：10m³

| 定额编号 | | | | 3-3-6 |
|---|---|---|---|---|
| 项目 | | | | 混凝土承台 |
| 定额基价（元） | | | | 5691.41 |
| 其中 | 人工费（元） | | | 702.08 |
| | 材料费（元） | | | 4989.33 |
| | 机械费（元） | | | |
| | 名称 | 单位 | 单价 | 消耗量 |
| 人工 | 普工 | 工日 | 180.00 | 1.210 |
| | 一般技工 | 工日 | 260.00 | 1.513 |
| | 高级技工 | 工日 | 300.00 | 0.303 |
| 材料 | 预拌混凝土 C30 | m³ | 492.45 | 10.100 |
| | 无纺土工布 | m² | 1.25 | 1.998 |
| | 电 | kW·h | 1.50 | 4.190 |
| | 水 | m³ | 2.60 | 2.615 |

(8) 混凝土台帽计价定额编制

根据《市政工程消耗量定额》定额编号 3-3-11 的人工、材料消耗量和表 6-3 中的人工、材料单价编制的混凝土台帽计价定额见表 6-33。

混凝土台帽计价定额　　　　　　　　　　　　　　　表 6-33

工作内容：同消耗量定额。　　　　　　　　　　　　计量单位：10m³

| 定额编号 | | | | 3-3-11 |
|---|---|---|---|---|
| 项目 | | | | 混凝土台帽 |
| 定额基价（元） | | | | 5844.76 |
| 其中 | 人工费（元） | | | 849.12 |
| | 材料费（元） | | | 4995.64 |
| | 机械费（元） | | | |
| | 名称 | 单位 | 单价 | 消耗量 |
| 人工 | 普工 | 工日 | 180.00 | 1.464 |
| | 一般技工 | 工日 | 260.00 | 1.830 |
| | 高级技工 | 工日 | 300.00 | 0.366 |
| 材料 | 预拌混凝土 C30 | m³ | 492.45 | 10.100 |
| | 无纺土工布 | m² | 1.25 | 2.058 |
| | 电 | kW·h | 1.50 | 5.638 |
| | 水 | m³ | 2.60 | 4.179 |

(9) 混凝土台身计价定额

根据《市政工程消耗量定额》定额编号 3-3-15 的人工、材料消耗量和表 6-3 中的人工、材料单价编制的混凝土台身计价定额见表 6-34。

混凝土台身计价定额　　　　　　　　　　　　　　　　表 6-34

工作内容：同消耗量定额。　　　　　　　　　　　　计量单位：10m³

| 定额编号 | | | | 3-3-15 |
|---|---|---|---|---|
| 项　　目 | | | | 混凝台身 |
| 定额基价（元） | | | | 5807.73 |
| 其中 | 人工费（元） | | | 821.98 |
| | 材料费（元） | | | 4985.75 |
| | 机械费（元） | | | |
| | 名　　称 | 单位 | 单价 | 消耗量 |
| 人工 | 普工 | 工日 | 180.00 | 1.417 |
| | 一般技工 | 工日 | 260.00 | 1.772 |
| | 高级技工 | 工日 | 300.00 | 0.354 |
| 材料 | 预拌混凝土 C30 | m³ | 492.45 | 10.100 |
| | 无纺土工布 | m² | 1.25 | 0.405 |
| | 电 | kW·h | 1.50 | 5.638 |
| | 水 | m³ | 2.60 | 1.171 |

(10) 混凝土空心板计价定额

根据《市政工程消耗量定额》定额编号 3-4-55、3-4-57 的人工、材料和机械消耗量和表 6-3 中的人工、材料和机械台班单价编制的混凝土空心板计价定额见表 6-35。

混凝土空心板计价定额　　　　　　　　　　　　　　表 6-35

工作内容：同消耗量定额。　　　　　　　　　　　　计量单位：10m³

| 定额编号 | | | | 3-4-55 | 3-4-57 |
|---|---|---|---|---|---|
| 项　　目 | | | | 预制空心板 | 空心板安装 |
| 定额基价（元） | | | | 6171.44 | 905.50 |
| 其中 | 人工费（元） | | | 1149.54 | 533.60 |
| | 材料费（元） | | | 5021.90 | 123.29 |
| | 机械费（元） | | | | 248.61 |
| | 名　　称 | 单位 | 单价 | 消耗量 | |
| 人工 | 普工 | 工日 | 180.00 | 1.982 | 0.920 |
| | 一般技工 | 工日 | 260.00 | 2.478 | 1.150 |
| | 高级技工 | 工日 | 300.00 | 0.495 | 0.230 |
| 材料 | 预拌混凝土 C30 | m³ | 492.45 | 10.100 | |
| | 无纺土工布 | m² | 1.25 | 4.927 | |
| | 电 | kW·h | 1.50 | 8.686 | |
| | 水 | m³ | 2.60 | 11.140 | |
| | 预拌砂浆 | m³ | 308.22 | | 0.400 |
| 机械 | 汽车式起重机 12t | 台班 | 910.65 | | 0.273 |

(11) 预制混凝土板计价定额

根据《市政工程消耗量定额》定额编号 3-4-52、3-4-54 的人工、材料和机械消耗量和表 6-3 中的人工、材料和机械台班单价编制的预制混凝土板计价定额见表 6-36。

预制混凝土板计价定额　　　　　　　　　　　　表 6-36

工作内容：同消耗量定额。　　　　　　　　　　　　　　　　　　　　　计量单位：10m³

| 定额编号 | | | | | 3-4-52 | 3-4-54 |
|---|---|---|---|---|---|---|
| 项　目 | | | | | 预制混凝土板 | 板安装 |
| 定额基价（元） | | | | | 6133.18 | 1036.92 |
| 其中 | 人工费（元） | | | | 1123.04 | 647.98 |
| | 材料费（元） | | | | 5010.14 | 129.45 |
| | 机械费（元） | | | | | 259.49 |
| | 名　称 | | 单位 | 单价 | 消耗量 | |
| 人工 | 普工 | | 工日 | 180.00 | 1.941 | 1.117 |
| | 一般技工 | | 工日 | 260.00 | 2.416 | 1.397 |
| | 高级技工 | | 工日 | 300.00 | 0.485 | 0.279 |
| 材料 | 预拌混凝土 C30 | | m³ | 492.45 | 10.100 | |
| | 无纺土工布 | | m² | 1.25 | 5.460 | |
| | 电 | | kW·h | 1.50 | 8.324 | |
| | 水 | | m³ | 2.60 | 6.570 | |
| | 预拌砂浆 | | m³ | 308.22 | | 0.420 |
| 机械 | 汽车式起重机 8t | | 台班 | 798.43 | | 0.325 |

(12) 混凝土桥面铺装计价定额

根据《市政工程消耗量定额》定额编号 3-3-66 的人工、材料消耗量和表 6-3 中的人工、材料单价编制的混凝土桥面铺装计价定额见表 6-37。

混凝土桥面铺装计价定额　　　　　　　　　　　　表 6-37

工作内容：同消耗量定额。　　　　　　　　　　　　　　　　　　　　　计量单位：10m³

| 定额编号 | | | | | 3-3-66 |
|---|---|---|---|---|---|
| 项　目 | | | | | 混凝土桥面铺装 |
| 定额基价（元） | | | | | 6639.64 |
| 其中 | 人工费（元） | | | | 1514.04 |
| | 材料费（元） | | | | 5125.60 |
| | 机械费（元） | | | | |
| | 名　称 | | 单位 | 单价 | 消耗量 |
| 人工 | 普工 | | 工日 | 180.00 | 2.610 |
| | 一般技工 | | 工日 | 260.00 | 3.264 |
| | 高级技工 | | 工日 | 300.00 | 0.652 |
| 材料 | 预拌混凝土 C30 | | m³ | 492.45 | 10.100 |
| | 无纺土工布 | | m² | 1.25 | 31.070 |
| | 型钢（综合） | | kg | 4.08 | 1.000 |
| | 板枋材 | | m³ | 2835.00 | 0.019 |
| | 隔离剂 | | kg | 1.08 | 0.165 |
| | 水 | | m³ | 2.60 | 15.000 |
| | 电 | | kW·h | 1.50 | 9.428 |
| | 模板嵌缝料 | | kg | 19.89 | 0.088 |

(13) 沥青混凝土桥面铺装计价定额

根据《市政工程消耗量定额》定额编号 2-3-35 的人工、材料和机械消耗量和表 6-3 中的人工、材料和机械台班单价编制的沥青混凝土桥面铺装计价定额见表 6-38。

沥青混凝土桥面铺装计价定额　　　　　表 6-38

工作内容：同消耗量定额。　　　　　　　　　　　　　　　计量单位：100m²

| 定额编号 | | | | 2-3-35 |
|---|---|---|---|---|
| 项目 | | | | 沥青混凝土机械摊铺 |
| 定额基价（元） | | | | 5436.40 |
| 其中 | 人工费（元） | | | 192.32 |
| | 材料费（元） | | | 4929.59 |
| | 机械费（元） | | | 314.49 |
| | 名称 | 单位 | 单价 | 消耗量 |
| 人工 | 普工 | 工日 | 180.00 | 0.300 |
| | 一般技工 | 工日 | 260.00 | 0.532 |
| | 高级技工 | 工日 | 300.00 | |
| 材料 | 细粒式沥青混凝土 | m³ | 1195.00 | 4.040 |
| | 柴油 | t | 7235.00 | 0.004 |
| | 其他材料费 | % | | 1.5 |
| 机械 | 钢轮振动压路机 12t | 台班 | 1200.00 | 0.071 |
| | 钢轮振动压路机 15t | 台班 | 1500.00 | 0.064 |
| | 轮胎压路机 26t | 台班 | 2600.00 | 0.032 |
| | 沥青混凝土摊铺机 8t | 台班 | 1565.34 | 0.032 |

(14) 混凝土桥头搭板计价定额

根据《市政工程消耗量定额》定额编号 3-3-70 的人工、材料消耗量和表 6-3 中的人工、材料单价编制的混凝土桥头搭板计价定额见表 6-39。

混凝土桥头搭板计价定额　　　　　表 6-39

工作内容：同消耗量定额。　　　　　　　　　　　　　　　计量单位：10m³

| 定额编号 | | | | 3-3-70 |
|---|---|---|---|---|
| 项目 | | | | 混凝土桥头搭板 |
| 定额基价（元） | | | | 5797.96 |
| 其中 | 人工费（元） | | | 785.16 |
| | 材料费（元） | | | 5012.80 |
| | 机械费（元） | | | |
| | 名称 | 单位 | 单价 | 消耗量 |
| 人工 | 普工 | 工日 | 180.00 | 1.353 |
| | 一般技工 | 工日 | 260.00 | 1.692 |
| | 高级技工 | 工日 | 300.00 | 0.339 |
| 材料 | 预拌混凝土 C30 | m³ | 492.45 | 10.100 |
| | 无纺土工布 | m² | 1.25 | 6.667 |
| | 水 | m³ | 2.60 | 4.410 |
| | 电 | kW·h | 1.50 | 12.840 |

(15) 混凝土人行道板计价定额

根据《市政工程消耗量定额》定额编号 3-4-79、3-4-82 的人工、材料消耗量和表 6-3 中的人工、材料单价编制的混凝土人行道板计价定额见表 6-40。

混凝土人行道板计价定额　　　　　　　　　　表 6-40

工作内容：同消耗量定额。　　　　　　　　　　计量单位：10m³

| 定额编号 | | | | 3-4-79 | 3-4-82 |
|---|---|---|---|---|---|
| 项 目 | | | | 混凝土人行道板 | 人行道板安装 |
| 定额基价（元） | | | | 6502.79 | 2932.48 |
| 其中 | 人工费（元） | | | 1457.68 | 2932.48 |
| | 材料费（元） | | | 5045.11 | |
| | 机械费（元） | | | | |
| | 名　称 | 单位 | 单价 | 消耗量 | |
| 人工 | 普工 | 工日 | 180.00 | 2.564 | 5.056 |
| | 一般技工 | 工日 | 260.00 | 3.206 | 6.320 |
| | 高级技工 | 工日 | 300.00 | 0.542 | 1.264 |
| 材料 | 预拌混凝土 C30 | m³ | 492.45 | 10.100 | |
| | 无纺土工布 | m² | 1.25 | 12.123 | |
| | 水 | m³ | 2.60 | 17.861 | |
| | 电 | kW·h | 1.50 | 6.514 | |

(16) 混凝土侧石计价定额

根据《市政工程消耗量定额》定额编号 3-3-63 的人工、材料消耗量和表 6-3 中的人工、材料单价编制的混凝土侧石计价定额见表 6-41。

混凝土侧石计价定额　　　　　　　　　　表 6-41

工作内容：同消耗量定额。　　　　　　　　　　计量单位：10m³

| 定额编号 | | | | 3-3-63 |
|---|---|---|---|---|
| 项 目 | | | | 混凝土侧石 |
| 定额基价（元） | | | | 8425.45 |
| 其中 | 人工费（元） | | | 3398.80 |
| | 材料费（元） | | | 5026.65 |
| | 机械费（元） | | | |
| | 名　称 | 单位 | 单价 | 消耗量 |
| 人工 | 普工 | 工日 | 180.00 | 5.860 |
| | 一般技工 | 工日 | 260.00 | 7.325 |
| | 高级技工 | 工日 | 300.00 | 1.465 |
| 材料 | 预拌混凝土 C30 | m³ | 492.45 | 10.100 |
| | 无纺土工布 | m² | 1.25 | 5.177 |
| | 水 | m³ | 2.60 | 8.915 |
| | 电 | kW·h | 1.50 | 15.505 |

(17) 混凝土枕梁计价定额

在《市政工程消耗量定额》中没有混凝土枕梁的定额项目，采用该定额的"混凝土基础"定额项目代替。

根据《市政工程消耗量定额》定额编号 3-3-4 的人工、材料和机械消耗量和表 6-3 中的人工、材料和机械台班单价编制的混凝土枕梁计价定额见表 6-42。

混凝土枕梁计价定额　　　　　　表 6-42

工作内容：同消耗量定额。　　　　　　　　　　　　　　　　计量单位：10m³

| 定额编号 | | | | 3-3-4 |
|---|---|---|---|---|
| 项　　目 | | | | 混凝基础 |
| 定额基价（元） | | | | 5438.32 |
| 其中 | 人工费（元） | | | 573.48 |
| | 材料费（元） | | | 4580.93 |
| | 机械费（元） | | | 283.91 |
| | 名　　称 | 单位 | 单价 | 消耗量 |
| 人工 | 普工 | 工日 | 180.00 | 0.989 |
| | 一般技工 | 工日 | 260.00 | 1.236 |
| | 高级技工 | 工日 | 300.00 | 0.247 |
| 材料 | 预拌混凝土 C20 | m³ | 452.31 | 10.100 |
| | 无纺土工布 | m² | 1.25 | 1.279 |
| | 水 | m³ | 2.60 | 1.659 |
| | 电 | kW·h | 1.50 | 4.457 |
| 机械 | 履带式电动起重机 5t | 台班 | 808.87 | 0.351 |

## 思考题与习题

1. 什么是消耗量定额？
2. 什么是计价定额？
3. 人工单价有什么作用？
4. 材料单价有什么作用？
5. 机械台班单价有什么作用？
6. 定额基价由哪些费用构成？

# 第2篇 实 践 篇

## 教学单元 7  土石方工程工程量清单计价

**【课程思政】** 要推进教育高质量发展,要加强党对教育工作的全面领导,全面贯彻党的教育方针,坚持立德树人根本任务,以学生发展为中心,不断提升人才培养综合能力,夯实为党育人、为国育才的教育基础。

《孙子算经》是中国古代重要的数学著作,成书于公元 400 年前后,作者不详。《孙子算经》记载了最早的工程量计算方法和用工数量计算方法,如"今有筑城,上广二丈,下广五丈四尺,高三丈八尺,长五千五百五十尺。秋程人功三百尺,问须功几何?"按题意得出:(20+54)×1/2×38=1406 平方尺;1406×5550=7803300 立方尺;7803300÷300=26011 个。这就是古代劳动人民计算土方等工程量和所需人工的方法,该方法充分体现了劳动人民的聪明才智,我们应该学习和传承这一智慧思想。

**【教学目标】** 通过对土壤及岩石的分类、土石方工程施工工艺、《建设工程工程量清单计价规范》《市政工程工程量计算规范》、土石方工程工程量清单编制方法、土石方工程工程量计算规则、土石方工程量清单编制要求、土石方工程清单报价编制要求等知识点的学习,学生掌握土石方分部分项工程量计算、措施项目工程量计算、土石方分部分项工程费计算、措施项目费计算、其他项目费计算、规费和税金计算方法和技能。

### 模块 7.1  土石方工程基础知识

土壤是地壳岩石经过长期的物理和化学作用,形成的颗粒和空气、水组成的混合物。土颗粒之间有许多孔隙,孔隙中有气体(一般是空气),也有液体(一般是水),三部分之间的比例随着周围的条件变化而变化。例如,当土层中地下水上升时,原地下水位以上的土中水的含量就要增加,土中的颗粒、空气和水的比例有了变化,造成土质的密实或松软、干土或湿土、黏土或淤泥、含水率高低等的相应变化。这三部分之间的比例关系以及体积、重量等的相互变化决定了土的物理性质,以此确定土的分类,从而可以较准确地选用工程计价定额。

图 7-1 表示了土的三个组成部分在质量和体积上的相互关系。

各部分的体积和质量所用符号:

$V$——土的总体积;

$V_r$——土中孔隙部分体积;

$V_s$——土中固体颗粒体积；
$V_w$——土中水所占体积；
$g$——土的总质量；
$g_s$——土中固体颗粒质量；
$g_w$——土中水的质量。

图 7-1　土的三个组成部分

### 7.1.1　土壤及岩石的分类

在市政工程中，土壤及岩石通常采用两种分类方法。一种是土石方工程分类，即按土的地质成因、颗粒组成或塑性指数及工程特征来划分。另一种是土石方定额分类，即按土的坚硬程度、开挖难易划分，也就是常用的普氏分类。

1. 土的分类

在市政工程预算定额中，土壤类别是按土（石）的开挖方法及工具、坚固系数（普氏岩石强度系数 $f$）划分为一至四类土。一般将一、二类土合并在一起。

2. 岩石的分类

在市政工程预算定额中，根据岩石的极限压碎强度（$kg/cm^2$）、坚固系数 $f$，将岩石划分为 5～16 类共 12 种，由于在实际开挖中难以区别，岩石又分为松石、次坚石、普坚石和特坚石四大类。松石也称为普通岩，鉴别或开挖方法是部分用手凿工具，部分用凿岩机（风镐）和爆破来开挖；其他大类称为坚硬岩，全部用风镐风钻爆破法来开挖。

岩石的分类适用于人工石方工程，也适用于机械石方工程。

### 7.1.2　土石方工程主要施工工艺简介

市政工程中，常见的土石方工程有场地平整、基坑（槽）与管沟开挖、路基开挖、填土、路基填筑以及基坑回填等。土石方工程施工方法有人工施工和机械施工两种。人工施工比较简单，劳动强度较大。大型土石方工程较多采用机械施工。

1. 人工土石方工程施工工艺

（1）工艺流程

（2）施工要点

1）挖方工程应在定位放线后施工。

2）土方开挖前，施工现场内的地上地下障碍物（建筑物、构筑物、道路、沟渠、管线、坟墓、树木等）应清除和处理，表面要清理平整，做好排水坡，坡度一般不小于 2%。在施工范围内应挖临时性排水沟。

3）土方开挖时，应防止附近的建筑物或构筑物、道路、管线等发生下沉和变形。

4）挖方的边坡坡度，应根据土的种类、物理力学性质（密度、含水量、内摩擦角及黏聚力等）、工程地质情况、边坡高度及使用期确定，在土质具有天然湿度、构造均匀、水文地质良好且无地下水时，深度在 5m 以内的基坑边坡可按表 7-1、表 7-2 确定。

深度在 5m 以内的基坑边坡的最大坡度（一）　　　表 7-1

| 土 名 称 | 人工挖土土抛坑边 | 土 名 称 | 人工挖土土抛坑边 |
| --- | --- | --- | --- |
| 砂土 | 1∶1.0 | 黏土 | 1∶0.33 |
| 砂质粉土 | 1∶0.67 | 干黄土 | 1∶0.25 |
| 粉质黏土 | 1∶0.50 | | |

深度在 5m 以内的基坑边坡的最大坡度（二）　　　表 7-2

| 土名称 | 机械在坑底挖土 | 机械在坑上边挖土 | 土名称 | 机械在坑底挖土 | 机械在坑上边挖土 |
| --- | --- | --- | --- | --- | --- |
| 砂土 | 1∶0.75 | 1∶1.0 | 黏土 | 1∶0.25 | 1∶0.67 |
| 砂质粉土 | 1∶0.50 | 1∶0.75 | 干黄土 | 1∶0.10 | 1∶0.33 |
| 粉质黏土 | 1∶0.33 | 1∶0.75 | | | |

5) 当地质条件良好，土质均匀且地下水位低于基坑（槽）时，在规范允许挖土深度内可以不放坡，也可以不加支撑。

6) 挖掘土方有地下水时，应先用人工降低地下水位，防止建筑物基坑（槽）底土壤扰动，然后再进行挖掘。

7) 开挖基坑、槽时，应首先沿灰线直边切出槽边的轮廓线。土方开挖宜自上而下分层、分段开挖，随时做成一定的坡势，以利泄水，并不得在影响边坡稳定的范围内积水，开挖端部逆向倒退按踏步形挖掘。坚土、砂砾土先用镐翻松，向下挖掘，每层深度视翻松度而定，每层应清底出土，然后逐层挖掘。所挖土方皆两侧出土，当土质良好时，抛于槽边的土方距槽边 0.8m 以外，高度不宜超过 1.5m。在挖到距槽底 500mm 以内时，测量放线人员应配合定出距槽底 500mm 的水平线。自每条槽端部 200mm 处每隔 2~3m，在槽帮上定水平标高小木橛。在挖至接近槽底标高时，用尺或事先量好的 500mm 标准尺杆，以小木橛为准校核槽底标高。槽底不得挖深，如已挖深，不得用虚土回填。由两端轴线引桩拉通线，以轴线至槽边距离检查槽宽，修整槽壁，最后清除槽底土方，修底铲平。

8) 开挖放坡的坑（槽）和管沟时，应先按规定坡度，粗略垂直开挖，每挖至约 1m 深时，再按坡度要求做出坡度线，每隔 3m 做一条，以此为准进行铲坡。

9) 开挖大面积浅基坑时，沿基坑三面开挖，挖出的土方由未开挖的一面运至弃土地点，坑边存放一部分好土作为回填土。

10) 基槽挖至槽底后，应对土质进行检查，如遇松软土层、坟坑、枯井、树根等深于设计标高时，应作加深处理。加深部分应以踏步方式自槽底逐步挖至加深部位的底部，每个踏步的高度不应大于 500mm，长度不应小于 1m。

11) 在土方开挖过程中，如出现滑坡迹象（如裂缝、滑动等）时，应暂停施工，立即采取相应措施，并观测滑动迹象，作好记录。

2. 机械土石方工程施工工艺

（1）工艺流程

（2）施工要点

1)机械开挖应根据工程规范、地下水位高低、施工机械条件、进度要求等合理的选用施工机械,以充分发挥机械效率,节省机械费用,加速工程进度。一般深度2m以内的大面积基坑开挖,宜采用推土机或装载机推土和装车;对长度和宽度均较大的大面积土方一次开挖,可用铲运机铲土;对面积大且深的基础,多采用0.5m³、1.0m³斗容量的液压正铲挖掘;如操作面较狭窄,且有地下水,土的湿度大,可采用液压反铲挖掘机在停机面一次开挖;深5m以上,宜分层开挖或将开沟道用正铲挖掘机下入基坑分层开挖;对面积很大很深的设备基础基坑或高层建筑地下室深基坑,可采用多层接力开挖方法,土方用翻斗汽车运出;在地下水中挖土可用拉铲或抓铲,其工作效率较高。

2)土方开挖前应绘制土方开挖图,如图7-2所示。确定开挖路线、顺序、范围、基底标高、边坡坡度、排水沟、集水井位置以及挖出的土方堆放地点等。绘制土方开挖图,应尽可能采用机械开挖,减少机械超挖和人工挖方。

图7-2 土方开挖图
1—排水沟;2—集水井;3—土方机械进出口
Ⅰ、Ⅱ、Ⅲ、Ⅳ—开挖次序

3)大面积基础群基坑底标高不一,机械开挖次序一般采取先整片挖至一平均标高,然后再挖个别较深部位。当一次开挖深度超过挖土机最大挖掘高度(5m以上)时,宜分二至三层开挖,并修筑10%~15%坡道,以便挖土及运输车辆进出。

4)基坑边角部位,机械开挖不到之处,应用少量人工配合清坡,将松土清

图 7-3 利用后开挖基础部位作车道
1—先开挖设备基础部位；2—后开挖设备基础或地下室、沟道部位；3—挖掘机、汽车进出运输道

至机械作业半径范围内，再用机械掏取运走。人工清土所占比例一般为1%～10%，挖土方量越大，则人工清土比例越小，修坡以"厘米"作限制误差。大基坑宜另配一台推土机清土、送土、运土。

5）挖掘机、运土汽车进出基坑的运输道路，应尽量利用基础一侧或两侧相邻的基础以后需开挖的部位，使它互相贯通作为车道，如图7-3所示，或利用提前挖除土方后的地下设施部位作为相邻的几个基坑开挖地下运输通道，以减少挖土量。

6）对面积和深度均较大的基坑，通常采用分层挖土施工法，使用大型土方机械，在坑下作业。如为软土地基或在雨期施工，土方机械进入基坑行走需铺垫钢板或铺路基箱垫道。

7）对大型软土基坑，为减少分层挖运土方的复杂性，可采用"接力挖土法"，它是利用两台或三台挖土机分别在基坑的不同标高处同时挖土。一台在地表，两台在基坑不同标高的台阶上，边挖土边向上传递到上层由地表挖土机装车，用自卸汽车运至弃土地点。上部可用大型挖土机，中、下层可用液压中小型挖土机，以便挖土。装车均衡作业，机械开挖不到之处，再配以人工开挖修坡、找平。在基坑纵向两端设有道路出入口，上部汽车开行单向行驶。用本方法开挖基坑，可一次挖到设计标高，一般两层挖土可挖到-10m，三层挖土可挖到-15m左右，可避免将载重汽车开进基坑进行装土、运土作业，工作条件好，效率高，并可降低成本。

8）对某些面积不大、深度较大的基坑，尽量利用挖土机开挖，不开或少开坡道，采用机械接力挖运土方法和人工与机械合理的配合挖土，最后用搭枕木垛的方法，使挖土机开出基坑，如图7-4所示。

9）机械开挖应由浅而深，基底及边坡应预留一层300～500mm厚土层，采用人工清底、修坡、找平，以保证基底标高和边坡坡度，避免超挖和土层遭受扰动。

图 7-4 深基坑机械开挖
1—坡道；2—搭枕木垛

3. 人工填土工程施工工艺

（1）工艺流程

（2）施工要点

1）用手推车送土，人工用铁锹、耙、锄等工具进行回填土施工。填土应从场地最低部分开始，由一端向另一端自下而上分层铺填。每层虚铺厚度，用人工木夯夯实时不大于20cm，用打夯机械夯实时不大于25cm。

2）深浅坑（槽）相连时，应先填深坑（槽），相平后与浅坑全面分层填夯。如采取分段填筑，交接处应填成阶梯形。墙基及管道回填时应在两侧用细土同时均匀回填、夯实，防止墙基及管道中心线发生位移。

3）夯填土采用人工用60～80kg的木夯或铁、石夯，由4～8人拉绳，2人扶夯，举高不小于0.5m，一夯压半夯，按次序进行。较大面积人工回填用打夯机夯实。两机平行时其间距不得小于3m，在同一夯打路线上，前后间距不得小于10m。

4）人力打夯前应将填土初步整平，打夯要按一定方向进行，一夯压半夯，夯夯相接，行行相连，两遍纵横交叉，分层夯打。夯实基槽及地坪时，行夯路线应由四边开始，然后再向中间。

5）用柴油打夯机等小型机具夯实时，一般填土厚度不宜大于25cm，打夯之前对填土应初步平整，打夯机依次夯打，均匀分布，不留间隙。

6）基坑（槽）回填时应在相对两侧或四周同时进行回填与夯实。

7）回填管沟时，应用人工先在管子周围填土夯实，并从管道两边同时进行，直至管顶0.5m以上。在不损坏管道的情况下，方可采用机械填土回填夯实。

4. 机械填土工程施工工艺

（1）工艺流程

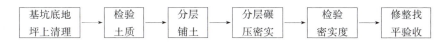

（2）施工要点

1）推土机填土应由下而上分层铺填，每层虚铺厚度不宜大于30cm。大坡度堆填土，不得居高临下，不分层次，一次堆填。推土机运土回填，可采用分堆集中，一次运送方法，分段距离约为10～15m，以减少运土漏失量。土方推至填方部位时，应提起一次铲刀，成堆卸土，并向前行驶0.5～1.0m，利用推土机后退时将土刮平。用推土机来回行驶进行碾压，履带应重叠宽度的一半。填土宜采用纵向铺填顺序，从挖土区段至填土区段，以40～60m距离为宜。

2）铲运机填土，铺填土区段，长度不宜小于20m，宽度不宜小于8m。铺土应分层进行，每次铺土厚度不大于30～50cm（视所用压实机械的要求而定），每层铺土后，利用空车返回时将地表面刮平。填土一般尽量采取横向或纵向分层卸土，以利行驶时初步压实。

3）汽车填土须配以推土机推土、摊平。每层的铺土厚度不大于30～50cm（随选用压实机具而定）。填土可利用汽车行驶做部分压实工作，行车路线须均匀分布于填土层上。汽车不能在虚土上行驶，卸土推平和压实工作分段交叉进行。

4）为保证填土压实的均匀性及密实度，避免碾轮下陷，提高碾压效率，在碾压机械碾压之前，宜先用轻型推土机、拖拉机推平，低速预压4～5遍，使表面平实；采用振动平碾压实爆破石渣或碎石类土，应先静压，而后振压。

5）碾压机械压实填方时，应控制行驶速度，一般平碾，振动碾不超过2km/h；并要控制压实遍数。碾压机械与基础或管道应保持一定的距离，防止将基础或管道压坏或使其位移。

6）用压路机进行填方压实，应采用"薄填、慢驶、多次"的方法，填土厚度不应超过25～30cm；碾压施工应从两边逐渐压向中间，碾轮每次重叠宽度约15～25cm，避免漏压。运行中碾轮边距填方边缘应大于500mm，以防发生溜坡倾倒。边角、边坡、边缘压不实之处，应辅以人力夯或小型夯实机具夯实。压实密实度，除另有规定外，应压至轮子下沉量不超过1～2cm为宜。

7）平碾碾压一层完后，应用人工或推土机将表面拉毛。土层表面太干时，应洒水湿润后，继续回填，以保证上、下层接合良好。

8）用铲运机及运土工具进行压实，铲运机及运土工具的移动须均匀分布于填筑层的全面，逐次卸土碾压。

## 模块7.2　土石方工程工程量清单编制

### 7.2.1　土石方工程工程量清单编制方法

#### 1. 一般方法

编制前首先要根据设计文件和招标文件，认真读取拟建工程项目的内容，对照工程量计算规范的项目名称和项目特征，确定具体的分部分项工程名称，然后设置12位项目编码，参考《市政工程工程量计算规范》中列出的工程内容，确定分部分项工程量清单的工程内容，最后按《市政工程工程量计算规范》中规定的计量单位和工程量计算规则，计算出该分部分项工程量清单的工程量。

#### 2. 土石方工程工程量清单项目

土石方工程工程量清单项目有土方工程、石方工程和回填方及土石方运输三节10个子项目。其中挖土方5个子项目，挖石方3个子项目，回填方及土石方运输2个子项目。

（1）挖一般土方是指在市政工程中，除挖沟槽、基坑、竖井等土方外的所有开挖土方工程项目。

（2）挖沟槽土石方是指在市政工程中，开挖底宽7m以内，底长大于底宽3倍以上的土石方工程项目。其包括基础沟槽和管道沟槽等项目。

（3）挖基坑土石方是指在市政工程中，开挖底长小于底宽3倍以下，底面积在150m²以内的土石方工程项目。

(4) 暗挖土方是指在土质隧道、地铁中除用盾构掘进和竖井挖土方外，用其他方法挖洞内土方的工程项目。

(5) 淤泥是在静水或缓慢的流水环境中沉积，并经生物化学作用形成的一种黏性土。其特点是细（小于 0.005mm 的黏土颗粒占 50％以上）、稀（含水量大于液限）、松（孔隙比大于 1.5）。挖淤泥是指在挖土方中，遇到与湿土不同的工程项目。

(6) 回填方是指在市政工程中，所有开挖处，凡未为基础、构筑物所占据而形成的空间，需回填土方的工程项目。

(7) 余土弃置是指将施工场地内多余的土方外运至指定地点的工程项目。

(8) 缺方内运是指在施工场地外，将回填所缺少的土方运至施工场地内的工程项目。

3. 其他相关问题的处理

(1) 挖方按天然密实度的体积计算，填方按土方压实后的体积计算，弃土按天然密实度的体积计算，缺方内运（外借土）按所需土方压实后的体积计算。土方体积换算见表 7-3。

**土方体积换算表**　　　　　　　　　　　　　　　　　　　　表 7-3

| 虚实体积 | 天然密实体积 | 压实后体积 | 松填体积 |
| --- | --- | --- | --- |
| 1.00 | 0.77 | 0.67 | 0.83 |
| 1.30 | 1.00 | 0.87 | 1.08 |
| 1.50 | 1.15 | 1.00 | 1.25 |
| 1.20 | 0.92 | 0.80 | 1.00 |

(2) 沟槽、基坑的土石方挖方中的地表水排除应在计价时考虑在清单项目计价中。地下水排除应在措施项目中列项。

(3) 挖方中包括场内运输，其范围指挖填平衡和临时转堆的运输。

(4) 在填方中，除应扣除基础、构筑物埋入的体积，对市政管道工程不论管道直径大小都应扣除。

### 7.2.2　土石方工程清单工程量计算

1. 挖一般土石方

(1) 计算规则

按设计图示开挖线以体积计算。

(2) 工程内容

工程内容包括土石方开挖，围护、支撑，场内运输，平整、夯实。

(3) 计算方法

1) 场地平整可采用平均开挖深度乘以开挖面积的计算方法。

2) 开挖线起伏变化不大时，采用方格网法的计算方法。

方格网法的计算公式见表 7-4。

常用方格网法计算公式  表 7-4

| 项目 | 图式 | 计算公式 |
|---|---|---|
| 一点填方或挖方（三角形） | | $V=\dfrac{1}{2}bc\dfrac{\sum h}{3}=\dfrac{bch_3}{6}$<br>当 $b=c=a$ 时，$V=\dfrac{a^2 h_3}{6}$ |
| 二点填方或挖方（梯形） | | $V_-=\dfrac{b+c}{2}a\dfrac{\sum h}{4}=\dfrac{a}{8}(b+c)(h_1+h_3)$<br>$V_+=\dfrac{d+e}{2}a\dfrac{\sum h}{4}=\dfrac{a}{8}(d+e)(h_2+h_4)$ |
| 三点填方或挖方（五角形） | | $V=\left(a^2-\dfrac{bc}{2}\right)\dfrac{\sum h}{5}$<br>$=\left(a^2-\dfrac{bc}{2}\right)\dfrac{h_1+h_2+h_4}{5}$ |
| 四点填方或挖方（正方形） | | $V=\dfrac{a^2}{4}\sum h=\dfrac{a^2}{4}(h_1+h_2+h_3+h_4)$ |

注：1. $a$——方格网的边长（m）；$b$、$c$——零点到一角的边长（m）；$h_1$、$h_2$、$h_3$、$h_4$——方格网四角点的施工高程（m），用绝对值代入；$\sum h$——填方或挖方施工高程的总和（m），用绝对值代入；$V$——挖方或填方体积（m³）。
2. 本表公式是按各计算图形底面积乘以平均施工高程而得出的。

零点位置计算式（图 7-5）为：

$$x_1=\dfrac{h_1}{h_1+h_2}\times a$$

$$x_2=\dfrac{h_2}{h_1+h_2}\times a$$

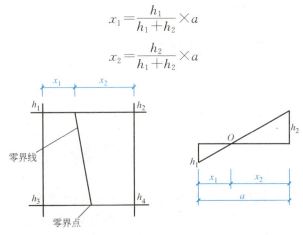

图 7-5 零点位置计算示意图

式中　$x_1$、$x_2$——角点至零点的距离（m）；

　　　$h_1$、$h_2$——相邻两角点的施工高度的绝对值（m）；

　　　$a$——方格网的边长（m）。

3）计算土石方工程量

常用方格网点计算公式见表 7-4。

【**例 7-1**】　某工程场地方格网的一部分如图 7-6 所示，方格边长为 20m×20m，试计算挖、填土方总量。

【**解**】　① 划分方格网，角点施工高度角点 5 的施工高度＝44.56－44.04＝＋0.52m，其余类推。

② 计算零点位置

从图 7-6 中知，8～13、9～14、14～15 三条方格边两端的施工高度符号不同，表明在这些方格边上有零点存在。

图 7-6　场地方格网图

(a) 方格角点标高、方格编号、角点编号图；(b) 角点施工高度、零线、角点编号图

由 $x_1 = \dfrac{h_1}{h_1 + h_2} \times a$ 得：

8～13 线：$b = \dfrac{0.16}{0.16 + 0.26} \times 20 = 7.62\text{m}$

9～14 线：$b = \dfrac{0.26}{0.26 + 0.21} \times 20 = 11.06\text{m}$

14～15 线：$b = \dfrac{0.21}{0.21+0.05} \times 20 = 16.15\text{m}$

将各零点标于图上，并将零点线连接起来。

③ 计算土方量（表 7-5）

方格网土方量计算法　　　　　　　　　表 7-5

| 方格编号 | 底面图形及编号 | 挖方($m^3$)(+) | 填方($m^3$)(−) |
|---|---|---|---|
| I | 三角形 1、2、7<br>三角形 1、6、7 | $\dfrac{0.28}{6} \times 20 \times 20 = 18.67$ | $\dfrac{0.35}{6} \times 20 \times 20 = 23.33$ |
| II | 正方形 2、3、7、8 | $\dfrac{20 \times 20}{4}(0.28+0.30+0.16+0)$<br>$= 74.00$ | |
| III | 正方形 3、4、8、9 | $\dfrac{20 \times 20}{4}(0.30+0.25+0.16+0.26)$<br>$= 97.00$ | |
| IV | 正方形 4、5、9、10 | $\dfrac{20 \times 20}{4}(0.25+0.52+0.26+0.31)$<br>$= 134.00$ | |
| V | 正方形 6、7、11、12 | | $\dfrac{20 \times 20}{4} \times (0.35+0+0.69+0.90) = 194.00$ |
| VI | 三角形 7、8、0<br>梯形 7、0、12、13 | $\dfrac{0.16}{6}(7.62 \times 20) = 4.06$ | $\dfrac{20}{8} \times (20+12.38)(0.90+0.26) = 93.90$ |
| VII | 梯形 8、9、0、0<br>梯形 0、0、13、14 | $\dfrac{20}{8}(7.62+8.94)(0.16+0.26)$<br>$= 17.39$ | $\dfrac{20}{8} \times (12.28+11.06)(0.26+0.21) = 27.54$ |
| VIII | 三角形 0、14、15<br>五角形 9、10、0、0、15 | $\left(20 \times 20 - \dfrac{16.15 \times 11.06}{2}\right) \times$<br>$\left(\dfrac{0.26+0.31+0.05}{5}\right) = 38.53$ | $\dfrac{0.21}{6} \times 11.06 \times 16.15 = 6.25$ |
| | 小计 | 380.65 | 345.02 |

(4) 横截面法

横截面法适用于起伏变化较大的地形或者狭长、挖填深度较大又不规则的地形，其计算步骤与方法如下：

1) 划分横截面

根据地形图、竖向布置或现场测绘，将要计算的场地划分为截面 $AA'$、$BB'$、$CC'$ 等，使截面尽量垂直于等高线或主要建筑物的边长，各断面间的间距可以不等，一般为 10m 或 20m，在平坦地区可大一些，但不大于 100m。

2) 画横截面图形

按比例绘制每个横截面的自然地面和设计地面的轮廓线。自然地面轮廓线与设计地面轮廓线之间的面积,即为挖方或填方的截面。

3）计算横截面面积

常用截断面面积计算公式见表7-6。

常用截断面面积计算公式　　　表7-6

| 横截面图式 | 截面积计算公式 |
|---|---|
|  | $A = h(b + nh)$ |
|  | $A = h\left[b + \dfrac{h(m+n)}{2}\right]$ |
|  | $A = b\dfrac{h_1 + h_2}{2} + h_1 h_2 \cdot \dfrac{m+n}{2}$ |
|  | $A = h_1 \dfrac{a_1 + a_2}{2} + h_2 \dfrac{a_2 + a_3}{2} + h_3 \dfrac{a_3 + a_4}{2} + h_4 \dfrac{a_4 + a_5}{2}$ |
|  | $A = \dfrac{a}{2}(h_0 + 2h + h_n)$<br>$h = h_1 + h_2 + h_3 + h_4 + h_5$ |

（5）计算土石方量

根据横截面面积按下式计算土石方量：

$$V = \dfrac{A_1 + A_2}{2} \times s$$

式中　$V$——相邻两横截面间的土石方量（m³）；
　　　$A_1$、$A_2$——相邻两横截面挖或填的截面积（m²）；
　　　$s$——相邻两横截面的间距（m）。

【例7-2】 某丘陵地段场地平整图如图7-7所示，已知$AA'$、$BB'$、…、$EE'$截面的填方面积分别为47m²、45m²、20m²、5m²、0m²；挖方面积分别为15m²、22m²、38m²、20m²、16m²，试求该地段的总填方量和挖方量。

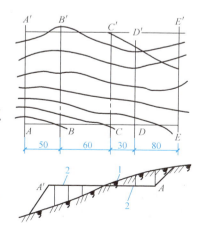

图7-7　划横截面示意图（单位：mm）

1—自然地面；2—设计地面

【解】 根据图 7-7 所示各截面间距，用公式计算各截面间土方量，并加以汇总（表 7-7）。

土方工程量计算汇总表　　　　表 7-7

| 截面 | 填方面积 ($m^2$) | 挖方面积 ($m^2$) | 截面间距 (m) | 填方体积 ($m^3$) | 挖方体积 ($m^3$) |
|---|---|---|---|---|---|
| A—A′ | 47 | 15 | 50 | 2300 | 925 |
| B—B′ | 45 | 22 | 60 | 1950 | 1800 |
| C—C′ | 20 | 38 | 30 | 375 | 870 |
| D—D′ | 5 | 20 | 80 | 200 | 1440 |
| E—E′ | 0 | 16 | | | |
| 合计 | | | 220 | 4825 | 5035 |

2. 挖沟槽土石方

（1）计算规则

挖沟槽土石方量按原地面线以下按构筑物最大水平投影面积乘以挖土深度（沟槽原地面线平均标高至沟槽底平均标高）以体积计算，如图 7-8 所示。

（2）工程内容

土石方开挖、围护、支撑、场内运输、平整、夯实。

（3）计算方法

$$V = L \times B \times (H - h)$$

式中　$V$——沟槽挖土体积（$m^3$）；

　　　$L$——沟槽长（m）；

　　　$B$——沟槽底宽，即原地面线以下的构筑物最大宽度（m）；

　　　$H$——沟槽原地面线平均标高（m）；

　　　$h$——沟槽底平均标高（m）。

3. 挖基坑土石方

（1）计算规则

挖基坑土石方量按原地面线以下按构筑物最大水平投影面积乘以挖土深度（基坑原地面线平均标高至基坑底平均标高）以体积计算，如图 7-9 所示。

图 7-8　管道地沟挖方示意图　　　　图 7-9　桥台挖方示意图

(2) 工程内容

土石方开挖,围护、支撑,场内运输,平整、夯实。

(3) 计算方法

$$V=a\times b\times(H-h)$$

式中 $V$——基坑挖土体积（$m^3$）;

$a$——基坑底宽,即原地面线以下的构筑物最大宽度（m）;

$b$——基坑底长,即原地面线以下的构筑物最大长度（m）;

$H$——基坑原地面线平均标高（m）;

$h$——基坑底平均标高（m）。

4. 暗挖土方

(1) 计算规则

按设计图示断面乘以长度以体积计算。

(2) 工程内容

土方开挖,围护、支撑,洞内运输,场内运输。

5. 挖淤泥、流砂

(1) 计算规则

按设计图示的位置及界限以体积计算。

(2) 工程内容

挖淤泥,场内运输。

6. 回填方

(1) 计算规则

1) 按设计图示尺寸以体积计算;

2) 按挖方清单项目工程量减基础、构筑物埋入体积加原地面线至设计要求标高间的体积计算。

(2) 工程内容

工程内容包括填方和压实。

7. 余方弃置

(1) 计算规则

按挖方清单项目工程量减利用回填方体积（正数）计算。

(2) 工程内容

余方点装料运输至弃置点。

8. 有关说明

(1) 挖方应按天然密实度体积计算,填方应按压实后体积计算。

(2) 沟槽、基坑、一般土石方的划分应符合下列规定:

1) 底宽 7m 以内,底长大于底宽 3 倍以上应按沟槽计算。

2) 底长小于底宽 3 倍以下,底面积在 150$m^2$ 以内,应按基坑计算。

3) 超过上述范围,应按一般土石方计算。

### 7.2.3 土石方工程工程量清单编制实例

某道路工程位于某市三环路内,设计红线宽 60m,为城市快速道。工程设计起点 04+00，设计终点 05+00，设计全长 100m。道路断面形式为四块板，其中快车道 15m×2，慢车道 7m×2，中央绿化分隔带 5m，快慢车道绿化分隔带 3m×2，人行道 2.5m×2；段内设污水、雨水管各 2 条。绿化分隔带内植树 90 棵。

道路路基土方（三类土）工程量计算，参考道路纵断面图每隔 20m 取一个断面，按由自然地面标高分别挖（填）至快车道、慢车道、人行道路基标高计算，树坑挖方量单独计算，树坑长宽为 0.8m×0.8m，深度为 0.8m。由于无挡墙、护坡设计，土方计算至人行道嵌边石外侧。当原地面标高大于路基标高时，路基标高以上为道路挖方，以下为沟槽挖方，沟槽回填至路基标高；道路、排水工程土方按先施工道路土方，后施工排水土方计算。当原地面标高小于路基标高时，原地面标高至路基之间为道路回填，沟槽挖方、回填以原地面标高为准。

依据《建设工程工程量清单计价规范》GB 50500—2013、《市政工程工程量计算规范》GB 50857—2013、设计文件和工程招标文件编制道路、排水土石方工程工程量清单。

1. 计算道路路基土方工程量

(1) 道路纵断面图标高数据见表 7-8。

道路纵断面图标高数据表　　　　　　　　　　表 7-8

| 路面设计标高（m） | 515.820 | 516.120 | 516.420 | 517.200 | 517.020 | 517.320 |
| --- | --- | --- | --- | --- | --- | --- |
| 路基设计标高（m） | 515.070 | 515.370 | 515.670 | 515.970 | 516.270 | 516.570 |
| 原地面标高（m） | 515.360 | 515.420 | 516.830 | 516.720 | 517.300 | 519.390 |
| 桩号 | 04+00 | 04+20 | 04+40 | 04+60 | 04+80 | 05+00 |

(2) 道路路基土方工程量计算表（表 7-9）

道路路基土方工程量计算表　　　　　　　　　　表 7-9

| 桩号 | 桩间距离（m） | 挖（填）土深度（m） | 挖（填）土宽度（m） | 断面积（m²） | 平均断面积（m²） | 挖（填）土体积（m³） |
| --- | --- | --- | --- | --- | --- | --- |
| 04+00 |  | 0.290 | 49 | 14.21 |  |  |
|  | 20 |  |  |  | 8.330 | 166.60 |
| 04+20 |  | 0.050 | 49 | 2.45 |  |  |
|  | 20 |  |  |  | 29.645 | 592.90 |
| 04+40 |  | 1.160 | 49 | 56.84 |  |  |
|  | 20 |  |  |  | 58.555 | 1171.10 |
| 04+60 |  | 1.230 | 49 | 60.27 |  |  |
|  | 20 |  |  |  | 55.37 | 1107.40 |
| 04+80 |  | 1.030 | 49 | 50.47 |  |  |
|  | 20 |  |  |  | 94.325 | 1886.50 |
| 05+00 |  | 2.820 | 49 | 138.18 |  |  |
| 合计 |  |  |  |  |  | 4924.50 |

2. 计算挖树坑土方工程量

$(0.8×0.8×0.8)×90=46.08m^3$

3. 计算绿化分隔带、树坑填土工程量

[(5+2×3)×100×0.7]+[(0.8×0.8×0.8)×90]=816.08m³

**4. 计算余土弃置工程量**

4924.50(总体积)－46.08(树坑土方体积)＝4878.42m³(同路基土方挖方工程量)。

**5. 计算缺方工程量**

816.08m³（同绿化分隔带、树坑填土工程量）。

**6. 分部分项工程量清单汇总**

分部分项工程量清单汇总见表 7-10。

分部分项工程量清单　　　　　　　　　　表 7-10

工程名称：某路基土方工程　　　　　标段：　　　　第 1 页　共 1 页

| 序号 | 项目编码 | 项目名称 | 项目特征描述 | 计量单位 | 工程量 | 金额(元) | | |
|---|---|---|---|---|---|---|---|---|
| | | | | | | 综合单价 | 合价 | 其中：暂估价 |
| 1 | 040101001001 | 挖路基土方 | 1.土壤类别：三类土；2.挖土深度：按设计 | m³ | 4878.42 | | | |
| 2 | 040101003001 | 挖树坑土方 | 1.土壤类别：三类土；2.挖土深度：0.8m | m³ | 46.08 | | | |
| 3 | 040103001001 | 绿化分隔带、树坑填土 | 1.填方材料品种：耕植土；2.密实度：松填 | m³ | 816.08 | | | |
| 4 | 040103002001 | 余土弃置 | 1.废弃料种类：所挖方土(三类)；2.运距：3km | m³ | 4878.42 | | | |
| 5 | 040103001002 | 缺方内运 | 1.填方材料品种：耕植土(三类)；2.运距：2km | m³ | 816.08 | | | |
| | | 本页小计 | | | | | | |
| | | 合计 | | | | | | |

**7. 编制措施项目清单**

本工程措施项目确定为文明施工、安全施工、临时设施三个项目（表 7-11）。

措施项目清单　　　　　　　　　　表 7-11

工程名称：某路基土方工程　　　　　标段：　　　　第 1 页　共 1 页

| 序号 | 项目名称 | 计算基础 | 费率(%) | 金额(元) |
|---|---|---|---|---|
| 1 | 安全文明施工费 | | | |
| 2 | 夜间施工增加费 | | | |
| 3 | 二次搬运费 | | | |
| 4 | 冬雨季施工增加费 | | | |
| 5 | 大型机械设备进出场及安拆费 | | | |

续表

| 序号 | 项目名称 | 计算基础 | 费率(%) | 金额(元) |
|---|---|---|---|---|
| 6 | 施工排水 | | | |
| 7 | 施工降水 | | | |
| 8 | 地上、地下设施，建筑物的临时保护设施 | | | |
| 9 | 已完工程及设备保护 | | | |
| 10 | 各专业工程的措施项目 | | | |
| | 合　计 | | | |

注：本表适用于以"项"计价的措施项目。

8. 编制其他项目清单

本工程其他项目只有暂列金额 20000 元（表 7-12、表 7-13）。

**其他项目清单**　　　　　　　　　　　　　　　表 7-12

工程名称：某路基土方工程　　　　标段：　　　　　　第 1 页　共 1 页

| 序号 | 项目名称 | 计量单位 | 金额(元) | 备注 |
|---|---|---|---|---|
| 1 | 暂列金额 | | 20000 | 明细详见表 7-13 |
| 2 | 暂估价 | | — | |
| 2.1 | 材料暂估价 | | — | |
| 2.2 | 专业工程暂估价 | | — | |
| 3 | 计日工 | | | |
| 4 | 总承包服务费 | | | |
| | 合　计 | | | — |

注：材料暂估单价进入清单项目综合单价，此处不汇总。

**暂列金额明细表**　　　　　　　　　　　　　　　表 7-13

工程名称：某路基土方工程　　　　标段：　　　　　　第 1 页　共 1 页

| 序号 | 项目名称 | 计量单位 | 暂定金额(元) | 备注 |
|---|---|---|---|---|
| 1 | 暂列金额 | 项 | 20000 | |
| | 合　计 | | 20000 | — |

9. 规费、税金项目清单

本工程规费、税金项目清单见表 7-14。

**规费、税金项目清单**  表 7-14

工程名称：某路基土方工程　　　　标段：　　　　　第 1 页　共 1 页

| 序号 | 项目名称 | 计算基础 | 费率(%) | 金额(元) |
|---|---|---|---|---|
| 1 | 规费 | | | |
| 1.1 | 工程排污费 | | | |
| 1.2 | 社会保障费 | | | |
| (1) | 养老保险费 | | | |
| (2) | 失业保险费 | | | |
| (3) | 医疗保险费 | | | |
| (4) | 生育保险费 | | | |
| (5) | 工伤保险费 | | | |
| 1.3 | 住房公积金 | | | |
| 2 | 税金 | 分部分项工程费＋措施项目费＋其他项目费＋规费 | | |
| | 合　　计 | | | |

## 模块 7.3　土石方工程工程量清单报价编制

### 7.3.1　土石方工程工程量清单报价编制方法

（1）确定计价依据和方法，主要是确定采用企业定额或者采用消耗量定额及费用计算方法。

（2）按照施工图纸及其施工方案的具体做法，根据每个分部分项工程量清单项目所对应的工作内容范围，确定每个分部分项工程量清单项目的计价项目。

（3）按照计价项目和对应定额规定的工程量计算规则计算计价项目的工程量。

### 7.3.2　土石方工程计价工程量计算

1. 计价项目的确定

（1）施工方案

本工程要求封闭施工，现场已具备三通一平，需设施工便道解决交通运输。因地形复杂，土方工程量大，采用坑内机械挖土，辅助人工挖土的方法；挖土深度超过 1.5m 的地段放坡，放坡系数为 1∶2.5。所有挖方均弃置于 5km 外，所需绿化耕植土从 2km 处运入。本工程无预留金，所有材料由投标人自行采购。道路工程中的弯沉测试费列入措施项目清单，由企业自主报价。

（2）计价项目

计价项目为：机械挖路基土方、人工挖路基土方、人工挖树坑土方、人工填绿化分隔带耕植土、人工填树坑耕植土、土方机械外运、耕植土机械内运。

2. 计价项目的工程量计算

土石方工程计价项目的工程量按《市政工程消耗量定额》的规定计算。

道路土石方工程计价工程量计算见表 7-15。

**计价工程量计算表**　　　　　　　　　　　表 7-15

工程名称：基路基土方工程　　　　　　　　　　　第　页　共　页

| 序号 | 项目编码 | 定额编号 | 项目名称 | 单位 | 工程数量 | 计算式 |
|---|---|---|---|---|---|---|
| 1 | 040101001001 | 1-1-234 | 反铲挖掘机挖路基土方（三类土） | m³ | 4878.42 | 同清单工程量 |
| 2 | 040101003001 | 1-1-15 | 人工挖树坑土方（三类土） | m³ | 46.08 | 同清单工程量 |
| 3 | 040103001001 | 1-1-49 | 绿化分隔带、树坑人工松填土 | m³ | 816.08 | 同清单工程量 |
| 4 | 040103002001 | 1-1-303<br>1-1-304 | 自卸汽车余土弃置（3km） | m³ | 4878.42 | 同清单工程量 |
| 5 | 040103001002 | 1-1-303<br>1-1-304 | 回填土缺方内运（2km） | m³ | 816.08 | 同清单工程量 |
|  |  | 1-1-290 | 装载机装回填用土 | m³ | 816.08 | 同清单工程量 |

套用的计价定额见 6.3.1 节的市政土石方工程计价定额。

### 7.3.3 综合单价计算

根据表 7-15 和"6.3.1 市政土石方工程消耗量定额和计价定额"计算土石方工程综合单价。

1. 反铲挖掘机挖路基土方综合单价

反铲挖掘机挖路基土方综合单价分析表见表 7-16。

**反铲挖掘机挖路基土方综合单价分析表**　　　　表 7-16

工程名称：某路基工程　　　　标段：　　　　　　第　页　共　页

| 项目编码 | 040101001001 | 项目名称 | 挖路基土方 | 计量单位 | m³ |
|---|---|---|---|---|---|

| 综合单价组成明细 ||||||||||
|---|---|---|---|---|---|---|---|---|---|
| 定额编号 | 定额名称 | 定额单位 | 数量 | 单价 |||| 合价 ||||
|  |  |  |  | 人工费 | 材料费 | 机械费 | 管理费和利润 | 人工费 | 材料费 | 机械费 | 管理费和利润 |
| 1-1-234 | 挖掘机挖路基土方 | 100m³ | 0.01 | 360.00 |  | 2396.03 | 54.00 | 3.60 |  | 23.96 | 0.54 |
| 人工单价 |||| 小计 |||| 3.60 |  | 23.96 | 0.54 |
| 元/工日 |||| 未计价材料费 |||||||||
| 清单项目综合单价 |||||||| 28.1 ||||

| 材料费明细 | 主要材料名称、规格、型号 | 单位 | 数量 | 单价（元） | 合价（元） | 暂估单价（元） | 暂估合价（元） |
|---|---|---|---|---|---|---|---|
|  |  |  |  |  |  |  |  |
|  |  |  |  |  |  |  |  |
|  |  |  |  |  |  |  |  |
|  |  |  |  |  |  |  |  |
|  | 其他材料费 |  |  |  |  |  |  |
|  | 材料费小计 |  |  |  |  |  |  |

说明：管理费和利润＝人工费×15%。

## 2. 人工挖树坑土方综合单价

人工挖树坑土方综合单价分析表见表 7-17。

**人工挖树坑土方综合单价分析表**　　　　表 7-17

工程名称：某路基工程　　　　标段：　　　　第　页　共　页

| 项目编码 | 040101003001 | 项目名称 | 人工挖树坑土方 | 计量单位 | m³ |
|---|---|---|---|---|---|

| 综合单价组成明细 ||||||||||
|---|---|---|---|---|---|---|---|---|---|
| 定额编号 | 定额名称 | 定额单位 | 数量 | 单价 |||| 合价 |||
| ^ | ^ | ^ | ^ | 人工费 | 材料费 | 机械费 | 管理费和利润 | 人工费 | 材料费 | 机械费 | 管理费和利润 |
| 1-1-15 | 人工挖树坑土方 | 100m³ | 0.01 | 10103.76 | | | 1515.56 | 101.04 | | | 15.16 |
| | | | | | | | | 101.04 | | | 15.16 |

| 人工单价 | 小计 |
|---|---|
| 元/工日 | 未计价材料费 |
| 清单项目综合单价 | 116.20 |

| 材料费明细 | 主要材料名称、规格、型号 | 单位 | 数量 | 单价(元) | 合价(元) | 暂估单价(元) | 暂估合价(元) |
|---|---|---|---|---|---|---|---|
| | | | | | | | |
| | 其他材料费 | | | | | | |
| | 材料费小计 | | | | | | |

说明：管理费和利润＝人工费×15％。

3. 绿化分隔带、树坑填土综合单价

绿化分隔带、树坑填土综合单价分析表见表7-18。

绿化分隔带、树坑填土综合单价分析表　　　表7-18

工程名称：某路基工程　　　标段：　　　第　页　共　页

| 项目编码 | 040103001001 | 项目名称 | 绿化分隔带、树坑填土 | 计量单位 | m³ |
|---|---|---|---|---|---|

综合单价组成明细

| 定额编号 | 定额名称 | 定额单位 | 数量 | 单价 | | | | 合价 | | | |
|---|---|---|---|---|---|---|---|---|---|---|---|
| | | | | 人工费 | 材料费 | 机械费 | 管理费和利润 | 人工费 | 材料费 | 机械费 | 管理费和利润 |
| 1-1-49 | 绿化分隔带、树坑填土 | 100m³ | 0.01 | 1036.26 | | | 155.44 | 10.36 | | | 1.55 |
| 人工单价 | | 小计 | | | | | | 10.36 | | | 1.55 |
| 元/工日 | | 未计价材料费 | | | | | | | | | |
| | | 清单项目综合单价 | | | | | | 11.91 | | | |

| 材料费明细 | 主要材料名称、规格、型号 | 单位 | 数量 | 单价(元) | 合价(元) | 暂估单价(元) | 暂估合价(元) |
|---|---|---|---|---|---|---|---|
| | | | | | | | |
| | | | | | | | |
| | | | | | | | |
| | | | | | | | |
| | 其他材料费 | | | | | | |
| | 材料费小计 | | | | | | |

说明：管理费和利润＝人工费×15％。

**4. 余土弃运综合单价**

余土弃运综合单价分析表见表7-19。

**余土弃运综合单价分析表**　　表7-19

工程名称：某路基工程　　　　标段：　　　　　第　页　共　页

| 项目编码 | 040103002001 | 项目名称 | 余土弃运 | 计量单位 | m³ |
|---|---|---|---|---|---|

综合单价组成明细

| 定额编号 | 定额名称 | 定额单位 | 数量 | 单价 | | | | 合价 | | | |
|---|---|---|---|---|---|---|---|---|---|---|---|
| | | | | 人工费 | 材料费 | 机械费 | 管理费和利润 | 人工费 | 材料费 | 机械费 | 管理费和利润 |
| 1-1-303 | 余土弃运（1km） | 100m³ | 0.01 | | 31.20 | 4851.73 | 242.59 | | 0.31 | 48.52 | 2.43 |
| 1-1-304 | 余土弃运（增加2km） | 100m³ | 0.02 | | | 1340.10 | 67.01 | | | 26.80 | 1.34 |
| 人工单价 | | | 小计 | | | | | | 0.31 | 50.95 | 28.14 |
| 元/工日 | | | 未计价材料费 | | | | | | | | |
| | | | 清单项目综合单价 | | | | | | | 79.40 | |

| 材料费明细 | 主要材料名称、规格、型号 | 单位 | 数量 | 单价（元） | 合价（元） | 暂估单价（元） | 暂估合价（元） |
|---|---|---|---|---|---|---|---|
| | | | | | | | |
| | | | | | | | |
| | | | | | | | |
| | | | | | | | |
| | | | | | | | |
| | | | | | | | |
| | | | | | | | |
| | 其他材料费 | | | | | | |
| | 材料费小计 | | | | | | |

说明：管理费和利润＝人工费×15%（或只有机械费时，管理费和利润＝机械费×5%）。

5. 缺方内运综合单价

缺方内运综合单价分析表见表7-20。

缺方内运综合单价分析表　　　　　表7-20

工程名称：某路基工程　　　　　标段：　　　　　第　页　共　页

| 项目编码 | 040103001002 | 项目名称 | 缺方内运2km | 计量单位 | m³ |
|---|---|---|---|---|---|

综合单价组成明细

| 定额编号 | 定额名称 | 定额单位 | 数量 | 单价 | | | | 合价 | | | |
|---|---|---|---|---|---|---|---|---|---|---|---|
| | | | | 人工费 | 材料费 | 机械费 | 管理费和利润 | 人工费 | 材料费 | 机械费 | 管理费和利润 |
| 1-1-303 | 缺方内运（1km） | 100m³ | 0.01 | | 31.20 | 4851.73 | 242.59 | | 0.31 | 48.52 | 2.43 |
| 1-1-304 | 缺方内运（增加1km） | 100m³ | 0.01 | | | 1340.10 | 67.01 | | | 13.40 | 0.67 |
| 1-1-290 | 装载机装松填土 | 100m³ | 0.001 | 360.00 | | 1262.60 | 54.00 | 0.36 | | 1.26 | 0.05 |
| 人工单价 | | | 小计 | | | | | 0.36 | 0.31 | 63.18 | 3.15 |
| 元/工日 | | | 未计价材料费 | | | | | | | | |
| 清单项目综合单价 | | | | | | | | 67.00 | | | |

| 材料费明细 | 主要材料名称、规格、型号 | 单位 | 数量 | 单价（元） | 合价（元） | 暂估单价（元） | 暂估合价（元） |
|---|---|---|---|---|---|---|---|
| | | | | | | | |
| | | | | | | | |
| | | | | | | | |
| | | | | | | | |
| | | | | | | | |
| | | | | | | | |
| | 其他材料费 | | | | | | |
| | 材料费小计 | | | | | | |

说明：管理费和利润＝人工费×15％。

### 7.3.4 分部分项工程费计算

根据表 7-10、表 7-16～表 7-20 综合单价，计算分部分项工程费，见表 7-21。

**分部分项工程量清单与计价表**　　　　　　　　　　　　表 7-21

工程名称：某路基土方工程　　　　标段：　　　　　　第　页　共　页

| 序号 | 项目编码 | 项目名称 | 项目特征描述 | 计量单位 | 工程量 | 金额（元） | | |
|---|---|---|---|---|---|---|---|---|
| | | | | | | 综合单价 | 合价 | 其中：人工费 |
| 1 | 040101001001 | 挖路基土方 | 1. 土壤类别：三类<br>2. 挖土深度：按设计 | m³ | 4878.42 | 28.1 | 137083.60 | 17562.31 |
| 2 | 040101003001 | 挖树坑土方 | 1. 土壤类别：三类<br>2. 挖土深度：0.8m | m³ | 46.08 | 116.20 | 5354.50 | 4655.92 |
| 3 | 040103001001 | 绿化分隔带、树坑填土 | 1. 填方材料品种：耕植土<br>2. 密实度：松填 | m³ | 816.08 | 11.91 | 9719.51 | 8454.59 |
| 4 | 040103002001 | 余土弃运 | 1. 弃土料品种：所挖土（三类）<br>2. 运距：3km | m³ | 4878.42 | 79.40 | 387346.55 | |
| 5 | 040103001002 | 缺方内运 | 1. 填方材料品种：耕植土（三类）<br>2. 运距：2km | m³ | 816.08 | 67.00 | 54677.36 | 293.79 |
| | | | 本页小计 | | | | 594181.52 | 30966.61 |
| | | | 合计 | | | | 594181.52 | 30966.61 |

### 7.3.5 措施项目费计算

按某地区规定，安全文明施工费不参与竞争，按人工费的 20% 计算，见表 7-22。

**总价措施项目费清单与计价表**　　　　　　　　　　　　表 7-22

| 序号 | 项目名称 | 计算基础 | 费率（%） | 金额（元） |
|---|---|---|---|---|
| 1 | 安全文明施工费 | 人工费30966.61 | 20 | 6193.32 |
| 2 | 夜间施工增加费 | | | |
| 3 | 二次搬运费 | | | |
| 4 | 冬雨季施工增加费 | | | |
| | …… | | | |
| | | 合计 | | 6193.32 |

### 7.3.6 其他项目费计算

其他项目费按招标工程量清单中业主发布的暂列金额 20000.00 元计算，见表 7-23。

其他项目清单与计价表  表 7-23

| 序号 | 项目名称 | 计算单位 | 金额（元） | 备注 |
|---|---|---|---|---|
| 1 | 暂列金额 | 项 | 20000.00 | |
| 2 | | | | |
| 3 | | | | |
| | …… | | | |
| | 合计 | | 20000.00 | |

### 7.3.7 规费、税金计算

某地区规定社会保险费按人工费的 16% 计算，住房公积金按人工费的 6% 计算。增值税按税前造价的 9% 计算，见表 7-24。

规费、税金项目清单与计价表  表 7-24

| 序号 | 项目名称 | 计算基础 | 费率（%） | 金额（元） |
|---|---|---|---|---|
| 1 | 规费 | | | 6812.66 |
| 1.1 | 社会保险费 | 人工费 30966.61 | 16.0 | 4954.66 |
| 1.2 | 住房公积金 | 人工费 30966.61 | 6.0 | 1858.00 |
| 1.3 | 工程排污费 | 按工程所在地规定计算 | | |
| 2 | 税金 | 税前造价<br>594181.52+6193.32+20000.00<br>+6812.66=627187.50 | 9.0 | 56446.88 |
| | 合计 | | | 63259.54 |

### 7.3.8 土石方工程投标报价计算

土石方工程投标报价计算见表 7-25。

土石方工程投标报价计算表  表 7-25

| 序号 | 项目名称 | 金额（元） | 其中：暂估价（元） |
|---|---|---|---|
| 1 | 分部分项工程 | 594181.52 | |
| 1.1 | 土石方工程 | 594181.52 | |
| 1.2 | …… | | |
| 2 | 措施项目 | 6193.32 | |
| 2.1 | 安全文明施工费 | 6193.32 | |
| 3 | 其他项目 | 20000.00 | |
| 3.1 | 暂列金额 | 20000.00 | |
| 3.2 | 专业工程暂估价 | | |
| 3.3 | 计日工 | | |
| 4 | 规费 | 6812.66 | |
| 5 | 增值税税金 | 56446.88 | |
| | 投标报价小计（1+2+3+4+5） | 683634.38 | |

### 7.3.9 土石方工程投标报价

土石方工程投标报价封面见表 7-26。

土石方工程投标报价封面　　　　表 7-26

# 投 标 总 价

招　　标　　人：　××市重点建设办公室

工　程　名　称：　××路基土方工程

投标总价（小写）：　683634.38

（大写）：　陆拾捌万叁仟陆佰叁拾肆元叁角捌分

投　标　人：　××市政建设公司
　　　　　　　（单位盖章）

法定代表人
或其授权人：　×××
　　　　　　　（签字或盖章）

编　制　人：　×××
　　　　　　　（造价人员签字盖专用章）

编制时间：　××××年××月××日

**思考题与习题**

1. 土及岩石是如何分类的?
2. 简述人工挖土石方的施工工艺。
3. 简述人工填土的施工工艺。
4. 土石方工程工程量清单有哪些项目?
5. 如何挖沟槽土石方?
6. 如何挖基坑土石方?
7. 怎样计算余土弃置工程量?
8. 如何编制土方工程工程量清单?
9. 如何确定土方工程的计价项目?
10. 如何计算土石方工程的计价工程量?
11. 如何编制土石方工程的清单报价?

# 教学单元 8　道路工程工程量清单计价

**【课程思政】** 科技是第一生产力、人才是第一资源、创新是第一动力。要把技能人才作为第一资源来对待，特别是要将高技能人才纳入高层次人才进行统一培养。

展开中国地图，高速公路如纵横交错的"大动脉"，为经济发展挺起了骨骼：沪渝高速横跨东西，连接起长三角、武汉城市群和成渝都市圈，成为全国公路网中最繁忙的主干线之一；京港澳高速纵贯南北，串起华北、华中、华南及港澳地区，"十三五"前 4 年沿线地区 GDP 平均增速达 7.2%，高于同期全国平均水平。2020 年底，全国高速公路总里程 16.1 万 km，覆盖 99% 城区人口 20 万人以上的城市和地级行政中心。我国高速公路实现了跨越式发展，特别是党的十八大以来，党中央带领全党全国各族人民加快建设交通强国，建成了全球规模最大的高速公路网，为百姓便捷出行、物流高效流通铺就了坦途，为经济社会发展夯实了基础。

**【教学目标】** 通过对城市道路分类、道路平面图、道路工程基本组成、道路施工方法、《建设工程工程量清单计价规范》《市政工程工程量计算规范》等内容的学习，学生掌握道路工程工程量清单编制、道路工程分部分项工程费计算、措施项目费计算、其他项目费计算、规费和税金计算的方法和技能。

## 模块 8.1　道路工程基础知识

### 8.1.1　城市道路分类

1. 按路面力学性质分类

（1）柔性路面

柔性路面主要是指除水泥混凝土以外的各类基层和各类沥青面层、碎石面层等所组成的路面。其主要力学特点是，在行车荷载作用下弯沉变形较大，路面结构本身抗弯拉强度小，在重复荷载作用下产生累积残余变形。路面的破坏取决于荷载作用下所产生的极限垂直变形和弯拉应力，如沥青混凝土路面。

（2）刚性路面

刚性路面主要是指用水泥混凝土作为面层或基层的路面。其主要力学特点是，在行车荷载作用下产生板体作用，其抗弯拉强度和弹性模量较其他各种路面材料要大得多，故呈现出较大的刚性，路面荷载作用下所产生的弯沉变形较小。路面的破坏取决于荷载作用下所产生的疲劳弯拉应力，如水泥混凝土路面。

（3）半刚性路面

半刚性路面主要是指以沥青混合料作为面层，水硬性无机结合稳定类材料作为基层的路面。这种半刚性基层材料在前期的力学特性呈柔性,而后期趋于刚性,如水泥或石灰粉煤灰稳定粒料类基层的沥青路面。

2. 按交通功能分类

(1) 快速路

快速路是城市大容量、长距离、快速交通的通道,具有四条以上的车道。快速路对向车行道之间应设中央分隔带,其进出口应采用全立交或部分立交。

(2) 主干路

主干路是城市道路网的骨架,为连接各区的干路和外省市相通的交通干路,以交通功能为主。自行车交通量大时,应采用机动车与非机动车分隔形式。

(3) 次干路

次干路是城市的交通干路,以区域性交通功能为主,起集散交通的作用,兼有服务功能。

(4) 支路

支路是居住区及工业区或其他类地区通道,为连接次干路与街坊路的道路,解决局部地区交通,以服务功能为主。

3. 按道路平面及横向布置分类(图 8-1)

图 8-1 按道路平面及横向布置分类

(1) 单幅路

机动车与非机动车混合行驶。

(2) 双幅路

机动车与非机动车分流向混合行驶。

(3) 三幅路

机动车与非机动车分道行驶,非机动车分流向行驶。

4. 四幅路

机动车与非机动车分道、分流向行驶。

### 8.1.2　道路工程平面图

1. 道路工程平面图

道路在平面上的投影称为道路工程平面图。它是根据城市道路的使用任务、性质和交通量以及所经过地区的地形、地质等自然条件来决定城市道路的空间位置、线形与尺寸，按一定的比例绘制的带状路线图。

（1）图示主要内容

图示主要内容有指北针、房屋、桥梁、河流、已建道路、街坊里巷、洪道河堤、林带植树、高低压电力线、通信线和地面所见的各种地貌；地下各种隐蔽设施，如给水、排水、燃气、热力管道、地下电缆、地铁以及地下防空设施等；平面线形、路线桩号、转弯角及半径、平曲线和缓和曲线等。

（2）道路平面图在编制施工图预算中的主要作用

道路平面图提供了道路直线段长度、交叉口转弯角及半径、路幅宽度等数据，可用于计算道路各结构层的面积，并按各结构层的做法套用相应的预算定额。

2. 道路工程纵断面图

沿道路中心线方向剖切的截面为道路纵断面图，它反映了道路表面的起伏状况和路面以下的各种结构层。

（1）图示主要内容

道路工程纵断面图主要是利用距离和高程两个数据来表示，纵向表示高程，横向表示距离。道路工程纵断面图主要反映了直线、竖曲线、原地面高程、桩号设计路面高程、纵向坡度与距离。

（2）道路工程纵断面图在编制施工图预算中的主要作用

通过比较原地面标高和设计标高，反映路基的挖填方情况。当设计标高高于原地面标高时，路基为填方；当设计标高低于原地面标高时，路基为挖方。

3. 道路工程横断面图

垂直道路中心线方向剖切面的截面为道路横断面图。

（1）图示主要内容

道路工程横断面图反映了道路的横断面布置、形状、宽度和结构层等。

（2）道路工程横断面图在编制施工图预算中的主要作用

道路工程横断面图为路基土石方计算与路面各结构层计算提供了断面资料。

### 8.1.3　道路工程基本组成

道路是一种带状构筑物，主要承受汽车荷载的反复作用和经受各种自然因素的长期影响。路基、路面是道路工程的主要组成部分。路面按其组成的结构层次从下至上可分为垫层、基层和面层。

1. 路基

（1）路基的作用

路基是路面的基础，是用土石填筑或在原地面开挖而成的、按照路线位置和一定的技术要求修筑的、贯穿道路全线的道路主体结构。

（2）道路的基本形式

道路按填挖形式可分为路堤、路堑和半填半挖路基。高于天然地面的填方路基称为路堤，低于天然地面的挖方路基称为路堑，介于两者之间的路基称为半填半挖路基，如图 8-2 所示。

图 8-2 路基的形式

(3) 对路基的基本要求

路基是道路的重要组成部分，没有稳固的路基就没有稳固的路面。

路基应具有以下特点：

1) 具有合理的断面形式和尺寸

路基的断面形式和尺寸应与道路的功能要求、道路所经过地区的地形、地物、地质等情况相适应。

2) 具有足够的强度

路基在荷载作用下具有足够的抗变形破坏的能力。路基在行车荷载、路面自重和计算断面以上的路基土本身自重的作用下，会发生一定的形变，路基强度是指在上述荷载作用下所发生的变形，其不得超过允许的形变。

3) 具有足够的整体稳定性

路基是在原地面上填筑或挖筑而成的，它改变了原地面的天然平衡状态。在工程地质不良地区，修建路基可能加剧原地面的不平衡状态，有可能产生路基整体下滑、边坡塌陷、路基沉降等整体变形过大甚至破坏，即路基失去整体稳定性。因此，必须采取必要措施，保证其整体稳定性。

4) 具有足够的水温稳定性

路基在水温不利的情况下，不因其强度降低过大而影响道路的正常使用。路基在水温变化时，其强度变化小，则称水温稳定性好。

2. 路面

(1) 对路面结构的要求

路面是指在路基表面上用各种不同材料或混合料分层铺筑而成的一种层状结构物。路面应具有下列性能：

1) 具有足够的强度和刚度

强度是指路面结构及其各个组成部分都必须具有与行车荷载相适应的，使路面在车辆荷载作用下不致产生形变或破坏的能力。车辆行驶时，既对路面产生竖向压力，又使路面承受纵向水平力。由于发动机的机械振动和车辆悬挂系统的相对运动，路面还受到车辆振动力和冲击力的作用。在车轮后面还会产生真空吸力作用。在这些外力的综合作用下，路面会逐渐出现磨损、开裂、坑槽、沉陷和波浪等破坏，严重时甚至影响正常行驶。因此，路面应具有足够的强度。

刚度是指路面抵抗变形的能力。路面结构整体或某一部分的刚度不足时，即使强度足够，在车轮荷载的作用下也会产生过量的变形，而形成车辙、沉陷或波浪等破坏。因此，不仅要研究路面结构的应力和强度之间的关系，还要研究荷载与变形或应力与应变之间的关系，使整个路面结构及其各个组成部分的变形量控制在容许范围内。

2) 具有足够的稳定性

路面的稳定性是指路面保持其本身结构强度的性能，也就是指在外界各种因素影响下，路面强度的变化幅度。变化幅度越小，则稳定性越好。没有足够的稳定性，路面也会形成车辙、沉陷或波浪等破坏而影响通行和使用寿命。路面稳定性通常分为：水稳定性、干稳定性、温度稳定性。

3) 具有足够的耐久性

耐久性是指路面具有足够的抗疲劳强度、抗老化和抗形变积累能力。路面结构要承受行车荷载和冷热、干湿气候因素的反复作用，由此而逐渐产生疲劳破坏和塑性形变积累。另外，路面材料还可能由于老化衰老而导致破坏。这些都将缩短路面的使用年限，增加养护工作量。因此，路面应具有足够的稳定性。

4) 具有足够的平整度

路面平整度，是使用质量的一项重要指标。路面不平整，行车颠簸，前进阻力和振动冲击力都大，导致行车速度、舒适性和安全性大大降低，机件损坏严重，轮胎磨损和油料消耗都迅速增加。不平整的路面会积水，从而加速路面的破坏。所有这些都会降低路面的经济效益。因此，越是高级的路面，平整度要求也越高。

5) 具有足够的抗滑性

车辆行驶时，车轮与路面之间应具有足够的摩阻力，以保证行车的安全性。

6) 具有尽可能低的扬尘性

汽车在路面上行驶时，车轮后面所产生的真空吸力会将路面面层或其中的细料吸起而产生扬尘。扬尘不仅增加汽车机件磨损，影响环境和旅行舒适，而且恶化视距条件，容易酿成行车事故。因此，路面应具有尽可能低的扬尘性。

(2) 路面结构层

1) 垫层

垫层是设置在土基和基层之间的结构层。其主要功能是改善土基的温度和湿度状况，以保证路面层和基层的强度和稳定性，并不受冻胀翻浆的破坏作用。此外，垫层还能扩散由面层和基层传来的车轮荷载垂直作用力，减小土基的应力和变形，还能阻止路基土嵌入基层中，使基层结构不受影响。

修筑垫层的材料，强度不一定很高，但水稳定性和隔热性要好。常用的垫层有碎石垫层、砂砾石垫层等。

2) 基层

基层主要承受由面层传来的车辆荷载垂直力，并把它扩散到垫层和土基中。基层可分两层铺筑，其上层仍称为基层，下层则称为底基层。

基层应有足够的强度和刚度，基层应有平整的表面以保证面层厚度均匀，基层受大气的影响比较小，但因表层可能透水及地下水的侵入，要求基层有足够的水稳定性。常用的基层有石灰土基层、二灰稳定碎石基层、水泥稳定碎石基层、二灰土基层、粉煤灰三渣基层等。

3) 面层

面层是修筑在基层上的表面层次，保证汽车以一定的速度安全、舒适而经济地运行。面层是直接同行车和大气接触的表面层次，它承受行车荷载的垂直力、水平力和冲击力作用以及雨水和气温变化的不利影响。

面层应具备较高的结构强度、刚度和稳定性，而且应当耐磨、不透水，其表面还应有良好的抗滑性和平整度。常用的有水泥混凝土面层和沥青混凝土面层。

### 8.1.4 道路施工方法简介

1. 路基处理

（1）填筑粉煤灰路堤

码8-1
道路路基挖方

粉煤灰路堤是指利用发电厂排出的湿灰或调湿灰，全部或部分的替代土壤填筑的路堤。粉煤灰路堤具有自重轻、强度高、施工简便、施工受雨水影响小的优点。填筑粉煤灰等轻质路堤，可减轻路堤自重，减少路堤沉降及提高路堤的稳定安全系数。

粉煤灰路堤的施工程序为：放样、分层摊铺、碾压、清理场地。粉煤灰分层摊铺和碾压时，应先铺筑路堤两侧边坡护土，然后再铺中间粉煤灰，要做到及时摊铺，及时碾压，防止水分的蒸发和雨水的渗入。摊铺前，宜将粉煤灰含水量控制在最佳含水量的±10%范围内。每层压实厚度一般为20cm。

码8-2
路基填土方

（2）二灰填筑基层

二灰填筑基层一般按石灰与粉煤灰的重量比配合，含灰量可以按5%、8%、10%等比例配合。可采用人工、拖拉机、拌合机等进行拌合。可采用人工摊铺铲车配合、振动压路机碾压的方法施工。摊铺时应分层压实，一般20cm为一层，最后采用压路机碾压。

（3）原槽土掺灰

在路基土中，就地掺入一定数量的石灰，按照一定的技术要求，将拌匀的石灰土压实来改善路基土性质的方法称为原槽土掺灰。机械掺灰一般采用推土机推土、拖拉机拌合、压路机碾压的方法施工。

（4）间隔填土

间隔填土主要用于填土较厚的地段，作为湿软土基处理的一种方法。可采用一层透水性较好的材料、一层土的间隔填筑的施工方法，每层压实厚度一般为20cm左右。例如，道砟间隔填土（道砟∶土＝1∶2）和粉煤灰间隔填土（粉煤灰∶土＝1∶1和1∶2）等做法。

（5）袋装砂井

袋装砂井是用于软土地基处理的一种竖向排水体，一般采用导管打入法，即将导管打入土中预定深度，再将丙纶针织袋（比砂井深2m左右）放入孔中，然后边振动边灌砂直至装满为止，徐徐拔除套管，再在地基上铺设排水砂垫层，经填筑路堤，加载预压，促使软基土壤排水固结而加固。

袋装砂井直径一般为7～10cm，即能满足排除空隙水的要求。

袋装砂井的施工程序为：孔位放样、机具定位、设置桩尖、打拔钢套管、灌砂、补砂封口等。

（6）铺设土工布

铺设土工布等变形小、老化慢的抗拉柔性材料作为路堤的加筋体，可以减少路堤填筑后的地基不均匀沉降，提高地基承载能力，同时也不影响排水，大大增强路堤的整体性和稳定性。

土工布摊铺应垂直于道路中心线，搭接不得少于20cm，纵坡段搭接方式应似瓦鳞状，以利排水。铺设土工布必须顺直平整，紧贴土基表面，不得有皱折、起拱等现象。

（7）铺设排水板

塑料排水板是设置在软土地基中的竖向排水体，施工方便、简捷，效果较佳，是将带有孔道的板状物体插入土中形成竖向排水通道，缩短排水距离，加速地基固结。

塑料排水板的结构形式可分为多孔单一结构和复合结构。多孔单一结构由两块聚氯乙烯树脂组成，两板之间有若干个突起物相接触，而其间留有许多空隙，故透水性好。复合结构型塑料排水板内以聚氯乙烯或聚丙烯作为芯板，外面套上用涤纶类或丙烯类合成纤维制成的滤膜。

塑料排水板插设方式一般采用套管式，芯带在套管内随套管一起打入，随后将套管拔起，芯带留在其中。铺设排水板施工工序为：桩机定位、沉没套管、打至设计标高、提升套管、剪断塑料排水板。

此外，还可采用石灰桩等加固措施或采用碎石盲沟、明沟等排水措施来加固地基，排除湿软地基中的水分，改善路基性质。

2. 道路基层

道路基层包括砾石砂垫层、碎石垫层等和石灰土基层、二灰稳定碎石基层、水泥稳定碎石基层、二灰土基层、粉煤灰三渣基层等。

（1）砂砾石垫层

砂砾石垫层是设置在路基与基层之间的结构层，主要用于隔离毛细水上升浸入路面基层。设计厚度一般为15～30cm，若压实厚度大于20cm，应分层摊铺，分层碾压。

（2）碎石垫层

碎石垫层主要用于改善路基工作条件，也可作为整平旧路之用，适用于一般道路。

（3）石灰土基层

石灰土是由石灰和土按一定比例拌合而成的一种筑路材料。石灰含量一般为5％、8％、10％、12％等。

码8-3
水泥石灰土基层

（4）二灰稳定碎石基层

二灰稳定碎石是由粉煤灰、石灰和碎石按照一定比例拌合而成的一种筑路材料。例如，厂拌二灰（石灰∶粉煤灰＝20∶80）和道砟（50～70mm）。

（5）水泥稳定碎石基层

水泥稳定碎石是由水泥和碎石级配料经拌合、摊铺、振捣、压实、养护后形成的一种新型路基材料，特别在地下水位以下部位，强度能持续增长，从而延长道路的使用寿命。

水泥稳定碎石基层的施工工序为：放样、拌制、摊铺、振捣碾压、养护、清理。

码8-4
水泥稳定碎石基层

水泥稳定碎石基层每层的铺筑厚度不宜超过 15cm，超过 15cm 时应分层施工。因水泥稳定碎石在水泥初凝前必须终压成型，所以采用现场拌合，并采用支模后摊铺，摊铺完成后，用平板式振捣器振实再用轻型压路机初压、重型压力机终压的施工方法。

（6）二灰土基层

二灰土是由粉煤灰、石灰和土按照一定比例拌合而成的一种筑路材料。例如，厂拌二灰土（石灰：粉煤灰：土＝1：2：2）。

二灰土压实成型后能在常温和一定湿度条件下起水硬作用，逐渐形成板体。它的强度在较长时间内将随着龄期而增加，但不耐磨，因其初期承载能力小，在未铺筑其他基层、面层以前，不宜开放交通。二灰土的压实厚度以 10～20cm 为宜。

（7）粉煤灰三渣基层

粉煤灰三渣基层是由熟石灰、粉煤灰和碎石拌合而成，是一种具有水硬性和缓凝性特征的路面结构层材料。在一定的温度、湿度条件下碾压成型后，强度逐步增长形成板体，有一定的抗弯能力和良好的水稳性。例如，厂拌粉煤灰粗粒径三渣（厚度为 25cm、35cm、45cm 及每增减 1cm）和厂拌粉煤灰细粒径三渣即小三渣（厚度为 20cm、每增减 1cm）等。

### 8.1.5 道路面层

1. 沥青混凝土路面

沥青混凝土路面具有行车舒适、噪声低、施工期短、养护维修简便等特点，因此得到了广泛的应用。

码8-5
沥青路面铺设

沥青混凝土混合料是沥青和级配矿料按一定比例拌合而成的较密级配混合料，压实后称"沥青混凝土"。它是按密实级配原则构成沥青混合料的结构强度，是以沥青与矿料之间的粘结力为主，矿料的嵌挤力和内摩阻力为辅。

沥青混凝土混合料根据矿料最大粒径的不同，分为粗粒式、中粒式、细粒式。粗粒式定额基本厚度为 3～6cm，中粒式定额基本厚度为 3～6cm，细粒式定额基本厚度为 2～3cm。另外，还设置了每增加 1cm 或 0.5cm 的定额子目。

2. 沥青碎石面层

沥青碎石混合料是沥青和级配矿料按一定比例拌合而成空隙较大的混合料，压实后称"沥青碎石"。

3. 沥青透层

沥青透层用于非沥青类基层表面，增强与上层新铺沥青层的粘结性，减小基层的透水性。所以，沥青透层一般设置在沥青面层和粒料类基层或半刚性基层之间。

透层沥青宜采用慢凝的洒布型乳化沥青，也可采用中、慢凝液体石油沥青或煤沥青，稠度宜通过试洒确定。

沥青透层的施工工序为：清扫路面、浇透层油、清理。

4. 沥青封层

沥青封层是在面层或基层上修筑的沥青表处薄层，用于封闭表面空隙，防止水分侵入面层或基层，延续面层老化，改善路面外观。修筑在面层上的封层称为上封层，修筑在基层上的封层称为下封层。上封层及下封层可采用层铺法或拌合法施工的单层式沥青表面处治，也可采用乳化沥青稀浆封层。

5．混凝土面层

（1）水泥混凝土

水泥混凝土面层是一种选用水泥、粗细集料和水，按一定的比例均匀拌制而成的混合料，经摊铺、振实、整平、硬化后而成的一种路面面层。其适用于各种交通的道路。水泥混凝土也可简称为"混凝土"。

（2）水泥混凝土路面施工

1）施工放样

施工前根据设计要求利用水稳层施工时设置的临时桩点进行测量放样，确定板块位置和做好板块划分，并进行定位控制，在车行道各转角点位置设控制桩，以便随时检查复测。

2）支模

根据混凝土板纵横高程进行支模，模板采用相对应的高钢模板。由于是在水泥稳定碎石层上支模，为便于操作，先用电锤在水泥稳定碎石层上钻孔，孔眼直径与深度略小于支撑钢筋及支撑深度。支模前根据纵横缝传力杆、拉力杆设置要求对钢模进行钻孔、编号，并严格按编号顺序支模，孔眼大小略大于设计传力杆、拉力杆直径。安装时将钢模垫至设计标高，钢模与水泥稳定砂石层间隙用细石混凝土填灌，以免漏浆。模板支好后进行标高复测，并检查是否牢固，水泥混凝土浇筑前刷隔离剂。

3）混凝土搅拌、运输

混凝土采用现场集中搅拌的混凝土，提前按照设计要求进行试验配合比设计，要求搅拌时严格按试验室提供的配合比准确下料。混凝土采用混凝土运输车辆运送。

4）钢筋制作安放

钢筋统一在场外按设计要求加工制作后运至现场，在水泥混凝土浇筑前安放。

① 自由板边缘钢筋安放

自由板边缘钢筋安放，离板边缘不少于5cm，用预制混凝土垫块垫托，垫块厚度为4cm，垫块间距不大于80cm，两根钢筋安放间距不少于10cm。在浇筑混凝土过程中，钢筋中间保持平直，不变形挠曲，并防止移位。

② 角隅钢筋安放

当混凝土浇筑振实至与设计厚度差5cm时安放角隅钢筋，距胀缝和板边缘各为10cm，平铺就位后继续浇筑，振捣上部混凝土。

③ 检查井、雨水口防裂钢筋安放同自由板边缘钢筋。

5）混凝土摊铺、振捣

钢筋安放就位后即进行混凝土摊铺，摊铺前刷隔离剂，摊铺时保护钢筋不产生移动或错位。即混凝土铺筑到厚度一半后，先采用平板式振动器振捣一遍，等初步整平后再用平板式振动器振捣一遍。振捣时，振动器沿纵向一行一行地由路边向路中移动，每次移动平板时前后位置的搭头重叠面为 20cm 左右（约为 1/3 平板宽度），不漏振。振动器在每一位置的振动时间一般为 15~25s，不得过久，以振至混凝土混合料泛浆，不明显下降、不冒气泡，表面均匀为度。凡振不到的地方如模板边缘、进水口附近等，均改用插入式振动器振捣，振动时将振动棒垂直上下缓慢抽动，每次移动间距不大于作用半径的 1.5 倍。插入式振动器与模板的间距一般为 10cm 左右。插入式振动器不在传力杆上振捣，以免损坏邻板边缘混凝土。经平板振动器整平后的混凝土表面，基本平整，无明显的凹凸痕迹。然后用振动夯样板振实整平。振动夯样板在振捣时其两端搁在两侧纵向模板上，或搁在已浇好的两侧水泥板上，作为控制路面标高的依据。振动夯样板自一端向另一端依次振动两遍。

6）抹面与压纹

混凝土板振捣后用抹光机对混凝土面进行抹光，再人工对混凝土面进行催光，最后一次要求细致，消灭砂眼，使混凝土板面符合平整度要求，催光后用排笔沿横坡方向轻轻拉毛，以扫平痕迹，然后用压纹机进行混凝土面压纹，为保证压痕深度均匀，控制好压纹作业时间，压纹时根据压纹机的尺寸，用角铁做靠尺，掌握人可以在其上面操作而靠尺不下陷、不沾污路面为原则。施工中要经常对靠尺的直顺度进行检查，发现偏差时及时更换。

7）拆模

拆模时小心谨慎，勿用大锤敲打以免碰伤边角，拆模时间掌握在混凝土终凝后 36~48h 以内，以避免过早拆模、损坏混凝土边角。

8）胀缝

胀缝板采用 2cm 厚沥青木板，两侧刷沥青各 1~2mm 厚，埋入路面，板高与路面高度一致。在填灌沥青玛琋脂前，将其上部刻除 4~5cm 厚度后再灌沥青玛琋脂。

9）切缝

缩缝采用混凝土切割机切割，深度为 5cm，割片厚度为 3mm，切割在拆模后进行。拆模时将缩缝位置标在水泥混凝土块上，如横向缩缝（不设传力杆）正好位于检查井及雨水口位置，重新调整缩缝位置，原则上控制在距井位 1.2m 以上。切割前要求画线，画线与已切割线对齐，以保证同一桩号位置的横缝直顺美观，切割时均匀用力，做到深度一致。

10）灌缝

胀缝、缩缝均灌注沥青胶泥，灌注前将缝内灰尘、杂物等清洗干净，待缝内完全干燥后再灌注。

11）养护

待道路混凝土终凝后进行覆盖草袋、洒水养护，养护期间不堆放重物，行人及车辆不在混凝土路面上通行。

（3）钢纤维混凝土面层

钢纤维混凝土是在混凝土中掺入一定量的钢纤维材料的新品种混凝土，它可以增强路面的强度和刚度。由于目前钢纤维混凝土的钢纤维含量还没有一个统一的标准，所以，在套用定额时应根据实际情况计算。

### 8.1.6 附属设施

附属设施包括：人行道基础、铺筑预制人行道、现浇人行道、排砌预制侧平石、现浇圆弧侧石、混凝土块砌边、小方石砌路边线、砖砌挡土墙及踏步、路名牌、升降窨井进水口及开关箱、调换窨井盖座盖板、调换进水口盖座侧石等。

码8-6
道路雨水口砌筑

1. 人行道基础

人行道基础包括现浇混凝土、级配三渣、级配碎石、道砟等项目。

2. 铺筑预制人行道

预制人行道板分为预制混凝土人行道板和彩色预制块两种。

3. 现浇人行道

现浇人行道包括人行道、斜坡和彩色人行道。

码8-7
道路人行道铺装

（1）现浇混凝土人行道和斜坡

现浇混凝土人行道和斜坡的施工程序为：放样、混凝土配制、运输、浇筑、抹平、养护、清理场地等。

（2）彩色混凝土人行道

彩色混凝土人行道是一种新型装饰铺面，是在面层混凝土处于初凝期间，洒铺上彩色强化料，成型后在混凝土表面形成色彩和图案的一种新型的施工工艺。彩色混凝土铺面按成型工艺可分为纸模和压模两种。纸模是在有一定韧性和抗水性的纸上预先做成各种图形，在混凝土浇筑后铺在其表面，以形成不同花纹和图案的一种成型工艺。压模是用具有各种图形的软性塑料组成的模具，压入混凝土面层表面，以形成各种仿天然的石纹和图案的一种成型工艺。

4. 排砌预制侧平石

其包括侧石、平石、侧平石、隔离带侧石、高侧平石、高侧石等项目。

码8-8
道路侧平石安装

（1）侧石和平石

侧石和平石可合并或单独使用。侧石、平石通常设置在沥青类路面边缘，平石铺在沥青路面与侧石之间形成街沟，侧石支护其外侧人行道或其他组成部分。水泥混凝土路面边缘通常仅设置侧石，同样可起到街沟的作用。侧石和平石一般采用水泥混凝土预制块。

其通用结构如图 8-3 和图 8-4 所示。

图 8-3　城市道路刚性面层侧石通用结构图（单位：cm）

图 8-4　城市道路柔性面层侧石通用结构图（单位：cm）

（2）高侧平石

高侧平石施工与普通预制侧平石基本相同，只是规格有所不同，高侧石的规格为 1000mm×400mm×120mm，普通预制侧石的规格为 1000mm×300mm×120mm。

5．路名牌

凡新辟道路应新装路名牌。凡原有道路拓宽、改建时，应先拆除路名牌，等工程结束后予以恢复。

### 8.1.7　工程量计算

1．土路基填、挖土方量计算

按道路设计横断面图进行计算，通常采用截面法及土方表进行计算。

2．铺设排水板按垂直长度以"m"计算

3．路幅宽按车行道、人行道和隔离道的宽度之和计算

4．道路基层及垫层铺筑按设计图示尺寸以面积计算

5．道路基层及垫层不扣除各种井位所占面积

6．道路面层铺筑面积计算

（1）按设计面积计算，即按道路设计长度乘以路面宽度，再加上道路交叉口转角面积。不扣除各类井位所占面积。

交叉口转角面积计算公式（指单个扇区）：

道路正交时路口转角面积 $F=0.2146R^2$（图 8-5）

道路斜交时路口转角面积 $F=R^2[\tan(\alpha/2)-0.00873\alpha]$（图 8-6）

（2）模板工程量按与混凝土接触面积以"$m^2$"计算。

7．附属设施

（1）人行道铺筑按设计图示尺寸以面积计算，不扣除各种井所占面积。

（2）侧石、平石按设计长度计算，不扣除侧向进水口长度。

图 8-5 道路正交　　图 8-6 道路斜交

## 模块 8.2　道路工程工程量清单编制

### 8.2.1　道路工程工程量清单编制

1. 道路工程工程量清单项目

道路工程工程量清单项目有路基处理、道路基层、道路面层、人行道及其他、交通管理设施共 5 节 80 个子目，其中路基处理 23 个子目、道路基层 16 个子目、道路面层 9 个子目、人行道及其他 8 个子目、交通管理设施 24 个子目。

2. 道路工程工程量清单计算规则

（1）路基处理

根据道路结构的类型、路线经过路段软土地基的土质、深度等因素，采用不同的处理方法时，其工程量计算规则是不同的。

采用预压地基、强夯地基、振冲密实（不填料）、土工合成材料处理路基，按照设计图示的尺寸，以"$m^2$"为单位计算工程量。

采用掺石灰、掺干土、掺石、抛石挤淤的方法处理路基，按照设计图示尺寸，以"$m^3$"为单位计算工程量。

采用排水沟、截水沟、盲沟、袋装砂井、塑料排水板、水泥粉煤灰碎石桩、深层水泥搅拌桩、高压水泥旋喷桩、石灰桩、灰土（土）挤密桩、柱锤冲扩桩、喷粉桩排除地表水、地下水或提高软土承载力的方法处理路基，按照设计图示尺寸，以"m"为单位计算工程量。

采用振冲桩（填料）、砂石桩、地基注浆的方法处理地基，以"m"或"$m^3$"为单位计算工程量。采用褥垫层的方法处理地基以"$m^2$"或"$m^3$"为单位计算工程量。

（2）道路基层、面层

道路基层（包括垫层）、面层结构，虽然类型较多，但均为层状结构，所以工程量计算较为简单，一般按设计图示尺寸以"$m^2$"为单位计算工程量，不扣除各种井所占的面积。

（3）人行道及其他

清单项目中的人行道及其他,主要指道路工程的附属结构,其工程量计算规则的规定如下:

人行道整形碾压、人行道块料铺设、现浇混凝土人行道及进口坡,均按设计图示尺寸,以"m²"为单位计算,不扣除各种井所占的面积。

安砌侧(平、缘)石、现浇侧(平、缘)石、预制电缆沟铺设均按设计图示中心线长度,以"m"为单位计算工程量。

检查井升降,按设计图示路面标高与原检查井发生正负高差的检查井的数量,以"座"为单位计算。

树池砌筑,按设计图示数量,以"个"为单位计算。

### 8.2.2 道路工程工程量清单编制实例

1. 计算条件和情况

××道路工程路面结构为两层式石油沥青混凝土路面,路段长 700m,路面宽度 14m,基层宽度 14.5m,石灰基层的厚为 20cm,石灰剂量为 8%。沥青路面分两层,上层是细粒式沥青混凝土 3cm 厚,下层为中粒式沥青混凝土 6cm 厚。根据上述条件和清单计价规范编制该项目的分部分项工程量清单。

根据开工路段需要维持正常交通车辆通行的情况,应设置现场施工防护围栏。另外根据招标文件的规定应计算文明施工、安全施工的费用。

招标文件规定了暂列金额 80000 元。

2. 分部分项工程量清单编制

(1) 确定分部分项工程量清单项目

根据××道路路面工程的条件和《市政工程工程量计算规范》列出的项目见表 8-1。

××路面工程分部分项工程量清单列项　　表 8-1

| 序号 | 项目编码 | 项目名称 | 项目特征 | 计量单位 | 备注 |
|---|---|---|---|---|---|
| 1 | 040201004001 | 石灰稳定土基层 | 1. 厚度:20cm;<br>2. 含灰量:8% | m² | |
| 2 | 040203006001 | 沥青混凝土面层 | 1. 沥青混凝土品种:AC20 中粒式沥青混凝土;<br>2. 石料最大粒径:20mm;<br>3. 厚度:60mm | m² | |
| 3 | 040203006002 | 沥青混凝土面层 | 1. 沥青混凝土品种:AC15 细粒式沥青混凝土;<br>2. 石料最大粒径:5mm;<br>3. 厚度:30mm | m² | |

(2) 清单工程量计算

根据前面的计算条件,计算路面工程的清单工程量。

① 石灰稳定土基层

$$S = 14.5 \times 700.0 = 10150 \text{m}^2$$

② 中粒式沥青混凝土面层

$$S = 14.0 \times 700.0 = 9800 \text{m}^2$$

③ 细粒式沥青混凝土面层
$$S = 14.0 \times 700.0 = 9800 \mathrm{m}^2$$

（3）填写分部分项工程量清单

填好的分部分项工程量清单见表8-2。

（4）编制措施项目清单

根据上述条件和招标文件，编制总价措施项目清单，见表8-3。

（5）编制其他项目清单

根据上述条件和招标文件，编制其他项目清单。

分部分项工程量清单  表8-2

工程名称：××道路工程　　　　　标段：　　　　　第1页　共1页

| 序号 | 项目编码 | 项目名称 | 项目特征描述 | 计量单位 | 工程量 | 金额(元) | | |
|---|---|---|---|---|---|---|---|---|
| | | | | | | 综合单价 | 合价 | 其中：暂估价 |
| 1 | 040201004001 | 石灰稳定土基层 | 1. 厚度：20cm；<br>2. 含灰量：8% | m² | 10150 | | | |
| 2 | 040203006001 | 沥青混凝土面层 | 1. 沥青混凝土品种：AC20中粒式沥青混凝土；<br>2. 石料最大粒径：20cm；<br>3. 厚度：60cm | m² | 9800 | | | |
| 3 | 040203006002 | 沥青混凝土面层 | 1. 沥青混凝土品种：AC15细粒式沥青混凝土；<br>2. 石料最大粒径：5mm；<br>3. 厚度：30mm | m² | 9800 | | | |
| 本 页 小 计 | | | | | | | | |
| 合 计 | | | | | | | | |

总价措施项目清单　　　　　　　　　　　　表8-3

工程名称：××道路工程　　　　　标段：　　　　　第1页　共1页

| 序号 | 项目名称 | 计算基础 | 费率(%) | 金额(元) |
|---|---|---|---|---|
| 1 | 安全文明施工费 | | | |
| 2 | 夜间施工增加费 | | | |
| 3 | 二次搬运费 | | | |
| 4 | 冬雨季施工增加费 | | | |
| 5 | 大型机械设备进出场及安拆费 | | | |
| 6 | 施工排水 | | | |
| 7 | 施工降水 | | | |
| 8 | 地上、地下设施、建筑物的临时保护设施 | | | |
| 9 | 已完工程及设备保护 | | | |
| 10 | 各专业工程的措施项目 | | | |
| 合 计 | | | | |

注：本表适用于以"项"计价的措施项目。

## 模块8.3 道路工程工程量清单报价编制实例

### 8.3.1 路面工程计价工程量计算

根据上述条件、工程量清单、《建设工程工程量清单计价规范》《市政工程工程量计算规范》《市政工程消耗量定额》计算某路面工程计价工程量。

1. 石灰稳定土基层
$$S = 14.5 \times 700 = 10150 \text{m}^2$$

2. 中粒式沥青混凝土面层
$$S = 14 \times 700 = 9800 \text{m}^2$$

3. 细粒式沥青混凝土面层
$$S = 14 \times 700 = 9800 \text{m}^2$$

### 8.3.2 综合单价编制

根据表8-2和"6.3.2 市政道路工程消耗量定额与计价定额"编制道路工程综合单价。

1. 石灰稳定土基层综合单价编制

石灰稳定土基层综合单价分析见表8-4。

码8-9
综合单价编制

石灰稳定土基层综合单价分析表　　　　表8-4

工程名称：××道路工程　　　标段：　　　　　第　页　共　页

| 项目编码 | 040201001001 | | 项目名称 | | 石灰稳定土基层 | | 计量单位 | | m² | |
|---|---|---|---|---|---|---|---|---|---|---|
| 综合单价组成明细 | | | | | | | | | | |
| 定额编号 | 定额名称 | 定额单位 | 数量 | 单价 | | | | 合价 | | | |
| | | | | 人工费 | 材料费 | 机械费 | 管理费和利润 | 人工费 | 材料费 | 机械费 | 管理费和利润 |
| 2-2-3 | 石灰稳定土 | 100m² | 0.01 | 699.16 | 6218.84 | 357.79 | 932.83 | 6.99 | 62.19 | 3.58 | 9.33 |
| 人工单价 | | | 小计 | | | | | 62.19 | 6.99 | 3.58 | 9.33 |
| 元/工日 | | | 未计价材料费 | | | | | | | | |
| 清单项目综合单价 | | | | | | | | 82.09 | | | |
| 材料费明细 | 主要材料名称、规格、型号 | | | | 单位 | 数量 | 单价(元) | 合价(元) | 暂估单价(元) | 暂估合价(元) |
| | 水 | | | | m³ | 0.0336 | 2.60 | 0.09 | | |
| | 生石灰 | | | | t | 0.03399 | 1800.00 | 61.18 | | |
| | | | | | | | | | | |
| | | | | | | | | | | |
| | | | | | | | | | | |
| | | | | | | | | | | |
| | 其他材料费 | | | | | | | 0.92 | | |
| | 材料费小计 | | | | | | | 62.19 | | |

说明：管理费和利润=人工费×15%。

## 2. 中粒式沥青混凝土面层综合单价编制

中粒式沥青混凝土面层综合单价分析见表8-5。

中粒式沥青混凝土面层综合单价分析表　　　　　表8-5

工程名称：××道路工程　　　　标段：　　　　第　页　共　页

| 项目编码 | 040203006001 | | 项目名称 | 中粒式沥青混凝土面层 | 计量单位 | | $m^2$ | |
|---|---|---|---|---|---|---|---|---|

综合单价组成明细

| 定额编号 | 定额名称 | 定额单位 | 数量 | 单价 | | | | 合价 | | | |
|---|---|---|---|---|---|---|---|---|---|---|---|
| | | | | 人工费 | 材料费 | 机械费 | 管理费和利润 | 人工费 | 材料费 | 机械费 | 管理费和利润 |
| 2-2-35 | 中粒式沥青混凝土面层40厚 | 100m² | 0.01 | 192.32 | 4359.61 | 314.49 | 28.85 | 1.92 | 43.60 | 3.14 | 0.29 |
| 2-2-36 | 中粒式沥青混凝土面层加20厚 | 100m² | 0.01 | 48.08 | 1089.90 | 78.92 | 7.21 | 0.48 | 10.90 | 0.79 | 0.07 |
| 人工单价 | | | | 小计 | | | | 2.40 | 54.50 | 3.93 | 0.36 |
| 元/工日 | | | | 未计价材料费 | | | | | | | |
| 清单项目综合单价 | | | | | | | | 61.19 | | | |

| 材料费明细 | 主要材料名称、规格、型号 | 单位 | 数量 | 单价（元） | 合价（元） | 暂估单价（元） | 暂估合价（元） |
|---|---|---|---|---|---|---|---|
| | 中粒式混凝土 | m³ | 0.0505 | 1056.00 | 53.33 | | |
| | 柴油 | t | 0.000050 | 7235.00 | 0.36 | | |
| | 其他材料费 | | | | 0.81 | | |
| | 材料费小计 | | | | 54.50 | | |

说明：管理费和利润＝人工费×15％。

3. 细粒式沥青混凝土面层综合单价编制

细粒式沥青混凝土面层综合单价分析见表8-6。

**细粒式沥青混凝土面层综合单价分析表**　　　　表8-6

工程名称：××道路工程　　　　标段：　　　　第　页　共　页

| 项目编码 | 040203006002 | 项目名称 | 细粒式沥青混凝土面层 | 计量单位 | m² |
|---|---|---|---|---|---|

综合单价组成明细

| 定额编号 | 定额名称 | 定额单位 | 数量 | 单价 | | | | 合价 | | | |
|---|---|---|---|---|---|---|---|---|---|---|---|
| | | | | 人工费 | 材料费 | 机械费 | 管理费和利润 | 人工费 | 材料费 | 机械费 | 管理费和利润 |
| 2-2-3 | 细粒式沥青混凝土面层30mm厚 | 100m² | 0.01 | 235.84 | 3697.19 | 375.78 | 35.38 | 2.36 | 36.97 | 3.76 | 0.35 |
| 人工单价 | | 小计 | | | | | | 2.36 | 36.97 | 3.76 | 0.35 |
| 元/工日 | | 未计价材料费 | | | | | | | | | |
| 清单项目综合单价 | | | | | | | | 43.44 | | | |

| 材料费明细 | 主要材料名称、规格、型号 | 单位 | 数量 | 单价（元） | 合价（元） | 暂估单价（元） | 暂估合价（元） |
|---|---|---|---|---|---|---|---|
| | 细粒式混凝土 | m³ | 0.0303 | 1195.00 | 36.21 | | |
| | 柴油 | t | 0.00003 | 7235.00 | 0.22 | | |
| | 其他材料费 | | | | 0.55 | | |
| | 材料费小计 | | | | 36.98 | | |

说明：管理费和利润＝人工费×15％。

　　　表中材料费小计差0.01元是小数四舍五入的结果。

### 8.3.3 分部分项工程费计算

根据表 8-2 和表 8-4～表 8-6 计算道路工程分部分项工程费，见表 8-7。

**分部分项工程量清单与计价表**　　　　　　　　　　表 8-7

工程名称：××道路工程　　　　　标段：　　　　　　第　页　共　页

| 序号 | 项目编码 | 项目名称 | 项目特征描述 | 计量单位 | 工程量 | 综合单价 | 合价 | 其中：人工费 |
|---|---|---|---|---|---|---|---|---|
| 1 | 040201001001 | 石灰稳定土基层 | 1. 厚度：20cm；<br>2. 含灰量：8% | m² | 10150 | 82.09 | 833213.50 | 631228.50 |
| 2 | 040203006002 | 中粒式沥青混凝土面层 | 1. 沥青混凝土品种：AC20中粒式混凝土；<br>2. 石料最大粒径：20mm；<br>3. 厚度：60mm | m² | 9800 | 61.19 | 599662.00 | 23520.00 |
| 3 | 040203006002 | 细粒式沥青混凝土面层 | 1. 沥青混凝土品种：AC15中粒式混凝土；<br>2. 石料最大粒径：15mm；<br>3. 厚度：30mm | m² | 9800 | 43.44 | 425712.00 | 23128.00 |
| | | | | | | | | |
| | | | | | | | | |
| | | | | | | | | |
| | | | 本页小计 | | | | 1858587.50 | 677876.50 |
| | | | 合计 | | | | 1858587.50 | 677876.50 |

### 8.3.4 措施项目费计算

按某地区规定，安全文明施工费不参与竞争，按人工费的 20% 计算，见表 8-8。

**总价措施项目费清单与计价表**　　　　　　　　　　表 8-8

| 序号 | 项目名称 | 计算基础 | 费率（%） | 金额（元） |
|---|---|---|---|---|
| 1 | 安全文明施工费 | 人工费 677876.50 | 20 | 135575.30 |
| 2 | 夜间施工增加费 | | | |
| 3 | 二次搬运费 | | | |
| 4 | 冬雨季施工增加费 | | | |
| | …… | | | |
| | 合计 | | | 135575.30 |

### 8.3.5 其他项目费计算

其他项目费按招标工程量清单中业主发布的暂列金额 80000 元计算，见表 8-9。

其他项目清单与计价表　　　表 8-9

| 序号 | 项目名称 | 计算单位 | 金额（元） | 备注 |
|---|---|---|---|---|
| 1 | 暂列金额 | 项 | 80000 | |
| 2 | | | | |
| 3 | | | | |
| | …… | | | |
| | 合计 | | 80000 | |

### 8.3.6 规费、税金计算

某地区规定社会保险费按人工费的 16% 计算，住房公积金按人工费的 6% 计算。增值税按税前造价的 9% 计算，见表 8-10。

规费、税金项目清单与计价表　　　表 8-10

| 序号 | 项目名称 | 计算基础 | 费率（%） | 金额（元） |
|---|---|---|---|---|
| 1 | 规费 | | | 149132.83 |
| 1.1 | 社会保险费 | 人工费 135575.30 | 16.0 | 108460.24 |
| 1.2 | 住房公积金 | 人工费 135575.30 | 6.0 | 40672.59 |
| 1.3 | 工程排污费 | 按工程所在地规定计算 | | |
| 2 | 税金 | 税前造价<br>1858587.50＋135575.30＋80000.00<br>＋149132.83＝2223295.63 | 9.0 | 200096.61 |
| | 合计 | | | 349229.44 |

码 8-10
道路工程造价
计算

### 8.3.7 道路工程投标报价计算

道路工程投标报价计算见表 8-11。

道路工程投标报价计算表　　　表 8-11

| 序号 | 项目名称 | 金额（元） | 其中：暂估价（元） |
|---|---|---|---|
| 1 | 分部分项工程 | 1858587.50 | |
| 1.1 | 道路工程 | 1858587.50 | |
| 1.2 | …… | | |
| 2 | 措施项目 | 135575.30 | |
| 2.1 | 安全文明施工费 | 135575.30 | |
| 3 | 其他项目 | 80000.00 | |
| 3.1 | 暂列金额 | 80000.00 | |
| 3.2 | 专业工程暂估价 | | |
| 3.3 | 计日工 | | |
| 4 | 规费 | 149132.83 | |
| 5 | 增值税税金 | 200096.61 | |
| | 投标报价小计（1+2+3+4+5） | 2423392.24 | |

### 8.3.8 道路工程投标报价封面

道路工程投标报价封面见表 8-12。

道路工程投标报价封面　　　　　　　　　表 8-12

# 投 标 总 价

招　　标　　人：　　××市城市建设办公室　　

工　程　名　称：　　××道路工程　　

投标总价（小写）：　　2423392.24　　

（大写）：　贰佰肆拾贰万叁仟叁佰玖拾贰元贰角肆分

投　标　人：　　××市政工程公司　　
　　　　　　　　　（单位盖章）

法定代表人
或其授权人：　　×××　　
　　　　　　　　（签字或盖章）

编　制　人：　　×××　　
　　　　　（造价人员签字盖专用章）

编制时间：　　××××年××月××日

## 思考题与习题

1. 城市道路是如何分类的?
2. 道路有哪些基本形式?
3. 对路面结构有什么要求?
4. 处理路基的方法一般有几种?
5. 路面分为哪些种类?
6. 如何计算道路正交时路口转角面积?
7. 如何计算道路斜交时路口转角面积?
8. 常用的道路工程工程量清单项目有哪些?
9. 叙述道路工程工程量清单编制过程。
10. 叙述道路工程工程量清单报价编制过程。

# 教学单元 9　桥涵工程工程量清单计价

【课程思政】　港珠澳大桥东起我国香港国际机场附近的香港口岸人工岛，向西横跨南海伶仃洋水域接珠海和澳门人工岛，止于珠海洪湾立交；桥隧全长 55km，其中主桥 29.6km、香港口岸至珠澳口岸 41.6km；桥面为双向六车道高速公路，设计速度 100km/h；工程项目总投资额 1269 亿元，凝聚了包括造价工程师在内全体建设者的聪明才智。港珠澳大桥是世界上最长的跨海大桥，兼具世界上最长的沉管海底隧道，它将香港、澳门、珠海三地连为一体。港珠澳大桥的建设创下多项世界之最，体现了一个国家逢山开路、遇水架桥的奋斗精神，体现了我国的综合国力、自主创新能力，体现了勇创世界一流的民族志气。这是一座圆梦桥、同心桥、自信桥、复兴桥。

【教学目标】　通过对桥涵结构基本组成、桥涵工程的类型、《建设工程工程量清单计价规范》《市政工程工程量计算规范》等知识点和内容的学习，学生掌握桥涵分部分项工程量计算、措施项目工程量计算、桥涵分部分项工程费计算、措施项目费计算、其他项目费计算、规费和税金计算方法和技能。

## 模块 9.1　桥涵工程基础知识

道路路线遇到江河湖泊、山谷深沟以及其他线路（铁路或公路）等障碍时，为了保持道路的连续性，就需要建造专门的人工构筑物——桥涵来跨越障碍。

### 9.1.1　桥涵结构基本组成

图 9-1 和图 9-2 表示公路桥梁的概貌，从图中可见，桥梁一般由以下几部分组成。

图 9-1　桥梁的基本组成
1—主梁；2—桥面；3—桥墩；4—桥台；5—锥形护坡；6—基础；7—支座

1. 桥梁上部结构（也称桥跨结构）

桥梁上部结构由主要承重结构、桥面系和支座组成。

主要承重结构是在线路中断时跨越障碍的主要承重结构。

图 9-2 拱桥的基本组成

1—拱圈；2—拱上结构；3—桥墩；4—桥台；5—锥形护坡；6—拱轴线；7—拱顶；8—拱脚；9—基础

支座是指一座桥梁中在桥跨结构与桥墩或桥台的支承处所设置的传力装置，它不仅要传递很大的荷载，并且要保证桥跨结构能产生一定的变位。

桥面系包括桥面铺装和桥面板。桥面铺装用以防止车轮直接磨耗桥面板和分布轮重，桥面板用来承受局部荷载。

2. 桥梁下部结构

桥梁下部结构是指桥墩和桥台（包括基础）。

桥墩和桥台是支承桥跨结构并将恒载和车辆等活载传至地基的建筑物，通常设置在桥两端的称为桥台，它除了上述作用外，还与路堤相衔接，以抵御路堤土压力，防止路堤填土的滑坡和坍落，单孔桥没有中间桥墩。

基础是指桥墩和桥台中使全部荷载传至地基的底部奠基部分，它是确保桥梁能安全使用的关键，由于基础往往深埋于土层之中，并且需在水下施工，故是桥梁建筑中比较困难的一个部分。

3. 附属结构

附属结构包括锥形护坡、护岸、导流结构物。

在桥梁建筑工程中，河流中的水位是变动的。在枯水季节的最低水位称为低水位；洪峰季节河流中的最高水位称为高水位。桥梁设计中按规定的设计洪水频率计算的高水位，称为设计洪水位。

4. 与桥梁布置和结构有关的尺寸和术语

净跨径，对于梁式桥是设计洪水位上相邻两个桥墩（或桥台）之间的净距，用 $L_0$ 表示；对于拱式桥是每孔拱跨两个拱脚截面最低点之间的水平距离。

总跨径是多孔桥梁中各孔净跨径的总和，也称桥梁孔径，它反映了桥下宣泄洪水的能力。

计算跨径对于具有支座的桥梁，是指桥跨结构相邻两个支座中心之间的距离，用 $L_B$ 表示；对于拱式桥，是两相邻拱脚截面形心点之间的水平距离，桥跨结构的力学计算是以 $L_B$ 为基准的。

桥梁全长简称桥长，是桥梁两端两个桥台的侧墙或八字墙后端点之间的距离，以 $L_q$ 表示。

桥梁高度简称桥高，是指桥面与低水位之间的高差或为桥面与桥下线路路面之间的距离 $H_0$，桥高在某种程度上反映了桥梁施工的难易性。

桥下净空高度是设计洪水位或计算通航水位至桥跨结构最下缘之间的距离。它应保证能安全排洪，并不得小于对该河流通航所规定的净空高度。

建筑高度是桥上行车路面（或轨顶）标高至桥跨结构最下缘之间的距离，它不仅与桥跨结构的体系和跨径大小有关,而且还因行车部分在桥上布置的高度位置而异。道路(或铁路)定线中所确定的桥面(或轨顶)标高与通航净空顶部标高之差,称为容许建筑高度。显然,桥梁的建筑高度不得大于其允许建筑高度,否则就不能保证桥下的通航要求。

净矢高是拱顶截面下缘至相邻两拱脚截面下缘最低点之连线的垂直距离。

计算矢高是拱顶截面形心至相邻两拱脚截面形心之连线的垂直距离。

矢跨比是拱桥中拱圈(或拱肋)的计算矢高与计算跨径之比,也称拱矢度,它是反映拱桥受力特性的一个重要指标。

此外,我国《公路工程技术标准》JTG B01—2014 中规定,对标准设计或新建桥涵跨径在 50m 以下时,一般均应尽量采用标准跨径。对于梁式桥,它是指两相邻桥墩中线之间的距离,或墩中线至桥台台背前缘之间的距离;对于拱式桥,则是指净跨径。

### 9.1.2 桥涵工程的类型

由基本构件所组成的各种结构物,在力学上也可归结为梁式、拱式和悬吊式三种基本体系以及它们之间的各种组合。下面从受力特点、建桥材料、适用跨度、施工条件等方面来阐明各种桥梁的特点。

码9-1
市政道路箱涵

(1)梁式桥

梁式桥是一种在竖向荷载作用下无水平反力的结构(图 9-3)。

图 9-3 梁式桥

(2)拱式桥

拱式桥的主要承重结构是拱圈或拱肋,这种结构在竖向荷载作用下,桥墩或桥台将承受水平推力。这种水平推力将显著抵消荷载所引起在拱圈(或拱肋)内的弯矩作用。因此,与同跨径的梁相比,拱的弯矩和变形要小得多。拱桥的跨越能力较大,外形也较美观,在条件许可的情况下,修建拱桥往往是经济合理的(图 9-4)。

码9-2
桥梁分段式建造

图 9-4 拱式桥

(3) 刚架桥

刚架桥的主要承重结构是梁或板和立柱或竖墙整体结合在一起的刚架结构，梁和柱的连接处具有很大的刚性，在竖向荷载作用下，梁部主要受弯，而在柱脚处也具有水平反力，其受力状态介于梁桥与拱桥之间。

(4) 吊桥

传统的吊桥（也称悬索桥）均用悬挂在两边塔架上的强大缆索作为主要承重结构，在竖向荷载作用下，通过吊杆使缆索承受很大的拉力，通常就需要在两岸桥台的后方修筑非常巨大的锚碇结构，吊桥也是具有水平反力（拉力）的结构。

(5) 组合体系桥梁

1) 拱组合体系

拱组合体系利用梁的受弯与拱的承压特点组合而成。

2) 斜拉桥

斜拉桥由斜索、塔柱和主梁所组成，用高强钢材制成的斜索将主梁多点吊起，并将主梁的恒载和车辆荷载传至塔柱，再通过塔柱基础传至地基。这样，跨度较大的主梁就像一根多点弹性支承（吊起）的连续梁一样工作，从而可使主梁尺寸大大减小，结构自重显著减轻，既节省了结构材料，又大幅度地增大桥梁的跨越能力。

## 模块 9.2 桥涵工程工程量清单编制

桥涵工程分部分项工程量清单，应根据《市政工程工程量计算规范》附录"桥涵工程"规定的统一项目编码、项目名称、计量单位和工程量计算规则编制。

### 9.2.1 列项编码

桥涵工程的列项编码，应依据《市政工程工程量计算规范》和招标文件的有关要求及桥涵工程施工图设计文件和施工现场条件等综合因素确定。

1. 审读图纸

桥涵工程施工图一般由桥涵平面布置图、桥涵结构总体布置图、桥涵上下部结构图及钢筋布置图、桥面系构造图、附属工程结构设计图组成。工程量清单编制者必须认真阅读全套施工图，了解工程的总体情况，明确各结构部分的详细构造，掌握基础资料。

(1) 桥涵平面布置图，表达桥涵的中心轴线线形、里程、结构宽度、桥涵附近的地形地物等情况。其为编制工程量清单时确定工程的施工范围提供依据。

(2) 桥涵结构总体布置图中，立面图表达桥涵的类型、孔数及跨径、桥涵高度及水位标高、桥涵两端与道路的连接情况等；剖面图表达桥涵上下部结构的形式以及桥涵横向的布置方式等。其主要为编制桥涵工程各分部分项工程量清单及措施项目提供根据。

(3) 桥涵上下部结构图及钢筋布置图中，上下部结构图表达桥涵的基础、墩台、上部的梁（拱或塔索）的类型；各部分结构的形状、尺寸、材质以及各部分的连接安装构造等。钢筋布置图表达钢筋的布置形式、种类及数量。其主要为桥涵桩基础、现浇混凝土、预制混凝土、砌筑、装饰的分部分项工程量清单编制提供依据。

（4）桥面系构造图，表达桥面铺装、人行道、栏杆、防撞栏、伸缩缝、防水排水系统、隔声构造等的结构形式、尺寸及各部分的连接安装。其主要为编制桥涵工程的现浇混凝土、预制混凝土、其他分部分项工程量清单提供根据。

（5）附属工程结构设计图，主要包括跨越河流的桥涵或城市立交桥梁修建的河流护岸、河床铺砌、导流堤、护坡、挡墙等配套工程项目。

2. 列项编码

列项编码就是在熟读施工图的基础上，对照《市政工程工程量计算规范》中各分部分项清单项目的名称、特征、工程内容，将拟建的桥涵工程结构进行合理的分类组合，编排列出一个个相对独立的与各清单项目相对应的分部分项清单项目，经检查，符合不重不漏的前提，确定各分部分项的项目名称，同时予以正确的项目编码。

下面就列项编码的几个要点进行介绍：

（1）项目特征

项目特征是对形成工程项目实体价格因素的重要描述，项目特征给予清单编制人在确定具体项目名称、项目编码时明确的提示或指引。实际上，项目特征、项目编码、项目名称三者是互为影响的整体，无论哪一项变化，都会引起其他两项的改变。

（2）项目编码

项目编码应执行《市政工程工程量计算规范》4.2.2条规定："工程量清单项目编码应采用十二位阿拉伯数字表示，一至九位按附录的规定设置，十至十二位根据拟建工程的工程量清单项目名称和项目特征设置，同一招标工程的项目编码不得有重码"。

这里以桥梁桩基中常见的"预制钢筋混凝土方桩"为例，其统一的项目编码为"040301001"，项目特征包括：

1）地层情况；

2）送桩深度、桩长；

3）桩截面；

4）桩倾斜度；

5）混凝土强度。

若在同一座桥梁结构中，上述 5 个项目特征有一个发生改变，则工程量清单编制时应在后 3 位的排序编码予以区别。例如：某座桥梁的桥墩桩基设计为 C30 钢筋混凝土方桩，断面尺寸 30cm×40cm，混凝土碎石最大粒径 20mm，桥台桩基设计为 C30 钢筋混凝土方桩，断面尺寸 30cm×30cm，混凝土碎石最大粒径 10mm；均为垂直桩。由于桩的断面、部位、碎石粒径特征不同，故项目编码应分别为 040301001001 和 040301001002。

这就是说，相同名称的清单项目，项目的特征也应完全相同，若项目的特征要素的某项有改变，即应视为另一个清单项目，就需要有一个对应的项目编码。

其原因是特征要素的改变，就意味着形成该工程项目实体的施工过程和造价的改变。作为指引承包商投标报价的分部分项工程量清单，必须给出明确具体的清单项目名称和项目编码，以便在清单计价时不产生歧义，在综合单价分析时体现科学合理。

（3）项目名称

具体项目名称，应按照《市政工程工程量计算规范》中的项目名称结合实际工程的项目特征要素综合确定。如上例中编码为 040301001002 的钢筋混凝土方桩，具体的项目名称可表达为"C30 钢筋混凝土方桩（桥台垂直桩，断面 30cm×30cm，碎石最大 10mm）"。具体名称的确定要符合桥涵工程设计、施工规范，也要照顾到桥涵工程专业方面的惯用表述。

（4）工程内容

工程内容是针对形成该分部分项清单项目实体的施工过程（或工序）所包含内容的描述，是列项编码时，对拟建桥涵工程编制的分部分项工程量清单项目，是与《市政工程工程量计算规范》附录各清单项目是否对应的对照依据，也是对已列出的清单项目，检查是否重列或漏列的重要依据。如上例中编码为 040301001002 的钢筋混凝土方桩，清单项目的工程内容为：

1）工作平台搭拆；

2）桩就位；

3）桩机移位；

4）沉桩；

5）接桩；

6）送桩。

上述 6 项工程内容包括了沉入桩施工的全部施工工艺过程，还包括了钢筋混凝土桩的预制、运输。不再另外列出桩的制作、运送、接桩等清单项目名称，否则就属于重列。

### 9.2.2 清单工程量计算

工程量清单编制要逐项计算清单项目工程量（简称"清单工程量"）。对于分部分项工程量清单项目而言，清单工程量的计算需要明确计算规则、计算单位，按照相应的计算方法准确计算。

（1）桩基

桥梁工程中的桩基类型较多，在《市政工程工程量计算规范》的清单项目名称中，按照桩身材质的不同分为混凝土桩、钢管桩，另外按照成孔方式的不同，又分为钢管成孔灌注、挖孔灌注桩、机械成孔灌注桩。

（2）现浇混凝土

现浇混凝土包括了桥梁结构中现浇施工的各分部分项工程清单项目，清单工程量的计算规则除"混凝土防撞护栏"按设计图示的尺寸以长度"m"计算，"桥面铺装"按设计图示的尺寸以面积"$m^2$"计算外，其余各项均按设计图示尺寸以体积"$m^3$"计算。其工作内容包括混凝土的制作、运输、浇筑、养护等全部内容。所有的脚手架、支架和模板均归入措施项目。

(3) 预制混凝土

各项清单工程量的计算规则为：按设计图示尺寸以体积"m³"计算，不扣除空心部分体积。

(4) 砌筑

各项清单工程量的计算规则为：按设计图示尺寸以体积"m³"计算。

(5) 挡墙

各项清单工程量的计算规则为：按设计图示的尺寸以体积"m³"计算。

(6) 立交箱涵

各项清单工程量的计算规则为：除"箱涵顶进"按设计图示尺寸以被顶箱涵的质量乘以箱涵的位移距离分节累计以"kt·m"计算，"箱涵接缝"按设计图示以止水带长度以"m"计算外，其余各项均按设计图示尺寸以体积"m³"计算。

(7) 钢结构中钢拉索、钢拉杆

各项清单工程量的计算规则为：按设计图示尺寸以质量"t"计算，其余各项均按设计图示尺寸以质量"t"计算（不含螺栓、焊缝质量）。此项工程量在组价时考虑。

(8) 装饰

各项清单工程量的计算规则为：按设计图示尺寸以面积"m²"计算。

(9) 其他

各项清单工程量的计算规则为：金属栏杆按设计图示尺寸以质量"t"或以"m"计算；橡胶支座、钢支座、盆式支座按设计图示数量以"个"计算；石质栏杆、混凝土栏杆、桥梁伸缩装置、桥面排（泄）水管按设计图示的尺寸以长度"m"计算；隔声屏障、防水层按设计图示尺寸以面积"m²"计算。

### 9.2.3 清单工程量计算示例

【例 9-1】 ××桥涵（见附录市政工程施工图），桥梁起点桩号为 K8+247.265。桥梁终点为 K8+272.735，河道与路中心斜交 70°，上部采用 20m 跨径预应力板简支梁，下部采用重力式桥台，钻孔灌注桩基础，其余见相关图纸，土石方工程和桥梁栏杆部分省略不计，请编制该桥梁工程的工程量清单。

【解】 (1) 审读图纸

从图纸可以知道桥的标准跨径为 20m，采用后张法预应力空心板，重力式桥台，下部为钻孔灌注桩基础，桩径为 100cm，桩长为 50m，共 48 根。台帽采用 C30 混凝土，台身采用 C25 混凝土，横断面由 2.75m 人行道—8.00m 辅道—4.5m 隔离带—12.5m 快车道—5.00m 的绿化带—12.5m 快车道—4.5m 隔离带—8.00m 辅道—2.75m 人行道组成。

(2) 列项编码

根据上述资料，对照《市政工程工程量计算规范》附录 C 桥涵工程、附录 J 钢筋工程清单项目设置规定列项编码。

(3) 计算清单工程量

按照施工图纸具体尺寸依据清单工程量计算规则计算，见表 9-1。

(4) 列出分部分项工程量清单

××桥涵分部分项工程量清单见表 9-2。

工程名称：××桥涵工程

清单工程量计算表

表 9-1

| 序号 | 项目编码 | 工程项目 | 件数 | 计算式 | | | | 单数量 | 单位 | 数量 |
| --- | --- | --- | --- | --- | --- | --- | --- | --- | --- | --- |
| | | | | 长 | 宽 | 高,厚 | | | | |
| 1 | 040301004001 | 机械成孔灌注桩桩径100cm | 48 | 50 | | | | 50 | m | 2400 |
| 2 | 040303002001 | 桥台混凝土基础 C15 | 2 | (61+2×0.3)/cos20° | 5.0+2×0.3 | 0.1 | | 36.7 | m³ | 73.40 |
| 3 | 040303003002 | 混凝土承台 | 2 | 61/cos20° | 5.0 | 1.5 | | 486.9 | m³ | 973.80 |
| 4 | 040303304001 | 混凝土台帽 | 2 | (1.05×0.4+0.5×0.96)×64.383+(1.05+0.45)/2×(8.513+13.302×2+8.259) | | | | 90.48 | m³ | 180.96 |
| 5 | 040303005001 | 混凝土台身 | 2 | {[(0.95+1.95)/2cos20°]×3.57+(1.5×1.5/2cos20°)}×60.5/cos20° | | | | 431.75 | m³ | 863.50 |
| 6 | 040304003001 | 混凝土空心板 C30 | 53+4 | 9.47×53+10.6×4 | | | | 544.31 | m³ | 544.31 |
| 7 | 040303019001 | 桥面铺装 | 1 | 25.47 | (12.5+8.0)×2/cos20° | | | 1112.29 | m² | 1112.29 |
| 8 | 040303020001 | 桥头搭板 C30 | 8+4 | 6.25<br>8.0 | 6.385<br>6.385 | 0.3<br>0.3 | | 11.97+15.32 | m³ | 157.04 |
| 9 | 040304005001 | 预制人行道板 C30 | 160 | 1.24 | 046 | 0.08 | | 0.046 | m³ | 7.36 |
| 10 | 040304005002 | 混凝土小型构件 地梁、侧石 C25 | 1 | 8.0+6.4 | 0.4 | 0.3 | | 14.4 | m³ | 14.40 |
| 11 | 040303021001 | 枕梁混凝土 C30 | 8+4 | 6.65<br>8.513 | 0.4 | 0.3 | | 0.8<br>1.02 | m³ | 10.48 |

分部分项工程量清单  表 9-2

工程名称：××桥涵工程　　　　　　　　　标段：

第　页 共　页

| 序号 | 项目编码 | 项目名称 | 项目特征描述 | 计量单位 | 工程量 | 金额(元) 综合单价 | 合价 | 其中：暂估价 |
|---|---|---|---|---|---|---|---|---|
| 1 | 040301004001 | 机械成孔灌注桩 | 1. 桩径:100cm；<br>2. 深度:50m；<br>3. 混凝土强度等级:C20 | m³ | 2400 | | | |
| 2 | 040303002001 | 桥台混凝土基础 | 1. 混凝土强度等级:C15；<br>2. 垫层:碎石 | m³ | 73.40 | | | |
| 3 | 040303003002 | 混凝土承台 | 1. 部位:灌注桩上；<br>2. 混凝土强度等级:C20 | m³ | 973.80 | | | |
| 4 | 040303004001 | 混凝土台帽 | 1. 部位:台身上；<br>2. 混凝土强度等级:C20 | m³ | 180.96 | | | |
| 5 | 040303005001 | 混凝土台身 | 1. 部位:承台上；<br>2. 混凝土强度等级:C20 | m³ | 863.50 | | | |
| 6 | 040304003001 | 混凝土空心板 | 1. 部位:桥面板；<br>2. 形式:方孔空心板；<br>3. 混凝土强度等级:C30 | m³ | 558.55 | | | |
| 7 | 040303019001 | 桥面铺装 | 1. 部位:桥面；<br>2. 形式:方孔空心板；<br>3. 沥青品种:石油沥青<br>4. 厚度:水泥混凝土80cm厚；细粒沥青混凝土30cm厚 | m² | 1112.29 | | | |
| 8 | 040303020001 | 桥头搭板 | 混凝土强度等级:C30 | m³ | 157.04 | | | |
| 9 | 040304005001 | 预制人行道板 | 1. 形状尺寸:460×1240×80；<br>2. 混凝土强度等级:C30 | m³ | 7.36 | | | |
| 10 | 040304005002 | 混凝土小型构件 | 构件种类:地梁、侧石 C25 | m³ | 14.40 | | | |
| 11 | 040303021001 | 枕梁混凝土 | 1. 部位:枕梁；<br>2. 混凝土强度等级:C30 | m³ | 10.48 | | | |
| | | | 本 页 小 计 | | | | | |
| | | | 合　　计 | | | | | |

#### 9.2.4 措施项目清单编制

桥涵工程的措施项目,应根据拟建工程的具体情况考虑。

(1) 跨越河流的桥涵,根据桥涵的规模大小、通航要求,可考虑水上工作平台、便桥、大型吊装设备等。

(2) 陆地立交桥涵,根据周围建筑物限制、已有道路分布状况,可考虑是否开挖支护、开通便道、指明加工(堆放)场地、原有管线保护等。

(3) 根据开工路段是否需要维持正常的交通车辆通行,可考虑设置防护围(墙)栏等临时结构。

(4) 根据桥涵上下部结构类型,可考虑特定的施工方法配套的措施项目等。

(5) 响应招标文件的文明施工、安全施工、环境保护的措施项目等。

《建设工程工程量清单计价规范》规定措施项目清单应参照规范要求根据拟建工程具体情况确定。××桥涵工程的拟计算的措施项目清单见表9-3。

**措施项目清单** 表9-3

工程名称:××桥涵工程　　　　标段:　　　　第1页 共1页

| 序号 | 项目名称 | 计算基础 | 费率(%) | 金额(元) |
|---|---|---|---|---|
| 1 | 安全文明施工费 | | | |
| 2 | 夜间施工增加费 | | | |
| 3 | 二次搬运费 | | | |
| 4 | 冬雨季施工增加费 | | | |
| 5 | 大型机械设备进出场及安拆费 | | | |
| 6 | 施工排水 | | | |
| 7 | 施工降水 | | | |
| 8 | 地上、地下设施、建筑物的临时保护设施 | | | |
| 9 | 已完工程及设备保护 | | | |
| 10 | 各专业工程的措施项目 | | | |
| | 合　计 | | | |

注:本表适用于以"项"计价的措施项目。

#### 9.2.5 其他项目清单

××桥涵工程的其他项目清单见表9-4、表9-5。

**其他项目清单** 表9-4

工程名称:××桥涵工程　　　　标段:　　　　第1页 共1页

| 序号 | 项目名称 | 计量单位 | 金额(元) | 备注 |
|---|---|---|---|---|
| 1 | 暂列金额 | | 250000 | 明细详见表9-5 |
| 2 | 暂估价 | | | |
| 2.1 | 材料暂估价 | | | |
| 2.2 | 专业工程暂估价 | | | |
| 3 | 计日工 | | | |
| 4 | 总承包服务费 | | | |
| | 合　计 | | | — |

注:材料暂估单价计入清单项目综合单价,此处不汇总。

**暂列金额明细表**　　　　　　　　　　　　　　　表 9-5

工程名称：××桥涵工程　　　　标段：　　　　　第　页　共　页

| 序号 | 项目名称 | 计量单位 | 暂定金额(元) | 备注 |
|---|---|---|---|---|
| 1 | 暂列金额 | 项 | 250000 | |
| | | | | |
| | 合　　计 | | 250000 | — |

### 9.2.6 规费、税金项目清单

××桥涵工程的规费、税金项目清单见表 9-6。

**规费、税金项目清单**　　　　　　　　　　　　　表 9-6

工程名称：××桥涵工程　　　　标段：　　　　　第 1 页　共 1 页

| 序号 | 项目名称 | 计算基础 | 费率(%) | 金额(元) |
|---|---|---|---|---|
| 1 | 规费 | | | |
| 1.1 | 工程排污费 | | | |
| 1.2 | 社会保障费 | | | |
| (1) | 养老保险费 | | | |
| (2) | 失业保险费 | | | |
| (3) | 医疗保险费 | | | |
| (4) | 生育保险费 | | | |
| (5) | 工伤保险费 | | | |
| 1.3 | 住房公积金 | | | |
| 2 | 税金 | 分部分项工程费＋措施项目费＋其他项目费＋规费 | | |
| | 合　　计 | | | |

## 模块 9.3　桥涵工程工程量清单报价编制

桥涵工程清单计价应响应招标文件的规定，完成工程量清单所列项目的全部费用，包括分部分项工程费、措施项目费和规费、税金。

### 9.3.1 计价工程量计算

**1. 计价工程量计算规则**

这里的计价工程量是指各分部分项工程分解细化列出的具体施工项目的工程量。对桥涵结构工程而言,该工程量的计算仍然以施工图纸为依据,并应遵守《市政工程消耗量定额》的工程量计算规则。

打桩工程计算长度均包括桩尖长度,不扣除桩尖虚体积,若是管桩则必须注意减去空心部分体积。如某一桥梁工程,需要打入 24 根 30cm×30cm×1600cm 钢筋混凝土桩,根据工程量计算规则,求得打桩工程量为:24×30×30×1600=34.56m³。

送桩工程量计算按不同桩材料、桩横断面面积、打桩机所在位置以送桩体积计算。陆上打桩时按原地面平均标高增加 1.0m 为界线,界线以下至设计桩顶标高之间的打桩实体积计算。支架上打桩,按当地施工期间的最高水位增加 0.5m 为界线,界线以下至设计桩顶标高之间的打桩实体积计算。船上打桩时,以施工期间的平均水位增加 1.0m 为界线,界线以下至设计桩顶标高之间的打桩实体积计算。

(1)钻孔灌注混凝土桩

1)灌注桩成孔工程量按照设计入土深度×设计桩截面积计算。

2)护筒埋设深度,如在设计和施工组织中没有明确规定时,陆地一般按 2m 计算,水中按 6m 计算。

3)泥浆制作按泥浆的体积计算。

4)灌注水下混凝土工程量按设计桩长增加 1.0m 乘以设计横断面面积计算。

(2)砌筑工程

砌筑工程量按设计砌体尺寸以体积计算,应当注意嵌入砌体中的钢管、沉降缝、伸缩缝以及单孔面积 0.3m² 以内的预留孔所占体积不予扣除。

(3)钢筋工程

钢筋工程应按照图纸设计数量进行计算,钢筋质量=钢筋每米质量×钢筋长度。钢筋长度包括弯钩长度,180°弯钩长 $6.25d$,135°弯钩长 $4.9d$,90°弯钩长 $3.5d$,$d$ 为钢筋直径。设计中没有包括施工用钢筋时,可以在结算时经建设单位签证后另行计算。锚具工程量按设计用量乘以定额规定的系数进行计算;计算管道压浆时不扣除钢筋体积。

(4)现浇混凝土工程

混凝土工程量按设计尺寸以实体积计算(不包括空心板、梁的空心体积),不扣除钢筋、铁件、预留压浆孔道和螺栓所占体积;模板工程量按接触混凝土的面积计算;现浇混凝土墙、板上单孔面积 0.3m² 以内的预留孔所占体积不予扣除,洞侧壁模板面积也不增加;单孔面积 0.3m² 以外的预留孔所占体积应予扣除,洞侧壁模板面积并入墙、板模板工程量内。

桥面混凝土铺装工程量,区别人行道、车行道,以铺装混凝土的体积计算。

(5) 预制混凝土工程

1) 计算预制桩工程量时按桩长度（包括桩尖长度）乘以桩截面面积计算。预制空心构件按设计尺寸扣除空心体积计算。

2) 模板工程量计算，除了灯柱、栏杆等小型构件按平面投影面积计算外，其余按模板接触混凝土面积计算，但非预应力构件不包括胎、地模，其面积应另外计算，空心板梁不再计算空心部分的模板工程量。

(6) 立交箱涵工程

箱涵滑板下的肋楞，其工程量并入滑板内计算；箱涵混凝土工程量，不扣除单孔面积 0.3m² 以内的预留孔洞体积。

(7) 安装工程

预制构件安装工程量均按构件混凝土实体积以"m³"计算。

(8) 临时工程

1) 搭拆打桩工作平台面积计算

① 桥梁打桩　　　　　$F=N_1F_1+N_2F_2$

每座桥台（桥墩）　$F_1=(5.5+A+2.5)\times(6.5+D)$

每条通道　　　　　$F_2=6.5\times[L-(6.5+D)]$

② 钻孔灌注桩　　　　$F=N_1F_1+N_2F_2$

每座桥台（桥墩）　$F_1=(A+6.5)\times(6.5+D)$

每条通道　　　　　$F_2=6.5\times[L-(6.5+D)]$

式中　$F$——工作平台总面积；

$F_1$——每座桥台（桥墩）工作平台面积；

$F_2$——桥台至桥墩间或桥墩至桥墩间通道工作平台面积；

$N_1$——桥台和桥墩总数量；

$N_2$——通道总数量；

$D$——两排桩之间距离（m）；

$L$——桥梁跨径或护岸的第一根桩中心至最后一根桩中心之间的距离（m）；

$A$——桥台（桥墩）每排桩的第一根桩中心至最后一根桩中心之间的距离（m）。

2) 凡台与墩或墩与墩之间不能连续施工时（如不能断航、断交通或拆迁工作不能配合），每个墩、台可计一次组装、拆卸柴油打桩架及设备运输费。

3) 桥涵拱盔、支架空间体积计算

① 桥涵拱盔体积按起拱线以上弓形侧面积乘以（桥宽+2m）计算；

② 桥涵支架体积为结构底至原地面（水上支架为水上支架平台顶面）平均标高乘以纵向距离再乘以（桥宽+2m）计算。

③ 装饰工程

计价工程量计算表

工程名称：××桥涵工程

表 9-7

| 序号 | 项目编码 | 项目名称 | 件数 | 计算式 长 | 计算式 宽 | 计算式 高,厚 | 单位 | 数量 |
|---|---|---|---|---|---|---|---|---|
| 1 | 040301004001 | 机械成孔灌注桩 | 48 | 50 | $\phi$100 | | m | 2400 |
| | 包含内容 | 钻、冲成孔 | 48 | 50 | $\phi$100 | | m | 2400 |
| | | 机械成孔灌注桩打桩平台 | 2 | $(5.36×11+6.5)×(6.5+3.0)+6.5×[17.98-(6.5+3)]$ | | | m² | 1353.98 |
| | | 水下混凝土 | 48 | $3.14×0.5²×(50+1)$ | | | m³ | 1921.68 |
| | | 凿除桩头 | 48 | $48×3.14×0.5²×1$ | | | m³ | 37.68 |
| 2 | 040303002001 | 桥台混凝土基础C20 | 2 | $(61+2×0.3)/\cos20°$ | $5.0+2×0.3$ | 0.1 | m³ | 73.40 |
| | 包含内容 | 桥台碎石垫层 | 2 | $(61+2×0.3)/\cos20°$ | $5.0+2×0.3$ | 0.3 | m³ | 220.20 |
| 3 | 040303003002 | 混凝土承台 | 2 | $61/\cos20°$ | 5.0 | 1.5 | m³ | 973.80 |
| 4 | 040303004001 | 混凝土台帽 | 2 | $(1.05×0.4+0.5×0.96)×64.383+(1.05+0.45)/2×(8.513+13.302×2+8.259)$ | | | m³ | 180.95 |
| 5 | 040303005001 | 混凝土台身 | 2 | $\{[(0.95+1.95)/2\cos20°]×3.57+(1.5×1.5/2\cos20°)\}×60.5/\cos20°$ | $5.0+2×0.3$ | 0.3 | m³ | 863.50 |
| 6 | 040304003001 | 混凝土空心板C30 | 53+4 | $9.47×53+10.6×4$ | 0.63 | 0.66 | m³ | 544.31 |
| | 包含内容 | 混凝土空心板C30 | 53+4 | 0.6 | | | m³ | 14.25 |
| 7 | 040303019001 | 沥青混凝土桥面铺装 | 1 | 25.47 | $(12.5+8.0)×2/\cos20°$ | | m² | 1112.29 |
| | 包含内容 | 混凝土桥面铺装 | 1 | 25.47 | $(12.5+8.0)×2/\cos20°$ | | m² | 1112.29 |
| 8 | 040303020001 | 桥头搭板C30 | 8+4 | 6.25 / 8.0 | 6.385 / 6.385 | 0.3 / 0.3 | m² | 157.04 |
| 9 | 040304005001 | 预制人行道板C30 | 160 | 1.24 | 0.46 | 0.08 | m³ | 7.36 |
| | 包含内容 | 安装人行道板 | 160 | 1.24 | 0.46 | 0.08 | m³ | 7.36 |
| 10 | 040304005002 | 混凝土小型构件地梁、侧石C30 | 1 | $8.6+4.0$ | 0.4 | 0.3 | m³ | 14.40 |
| 11 | 040303021001 | 枕梁混凝土C20 | 8+4 | 6.65 / 8.513 | 0.4 | 0.3 | m³ | 10.48 |

本工程除金属油漆以"t"计算，其余项目按装饰面积计算。

（9）构件运输

运距按场内运输范围（150m）内构件堆放中心至起吊点的距离计算，超出该范围按场外运输计算。

2. 计价工程量计算

××桥涵工程计价工程量计算见表9-7。

### 9.3.2 综合单价编制

综合单价的确定有多种方法，这里介绍采用《市政工程消耗量定额》的计算方法。综合单价中各费用均以不包含增值税可抵扣进项税额的单价计算。

所谓的综合定额分析计算综合单价，实质上就是分解细化桥涵工程量清单每个分部分项工程对应所采用的消耗量定额中包含哪些具体的定额子目工作内容，并对应地套用所采用的消耗量定额分析计算，然后将各子目费用组合汇总，形成综合单价。这一过程，实际上是先分解细化，后组合汇总的过程。分解的目的是便于合理套用所采用的消耗量定额，组合的结果是形成综合单价。

根据表9-7和"6.3.3市政桥涵工程消耗量定额和计价定额"编制道路工程综合单价。

某地区规定，管理费和利润按人工费的15％计算。

1. 钻机成孔灌注桩综合单价

钻机成孔灌注桩综合单价分析见表9-8。

**钻机成孔灌注桩综合单价分析表**　　　　　表9-8

工程名称：××桥涵工程　　　　标段：　　　　第　页　共　页

| 项目编码 | 040301004001 | 项目名称 | m³ | 计量单位 | m³ |
|---|---|---|---|---|---|

| 综合单价组成明细 ||||||||||
|---|---|---|---|---|---|---|---|---|---|---|
| 定额编号 | 定额名称 | 定额单位 | 数量 | 单价 |||| 合价 ||||
| | | | | 人工费 | 材料费 | 机械费 | 管理费和利润 | 人工费 | 材料费 | 机械费 | 管理费和利润 |
| 3-1-75 | 钻机成孔灌注桩 | m³ | 1.0000 | 95.83 | 8.27 | 57.89 | 14.37 | 95.83 | 8.27 | 57.89 | 14.37 |
| 3-1-4 | 水上工作平台 | m² | 0.5642 | 160.87 | 47.73 | 81.74 | 24.13 | 90.76 | 26.93 | 46.11 | 13.61 |
| 3-1-235 | 灌注桩混凝土 | m³ | 0.8007 | 83.28 | 551.07 | 41.19 | 12.49 | 66.68 | 441.24 | 32.98 | 10.00 |
| 3-1-68 | 凿桩头 | m³ | 0.0157 | 169.03 | | 130.18 | 25.35 | 2.65 | 0.00 | 2.04 | 0.40 |
| 人工单价 | | 小计 ||||| 255.92 | 476.44 | 139.02 | 38.38 |
| 元/工日 | | 未计价材料费 ||||| | | | |
| | | 清单项目综合单价 |||||| 909.77 ||||

续表

| | 主要材料名称、规格、型号 | 单位 | 数量 | 单价（元） | 合价（元） | 暂估单价（元） | 暂估合价（元） |
|---|---|---|---|---|---|---|---|
| 材料费明细 | 低合金钢焊条 E43 系列 | kg | 0.104 | 6.85 | 0.71 | | |
| | 钢护筒 | t | 0.0004 | 4800.00 | 1.92 | | |
| | 黏土 | m³ | 0.061 | 8.00 | 0.49 | | |
| | 水 | m³ | 1.98 | 2.60 | 5.15 | | |
| | 圆木桩 | m³ | 0.00569 | 2030.00 | 11.54 | | |
| | 板枋材 | m³ | 0.00469 | 2835.00 | 13.31 | | |
| | 型钢（综合） | kg | 0.31593 | 4.08 | 1.29 | | |
| | 六角螺栓 | kg | 0.04795 | 6.34 | 0.30 | | |
| | 圆钉 | kg | 0.00006 | 7.23 | 0.00 | | |
| | 铁件（综合） | kg | 0.09816 | 4.87 | 0.48 | | |
| | 铁丝 φ4.0～2.8 | kg | 0.00135 | 5.50 | 0.01 | | |
| | 预拌水下混凝土 C20 | m³ | 0.970448 | 452.31 | 438.94 | | |
| | 导管 | kg | 0.304266 | 4.82 | 1.47 | | |
| | 六角螺栓 | kg | 0.032829 | 6.34 | 0.21 | | |
| | 水 | m³ | 0.24021 | 2.60 | 0.62 | | |
| | | | | | | | |
| | 其他材料费 | | | | | | |
| | 材料费小计 | | | | 476.44 | | |

说明：管理费和利润＝人工费×15％。

2. 桥台混凝土基础综合单价

桥台混凝土基础综合单价见表 9-9。

**桥台混凝土基础综合单价分析表** 表 9-9

工程名称：××桥涵工程　　　　　标段：　　　　　第　页　共　页

| 项目编码 | 040303002001 | 项目名称 | 桥台混凝土基础 | 计量单位 | m³ |
|---|---|---|---|---|---|

| 综合单价组成明细 ||||||||||
|---|---|---|---|---|---|---|---|---|---|
| 定额编号 | 定额名称 | 定额单位 | 数量 | 单价 ||||合价 |||
| | | | | 人工费 | 材料费 | 机械费 | 管理费和利润 | 人工费 | 材料费 | 机械费 | 管理费和利润 |
| 3-3-1 | 桥台碎石垫层 | 10m³ | 0.1 | 690.30 | 1060.32 | | 103.545 | 69.03 | 106.03 | | 10.35 |
| 3-3-4 | 桥台混凝土基础 | 10m³ | 0.1 | 573.48 | 4176.93 | 288.77 | 86.022 | 57.35 | 417.69 | 28.88 | 8.60 |
| 人工单价 ||| 小计 |||| 126.38 | 523.72 | 28.88 | 18.95 |
| 元/工日 ||| 未计价材料费 |||| | | | |
| ||| 清单项目综合单价 |||| 697.93 ||||

续表

| 材料费明细 | 主要材料名称、规格、型号 | 单位 | 数量 | 单价（元） | 合价（元） | 暂估单价（元） | 暂估合价（元） |
|---|---|---|---|---|---|---|---|
| | 碎石 30-50 | m³ | 0.2516 | 89.00 | 22.39 | | |
| | 碎石 50-80 | m³ | 1.02 | 82.00 | 83.64 | | |
| | 预拌混凝土 C20 | m³ | 1.010 | 412.31 | 416.43 | | |
| | 无纺土工布 | m² | 0.1279 | 1.25 | 0.16 | | |
| | 电 | kW·h | 0.4457 | 1.50 | 0.67 | | |
| | 水 | m³ | 0.1659 | 2.60 | 0.43 | | |
| | 其他材料费 | | | | | | |
| | 材料费小计 | | | | 523.72 | | |

说明：管理费和利润＝人工费×15％。

3. 混凝土承台综合单价

混凝土承台综合单价见表 9-10。

**混凝土承台综合单价分析表**　　表 9-10

工程名称：××桥涵工程　　　　标段：　　　　第　页　共　页

| 项目编码 | 040303003002 | 项目名称 | 混凝土承台 | 计量单位 | m³ |
|---|---|---|---|---|---|

综合单价组成明细

| 定额编号 | 定额名称 | 定额单位 | 数量 | 单价 | | | | 合价 | | | |
|---|---|---|---|---|---|---|---|---|---|---|---|
| | | | | 人工费 | 材料费 | 机械费 | 管理费和利润 | 人工费 | 材料费 | 机械费 | 管理费和利润 |
| 3-3-6 | 混凝土承台 | 10m³ | 0.1 | 702.08 | 4989.33 | | 105.31 | 70.21 | 498.93 | | 10.53 |
| 人工单价 | | 小计 | | | | | | 70.21 | 498.93 | | 10.53 |
| 元/工日 | | 未计价材料费 | | | | | | | | | |
| | | 清单项目综合单价 | | | | | | 579.67 | | | |

| 材料费明细 | 主要材料名称、规格、型号 | 单位 | 数量 | 单价（元） | 合价（元） | 暂估单价（元） | 暂估合价（元） |
|---|---|---|---|---|---|---|---|
| | 预拌混凝土 C30 | m³ | 1.01 | 492.45 | 497.37 | | |
| | 无纺土工布 | m² | 0.1998 | 1.25 | 0.25 | | |
| | 电 | kW·h | 0.419 | 1.50 | 0.63 | | |
| | 水 | m³ | 0.2615 | 2.60 | 0.68 | | |
| | 其他材料费 | | | | | | |
| | 材料费小计 | | | | 498.93 | | |

说明：管理费和利润＝人工费×15％。

4. 混凝土台帽综合单价

混凝土台帽综合单价见表 9-11。

混凝土台帽综合单价分析表　　　　　表 9-11

工程名称：××桥涵工程　　　　标段：　　　　第　页　共　页

| 项目编码 | 040303004001 | 项目名称 | 混凝土台帽 | 计量单位 | $m^3$ |
|---|---|---|---|---|---|

| 综合单价组成明细 ||||||||||
|---|---|---|---|---|---|---|---|---|---|
| 定额编号 | 定额名称 | 定额单位 | 数量 | 单价 ||| 合价 |||
| | | | | 人工费 | 材料费 | 机械费 | 管理费和利润 | 人工费 | 材料费 | 机械费 | 管理费和利润 |
| 3-3-11 | 混凝土台帽 | 10$m^3$ | 0.1 | 849.12 | 4995.64 | | 127.37 | 84.91 | 499.56 | | 12.74 |
| | | | | | | | | | | | |
| | | | | | | | | | | | |
| 人工单价 | | 小　计 ||||| 84.91 | 499.56 | | 12.74 |
| 元/工日 | | 未计价材料费 |||||||||
| | | 清单项目综合单价 ||||||| 597.21 ||||

| 材料费明细 | 主要材料名称、规格、型号 | 单位 | 数量 | 单价（元） | 合价（元） | 暂估单价（元） | 暂估合价（元） |
|---|---|---|---|---|---|---|---|
| | 预拌混凝土 C30 | $m^3$ | 1.010 | 492.45 | 497.37 | | |
| | 无纺土工布 | $m^2$ | 0.2058 | 1.25 | 0.26 | | |
| | 电 | kW·h | 0.5638 | 1.50 | 0.85 | | |
| | 水 | $m^3$ | 0.4179 | 2.60 | 1.09 | | |
| | | | | | | | |
| | | | | | | | |
| | | | | | | | |
| | | | | | | | |
| | | | | | | | |
| | | | | | | | |
| | 其他材料费 | | | | | | |
| | 材料费小计 | | | | 499.57 | | |

说明：管理费和利润＝人工费×15％。

**5. 混凝土台身综合单价**

混凝土台身综合单价见表 9-12。

混凝土台身综合单价分析表  表 9-12

工程名称：××桥涵工程　　　　　标段：　　　　　　第　页　共　页

| 项目编码 | 040303005001 | 项目名称 | 混凝土台身 | 计量单位 | m³ |
|---|---|---|---|---|---|

综合单价组成明细

| 定额编号 | 定额名称 | 定额单位 | 数量 | 单价 | | | | 合价 | | | |
|---|---|---|---|---|---|---|---|---|---|---|---|
| | | | | 人工费 | 材料费 | 机械费 | 管理费和利润 | 人工费 | 材料费 | 机械费 | 管理费和利润 |
| 3-3-15 | 混凝土台身 | 10m³ | 0.1 | 821.98 | 4985.75 | | 123.30 | 82.20 | 498.58 | | 12.33 |
| | | | | | | | | | | | |
| | | | | | | | | | | | |
| 人工单价 | | | 小计 | | | | | 82.20 | 498.58 | | 12.33 |
| 元/工日 | | | 未计价材料费 | | | | | | | | |
| 清单项目综合单价 | | | | | | | | 593.11 | | | |

| 材料费明细 | 主要材料名称、规格、型号 | 单位 | 数量 | 单价（元） | 合价（元） | 暂估单价（元） | 暂估合价（元） |
|---|---|---|---|---|---|---|---|
| | 预拌混凝土 C30 | m³ | 1.010 | 492.45 | 497.37 | | |
| | 无纺土工布 | m² | 0.0405 | 1.25 | 0.05 | | |
| | 电 | kW·h | 0.5638 | 1.50 | 0.85 | | |
| | 水 | m³ | 0.1171 | 2.60 | 0.30 | | |
| | 其他材料费 | | | | | | |
| | 材料费小计 | | | | 498.57 | | |

说明：管理费和利润＝人工费×15%。

## 6. 混凝土空心板综合单价

混凝土空心板综合单价见表9-13。

**混凝土空心板综合单价分析表** 表9-13

工程名称：××桥涵工程　　　　标段：　　　　　　　第　页　共　页

| 项目编码 | 040304003001 | 项目名称 | 混凝土空心板 | 计量单位 | m³ |
|---|---|---|---|---|---|

综合单价组成明细

| 定额编号 | 定额名称 | 定额单位 | 数量 | 单价 人工费 | 单价 材料费 | 单价 机械费 | 单价 管理费和利润 | 合价 人工费 | 合价 材料费 | 合价 机械费 | 合价 管理费和利润 |
|---|---|---|---|---|---|---|---|---|---|---|---|
| 3-4-55 | 预制空心板 | 10m³ | 0.1 | 1149.54 | 5021.90 |  | 172.43 | 114.95 | 502.19 |  | 17.24 |
| 3-5-57 | 空心板安装 | 10m³ | 0.1 | 533.60 | 123.29 | 248.61 | 80.04 | 53.36 | 12.33 | 24.86 | 8.00 |
| 人工单价 |  | 小计 |  |  |  |  |  | 168.31 | 514.52 | 24.86 | 25.24 |
| 元/工日 |  | 未计价材料费 |  |  |  |  |  |  |  |  |  |
| 清单项目综合单价 |  |  |  |  |  |  |  | 732.93 |  |  |  |

| 材料费明细 | 主要材料名称、规格、型号 | 单位 | 数量 | 单价（元） | 合价（元） | 暂估单价（元） | 暂估合价（元） |
|---|---|---|---|---|---|---|---|
|  | 预拌混凝土C30 | m³ | 1.010 | 492.45 | 497.37 |  |  |
|  | 无纺土工布 | m² | 0.4927 | 1.25 | 0.62 |  |  |
|  | 电 | kW·h | 0.8686 | 1.50 | 1.30 |  |  |
|  | 水 | m³ | 1.1140 | 2.60 | 2.90 |  |  |
|  | 预拌砂浆 | m³ | 0.0400 | 308.22 | 12.33 |  |  |
|  | 其他材料费 |  |  |  |  |  |  |
|  | 材料费小计 |  |  |  | 514.52 |  |  |

说明：管理费和利润＝人工费×15％。

## 7. 混凝土桥面铺装综合单价

混凝土桥面铺装综合单价见表9-14。

**混凝土桥面铺装综合单价分析表**　　　　　　表9-14

工程名称：××桥涵工程　　　　　标段：　　　　　第 页 共 页

| 项目编码 | 040303019001 | 项目名称 | 桥面铺装 | 计量单位 | m² |
|---|---|---|---|---|---|

综合单价组成明细

| 定额编号 | 定额名称 | 定额单位 | 数量 | 单价 人工费 | 单价 材料费 | 单价 机械费 | 单价 管理费和利润 | 合价 人工费 | 合价 材料费 | 合价 机械费 | 合价 管理费和利润 |
|---|---|---|---|---|---|---|---|---|---|---|---|
| 2-3-35 | 沥青混凝土面4cm厚 | 100m² | 0.01 | 192.32 | 4929.59 | 314.49 | 28.85 | 1.92 | 49.30 | 3.14 | 0.29 |
| 3-3-66 | 混凝土桥面8cm厚 | 10m³ | 0.008 | 1514.04 | 5125.60 | | 227.11 | 12.11 | 41.00 | | 1.82 |
| 人工单价 | | | 小计 | | | | | 14.03 | 90.30 | 3.14 | 2.11 |
| 元/工日 | | | 未计价材料费 | | | | | | | | |
| | | | 清单项目综合单价 | | | | | 109.58 | | | |

| 材料费明细 | 主要材料名称、规格、型号 | 单位 | 数量 | 单价（元） | 合价（元） | 暂估单价（元） | 暂估合价（元） |
|---|---|---|---|---|---|---|---|
| | 中粒式沥青混凝土 | m³ | 0.04040 | 1195.00 | 48.28 | | |
| | 柴油 | t | 0.00004 | 7235.00 | 0.29 | | |
| | 预拌混凝土C30 | m³ | 10.100 | 492.45 | 39.79 | | |
| | 无纺土工布 | m² | 31.070 | 1.25 | 0.31 | | |
| | 型钢（综合） | kg | 1.000 | 4.08 | 0.03 | | |
| | 板枋材 | m³ | 0.019 | 2835.00 | 0.43 | | |
| | 隔离剂 | kg | 0.165 | 1.08 | 0.00 | | |
| | 水 | m³ | 15.000 | 2.60 | 0.31 | | |
| | 电 | kW·h | 9.428 | 1.50 | 0.11 | | |
| | 模板嵌缝料 | kg | 0.088 | 19.89 | 0.01 | | |
| | 其他材料费 | | | | 0.73 | | |
| | 材料费小计 | | | | 90.29 | | |

说明：管理费和利润＝人工费×15%。

8. 混凝土人行道板综合单价

混凝土人行道板综合单价见表9-15。

混凝土人行道板综合单价分析表　　　　　表 9-15

工程名称：××桥涵工程　　　　标段：　　　　第　页　共　页

| 项目编码 | 040304005001 | 项目名称 | 混凝土人行道板 | 计量单位 | m³ |
|---|---|---|---|---|---|

综合单价组成明细

| 定额编号 | 定额名称 | 定额单位 | 数量 | 单价 人工费 | 单价 材料费 | 单价 机械费 | 单价 管理费和利润 | 合价 人工费 | 合价 材料费 | 合价 机械费 | 合价 管理费和利润 |
|---|---|---|---|---|---|---|---|---|---|---|---|
| 3-4-52 | 预制混凝土板 | 10m³ | 0.1 | 1123.04 | 5010.14 | | 168.46 | 112.30 | 501.01 | | 16.85 |
| 3-5-54 | 板安装 | 10m³ | 0.1 | 647.98 | 129.45 | 259.49 | 97.20 | 64.80 | 12.95 | 25.95 | 9.72 |
| 人工单价 | | 小计 | | | | | | 177.10 | 513.96 | 25.95 | 26.57 |
| 元/工日 | | 未计价材料费 | | | | | | | | | |
| 清单项目综合单价 | | | | | | | | 743.58 | | | |

| 材料费明细 | 主要材料名称、规格、型号 | 单位 | 数量 | 单价（元） | 合价（元） | 暂估单价（元） | 暂估合价（元） |
|---|---|---|---|---|---|---|---|
| | 预拌混凝土C30 | m³ | 1.010 | 492.45 | 497.37 | | |
| | 无纺土工布 | m² | 0.5460 | 1.25 | 0.68 | | |
| | 电 | kW·h | 0.8324 | 1.50 | 1.25 | | |
| | 水 | m³ | 0.6570 | 2.60 | 1.71 | | |
| | 预拌砂浆 | m³ | 0.0420 | 308.22 | 12.95 | | |
| | 其他材料费 | | | | | | |
| | 材料费小计 | | | | 513.96 | | |

说明：管理费和利润＝人工费×15％。

## 9. 混凝土桥头搭板综合单价

混凝土桥头搭板综合单价见表9-16。

混凝土桥头搭板综合单价分析表　　　　表9-16

工程名称：××桥涵工程　　　　标段：　　　　第　页　共　页

| 项目编码 | 040303020001 | 项目名称 | 混凝土桥头搭板 | 计量单位 | $m^3$ |
|---|---|---|---|---|---|

| 综合单价组成明细 ||||||||||
|---|---|---|---|---|---|---|---|---|---|---|
| 定额编号 | 定额名称 | 定额单位 | 数量 | 单价 ||||合价 |||
| | | | | 人工费 | 材料费 | 机械费 | 管理费和利润 | 人工费 | 材料费 | 机械费 | 管理费和利润 |
| 3-3-70 | 混凝土桥头搭板 | 10$m^3$ | 0.1 | 785.16 | 5012.80 | | 117.77 | 78.52 | 501.28 | | 11.78 |
| | | | | | | | | | | | |
| | | | | | | | | | | | |
| 人工单价 ||| 小计 |||| 78.52 | 501.28 | | 11.78 |
| 元/工日 ||| 未计价材料费 |||| | | | |
| 清单项目综合单价 |||||||| 591.58 |||

| 材料费明细 | 主要材料名称、规格、型号 | 单位 | 数量 | 单价（元） | 合价（元） | 暂估单价（元） | 暂估合价（元） |
|---|---|---|---|---|---|---|---|
| | 预拌混凝土C30 | $m^3$ | 1.010 | 492.45 | 497.37 | | |
| | 无纺土工布 | $m^2$ | 0.6667 | 1.25 | 0.83 | | |
| | 水 | $m^3$ | 0.4410 | 2.60 | 1.15 | | |
| | 电 | kW·h | 1.2840 | 1.50 | 1.93 | | |
| | | | | | | | |
| | | | | | | | |
| | | | | | | | |
| | | | | | | | |
| | | | | | | | |
| | 其他材料费 | | | | | | |
| | 材料费小计 | | | | 501.28 | | |

说明：管理费和利润＝人工费×15％。

**10. 混凝土小型构件地梁与侧石综合单价**

混凝土小型构件地梁与侧石综合单价见表 9-17。

混凝土小型构件地梁与侧石综合单价分析表　　　表 9-17

工程名称：××桥涵工程　　　　标段：　　　　第　页　共　页

| 项目编码 | 040304005002 | 项目名称 | 混凝土小型构件地梁与侧石 | 计量单位 | m³ |
|---|---|---|---|---|---|

| 综合单价组成明细 ||||||||||
|---|---|---|---|---|---|---|---|---|---|
| 定额编号 | 定额名称 | 定额单位 | 数量 | 单价 ||| 合价 |||
| | | | | 人工费 | 材料费 | 机械费 | 管理费和利润 | 人工费 | 材料费 | 机械费 | 管理费和利润 |
| 3-3-63 | 地梁与侧石 | 10m³ | 0.1 | 3398.80 | 5026.65 | | 509.82 | 339.88 | 502.67 | | 50.98 |
| 人工单价 ||| 小计 |||| 339.88 | 502.67 | | 50.98 |
| 元/工日 ||| 未计价材料费 ||||||||
| 清单项目综合单价 ||||||||| 893.53 |||

| 材料费明细 | 主要材料名称、规格、型号 | 单位 | 数量 | 单价（元） | 合价（元） | 暂估单价（元） | 暂估合价（元） |
|---|---|---|---|---|---|---|---|
| | 预拌混凝土 C30 | m³ | 1.010 | 492.45 | 497.37 | | |
| | 无纺土工布 | m² | 0.5177 | 1.25 | 0.65 | | |
| | 水 | m³ | 0.8915 | 2.60 | 2.32 | | |
| | 电 | kW·h | 1.5505 | 1.50 | 2.33 | | |
| | 其他材料费 ||||||| |
| | 材料费小计 ||||| 502.67 | | |

说明：管理费和利润＝人工费×15%。

## 11. 混凝土枕梁综合单价

混凝土枕梁综合单价见表9-18。

**混凝土枕梁综合单价分析表**　　表9-18

工程名称：××桥涵工程　　　　标段：　　　　第　页　共　页

| 项目编码 | 040303021001 | 项目名称 | 混凝土枕梁 | 计量单位 | $m^3$ |
|---|---|---|---|---|---|

综合单价组成明细

| 定额编号 | 定额名称 | 定额单位 | 数量 | 单价 | | | | 合价 | | | |
|---|---|---|---|---|---|---|---|---|---|---|---|
| | | | | 人工费 | 材料费 | 机械费 | 管理费和利润 | 人工费 | 材料费 | 机械费 | 管理费和利润 |
| 3-3-4 | 枕梁（基础代） | $10m^3$ | 0.1 | 573.48 | 4580.93 | 283.91 | 86.02 | 57.35 | 458.09 | 28.39 | 8.60 |
| 人工单价 | | | 小计 | | | | | 57.35 | 458.09 | 28.39 | 8.60 |
| 元/工日 | | | 未计价材料费 | | | | | | | | |
| 清单项目综合单价 | | | | | | | | 552.43 | | | |

| 材料费明细 | 主要材料名称、规格、型号 | 单位 | 数量 | 单价(元) | 合价(元) | 暂估单价(元) | 暂估合价(元) |
|---|---|---|---|---|---|---|---|
| | 预拌混凝土 C20 | $m^3$ | 1.010 | 452.31 | 456.83 | | |
| | 无纺土工布 | $m^2$ | 0.1279 | 1.25 | 0.16 | | |
| | 水 | $m^3$ | 0.1659 | 2.60 | 0.43 | | |
| | 电 | $kW·h$ | 0.4457 | 1.50 | 0.67 | | |
| | 其他材料费 | | | | | | |
| | 材料费小计 | | | | 458.09 | | |

说明：管理费和利润＝人工费×15％。

### 9.3.3 分部分项工程费计算

根据表 9-7 的清单工程量和表 9-8～表 9-18 的综合单价计算桥涵工程分部分项工程费，见表 9-19。

分部分项工程量清单与计价表　　　　　　表 9-19

工程名称：××桥涵工程　　　　　　标段：　　　　　　第　页　共　页

| 序号 | 项目编码 | 项目名称 | 项目特征描述 | 计量单位 | 工程量 | 金额（元） | | |
|---|---|---|---|---|---|---|---|---|
| | | | | | | 综合单价 | 合价 | 其中：人工费 |
| 1 | 040301004001 | 钻机成孔灌注桩 | 1. 桩径：100cm<br>2. 深度：50m<br>3. 混凝土强度等级 C20 | m³ | 2400.00 | 909.77 | 2183448.00 | 614208.00 |
| 2 | 040303002001 | 桥台混凝土基础 | 1. 混凝土强度等级 C20<br>2. 垫层：碎石 | m³ | 73.40 | 697.93 | 51228.06 | 9276.29 |
| 3 | 040303003002 | 混凝土承台 | 1. 部位：灌注桩上<br>2. 混凝土强度等级：C30 | m³ | 973.80 | 579.67 | 564482.65 | 68370.50 |
| 4 | 040303004001 | 混凝土台帽 | 1. 部位：台身上<br>2. 混凝土强度等级：C30 | m³ | 180.95 | 597.21 | 108065.15 | 15364.46 |
| 5 | 040303005001 | 混凝土台身 | 1. 部位：承台上<br>2. 混凝土强度等级：C30 | m³ | 863.50 | 593.11 | 512150.49 | 70979.70 |
| 6 | 040304003001 | 混凝土空心板 | 1. 部位：桥面板<br>2. 形式：方孔空心板<br>3. 混凝土强度等级：C30 | m³ | 558.56 | 732.93 | 409385.38 | 94011.23 |
| 7 | 040303019001 | 桥面铺装 | 1. 部位：桥面<br>2. 形式：混凝土与沥青路面<br>3. 沥青品种：石油沥青<br>4. 厚度：混凝土 80；细粒式沥青 40 | m² | 1112.29 | 109.58 | 121884.74 | 15605.43 |
| 8 | 040303020001 | 混凝土桥头搭板 | 混凝土强度等级：C30 | m³ | 157.04 | 591.58 | 92901.72 | 12330.78 |

续表

| 序号 | 项目编码 | 项目名称 | 项目特征描述 | 计量单位 | 工程量 | 金额（元） | | |
|---|---|---|---|---|---|---|---|---|
| | | | | | | 综合单价 | 合价 | 其中：人工费 |
| 9 | 040304005001 | 混凝土人行道板 | 1. 尺寸：460×1240×80<br>2. 混凝土强度等级：C30 | m³ | 7.36 | 743.58 | 5472.75 | 1303.46 |
| 10 | 040304005002 | 小型构件地梁与侧石 | 1. 构件种类：地梁、侧石<br>2. 混凝土强度等级：C30 | m³ | 14.40 | 893.53 | 12866.83 | 4894.27 |
| 11 | 040303021001 | 混凝土枕梁 | 1. 部位：枕梁<br>2. 混凝土强度等级：C20 | m³ | 10.48 | 552.43 | 5789.47 | 601.03 |
| | | | 本页小计 | | | | 4067675.23 | 906945.15 |
| | | | 合计 | | | | 4067675.23 | 906945.15 |

### 9.3.4 措施项目费计算

按某地区规定，安全文明施工费不参与竞争，按人工费的 20% 计算，见表 9-20。

**总价措施项目费清单与计价表**　　表 9-20

| 序号 | 项目名称 | 计算基础 | 费率（%） | 金额（元） |
|---|---|---|---|---|
| 1 | 安全文明施工费 | 人工费 906945.15 | 20 | 181389.03 |
| 2 | 夜间施工增加费 | | | |
| 3 | 二次搬运费 | | | |
| 4 | 冬雨季施工增加费 | | | |
| | …… | | | |
| | 合计 | | | 181389.03 |

### 9.3.5 其他项目费计算

其他项目费按招标工程量清单中业主发布的暂列金额 250000 元计算，见表 9-21。

**其他项目清单与计价表**　　表 9-21

| 序号 | 项目名称 | 计算单位 | 金额（元） | 备注 |
|---|---|---|---|---|
| 1 | 暂列金额 | 项 | 250000 | |
| 2 | | | | |
| 3 | | | | |
| | …… | | | |
| | 合计 | | 250000 | |

### 9.3.6 规费、税金计算

某地区规定社会保险费按人工费的 16% 计算,住房公积金按人工费的 6% 计算。增值税按税前造价的 9% 计算,见表 9-22。

规费、税金项目清单与计价表　　　　　表 9-22

| 序号 | 项目名称 | 计算基础 | 费率(%) | 金额(元) |
|---|---|---|---|---|
| 1 | 规费 | | | 199527.93 |
| 1.1 | 社会保险费 | 人工费 906945.15 | 16.0 | 145111.22 |
| 1.2 | 住房公积金 | 人工费 906945.15 | 6.0 | 54416.71 |
| 1.3 | 工程排污费 | 按工程所在地规定计算 | | |
| 2 | 税金 | 税前造价<br>4067675.23+181389.03+250000.00<br>+199527.93＝4698592.19 | 9.0 | 422873.30 |
| | 合计 | | | 622401.23 |

### 9.3.7 桥涵工程投标报价计算

桥涵工程投标报价计算见表 9-23。

桥涵工程投标报价计算表　　　　　表 9-23

| 序号 | 项目名称 | 金额(元) | 其中:暂估价(元) |
|---|---|---|---|
| 1 | 分部分项工程 | 4067675.23 | |
| 1.1 | 桥涵工程 | 4067675.23 | |
| 1.2 | …… | | |
| 2 | 措施项目 | 181389.03 | |
| 2.1 | 安全文明施工费 | 181389.03 | |
| 3 | 其他项目 | 250000.00 | |
| 3.1 | 暂列金额 | 250000.00 | |
| 3.2 | 专业工程暂估价 | | |
| 3.3 | 计日工 | | |
| 4 | 规费 | 199527.93 | |
| 5 | 增值税税金 | 422873.30 | |
| | 投标报价小计(1+2+3+4+5) | 5121465.49 | |

### 9.3.8 桥涵工程投标报价封面

桥涵工程投标报价封面见表 9-24。

桥涵工程投标报价封面　　　　　　　　　　　表 9-24

# 投 标 总 价

　　　　招　标　人：___××市重点建设办公室___

　　　　工　程　名　称：___××桥涵工程___

　　　投标总价（小写）：___5121465.49___

　　　　　　　　（大写）：__伍佰壹拾贰万壹仟肆佰陆拾伍元肆角玖分__

　　投　标　人：___××市政工程公司___
　　　　　　　　　　（单位盖章）

　　法定代表人
　　或其授权人：_____×××_____
　　　　　　　　　　（签字或盖章）

　　编　制　人：_____×××_____
　　　　　　　　（造价人员签字盖专用章）

　　编制时间：　××××年××月××日

## 思考题与习题

1. 叙述桥涵结构的基本组成。
2. 桥梁是怎样分类的?
3. 常见的桥梁工程工程量清单项目有哪些?
4. 桥涵工程工程量清单列项的要点是什么?
5. 叙述桥涵工程工程量清单编制过程。
6. 叙述桥梁工程工程量清单报价编制过程。

# 教学单元 10　管道工程工程量清单计价

【课程思政】　通过劳动教育，使学生能够形成正确的劳动观，树立劳动最光荣、最崇高、最伟大、最美丽的观念，体会劳动创造美好生活，劳动不分贵贱，热爱劳动，尊重普通劳动者，培养勤俭、奋斗、创新、奉献的劳动精神，具备满足生存发展需要的基本劳动能力，形成良好劳动习惯。

我国管道建设主要成就：西气东输管道工程是我国第一条自行设计建设的世界级天然气管道，是西部大开发的标志性工程。其中延水关黄河隧道实现了中国管道建设史上首次以隧道形式穿越黄河的历史性飞跃。西气东输管道工程全线长4200km，管径1016mm，2001年9月开工建设，2004年10月投产。格尔木-拉萨成品油SCADA系统工程是第一条实现全线监控运行自动化、调度指挥数字化、管理信息可视化的管道。全线长1076km，管径159mm。2002年11月开工建设，2004年12月投产。西部原油成品油管道工程是第一条采用EPC管理模式建设的原油、成品油双线同沟敷设的管道，全线长3716km，2004年10月开工建设，2007年6月投产。

【教学目标】　通过对给水工程的分类、城市给水系统的组成、给水管网的布置形式、给水管材种类、给水管件和附件、排水工程的分类、排水管道系统的组成、排水管材的种类、《建设工程工程量清单计价规范》《市政工程工程量计算规范》等知识点的学习，学生掌握管道分部分项工程量计算、措施项目工程量计算、管道分部分项工程费计算、措施项目费计算、其他项目费计算、规费和税金计算方法和技能。

## 模块 10.1　管道工程基础知识

### 10.1.1　给水工程基础知识

1. 给水工程的分类

根据用户的不同，给水工程建设标准体系可划分为城市给水工程、建筑给水工程、工业给水工程三大类。

（1）城市给水工程

以符合水环境质量标准的水体作为水源，经过取水工程、水处理工程，制成符合水质标准的水，再由输水、配水工程输送至用户（包括各类工厂、公共建筑、居民住宅等）。

（2）工业给水工程

以城市自来水作为工业用水水源，经过软化、除盐、冷却、稳定等特殊水处理工艺后，供生产工艺过程使用。

（3）建筑给水工程

建筑给水工程包括建筑内部给水、建筑消防、居住小区给水、建筑水处理、特殊建筑给水。其最基本的用户为住宅建筑、各类公共建筑和工业企业。将接自室外给水管网的水，以最适用、经济、合理、卫生、安全的给水系统，输送至各用水设备和用水点，如卫生器具给水配件、生产用水设备、消防给水设备和体育、娱乐、观赏等用水。

2. 城市给水系统组成

城市给水系统是指取水、水质处理、输配水等设施以一定的方式组合而成的总体，通常由取水构筑物、水处理构筑物、泵站、输水管道、配水管网和调节构筑物组成。其中输水管道和配水管网构成给水管道工程。根据水源的不同，一般有地表水源给水系统和地下水源给水系统两种形式，如图10-1所示。

1—取水构筑物；2—一级泵站；3—水处理构筑物；
4—清水池；5—二级泵站；6—输水管；
7—配水管网

1—井群；2—集水池；3—泵站；
4—输水管；5—水塔

图 10-1 给水系统
（a）地表水源给水系统；（b）地下水源给水系统

输水管道是从水源向水厂或从水厂向配水管网输水的长距离管道，不向沿线两侧配水。一般都采用两条平行管线，并在中间的适当地点设置连通管，安装切换阀门。

配水管网是分布在整个给水区域范围内的管道网络，接受输水管道输送来的水量，并将其分配到各用户的接管点上。一般敷设在城市道路下，就近为两侧的用户供水。配水管网由配水干管、连通管、配水支管、分配管、附属构筑物和调节构筑物组成。

3. 给水管网的布置形式

（1）重力输水系统

重力输水系统适用于水源地地形高于给水区，并且高差可以保证以经济的造价输送所需的水量，清水池中的水可以靠自身的重力，经重力输水管进入配水管网供用户使用。当地形高差很大时，可在中途设置减压水池，形成多级重力输水系统。

（2）压力输水系统

当水源地与给水区的地形高差不能保证以经济的造价输送所需的水量，或水源地地形低于给水区时，可采用压力输水系统。清水池中的水必须由泵站加压经输水管道送至配水管网供用户使用。该输水系统需要消耗大量的动力，供水成本较高。

（3）重力、压力输水相结合的输水系统

在地形复杂且又是长距离输水管道时，往往采用重力和压力相结合的输水方式。

（4）枝状配水管网

枝状管网是因从泵站或水塔到用户的管线布置类似树枝状而得名，其管径由泵站或水塔到用户逐渐减小，如图 10-2 所示。

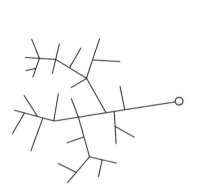

图 10-2　枝状配水管网　　　　图 10-3　环状配水管网

（5）环状配水管网

管网中管线相互连接成环状，当管网中某一管段损坏时，可以关闭附近的阀门使其与其他的管段隔开，水可以从另外的管线绕过该管段继续向下游用户供水，使断水的范围减至最小，如图 10-3 所示。

4. 给水管材及防腐

给水管道分为金属管（铸铁管、钢管）和非金属管（预应力钢筋混凝土管、玻璃钢管、塑料管等）。

（1）铸铁管

铸铁管按材质分为灰铸铁管和球墨铸铁管。

灰铸铁管即连续铸铁管，耐腐蚀性强。因其工艺缺陷造成质地较脆、抗冲击和抗振能力差，接口易漏水，往往会产生爆管和水管断裂事故，且质量较大。现已逐渐被球墨铸铁管取代。

球墨铸铁管强度接近钢管，管壁较薄，质量较轻，抗腐蚀性能远高于钢管。球墨铸铁管的工作压力一般在 3MPa 以上，公称直径在 $DN500 \sim DN1200$，有效长度为 6m。

（2）钢管

钢管耐高压、耐振动、自重轻、单管长度大、接口方便；但钢管承受外荷载的稳定性差，耐腐蚀性能差，使用前应进行管壁内外的防腐处理。

钢管有热轧无缝钢管和纵向焊缝或螺旋形焊缝的焊接钢管。大直径钢管通常是在加工厂用钢板卷圆焊接，称为卷焊钢管。

市政给水管道中常用的普通钢管工作压力不超过 1.0MPa，管径为 $DN100 \sim DN2200$，有效长度为 $4 \sim 10m$。

（3）钢筋混凝土压力管

1) 预应力钢筋混凝土管

预应力钢筋混凝土管的公称内径为 $DN400\sim DN1400$，其管外径、壁厚、长度和接头橡胶圈规格详见《给水排水设计手册》或《市政工程设计施工系列图集》。

2) 自应力钢筋混凝土管

自应力钢筋混凝土管是借膨胀水泥在养护过程中发生膨胀，张拉钢筋，而混凝土则因钢筋所给予的张拉反作用力而产生压应力。自应力钢筋混凝土管后期膨胀，可能使管材疏松，只可用在郊区或农村等水压较低的次要管线上。

3) 钢筒预应力混凝土管

钢筒预应力混凝土管（Prestressed Concrete Cylinder Pipe，PCCP）是由钢板、钢丝和混凝土构成的复合管材，分为两种形式：一种是内衬式钢筒预应力混凝土管（PCCP-L 管），是在钢筒内衬以混凝土，钢筒外缠绕预应力钢丝，再敷设砂浆保护层而成。另一种是埋置式钢筒预应力混凝土管（PCCP-E 管），是将钢筒埋置在混凝土里面，然后在混凝土管芯上缠绕预应力钢丝，再敷设砂浆保护层。

钢筒预应力混凝土管是目前国际上使用广泛的大口径、耐高压管材，由嵌埋薄钢筒的管芯、缠在管芯外的预应力钢丝和钢丝外的水泥砂浆保护层组成，如图 10-4 所示。

图 10-4 钢筒预应力混凝土管构造图

管子的两端分别焊有钢制的承口密封圈。在工作状态下，嵌埋在管壁中的薄钢筒具有抗渗功能，缠绕在管芯外的预应力钢丝及管芯的混凝土壁承受管材内水压力及外荷载，因此 PCCP 是一种将钢管与普通预应力混凝土管的优点相结合的管种。

预应力钢筒混凝土管兼有钢管和混凝土管的性能，具有较好的抗爆、抗渗和抗腐蚀性能，钢材用量约为钢管的 1/3，使用寿命可达 50 年以上，价格与普通铸铁管相近，是一种极有发展前途的市政给水管材。

目前我国生产的预应力钢筒混凝土管的管径为 $DN600\sim DN3400$，单根管长 5m，工作压力为 $0.4\sim 2.0$MPa。

(4) 玻璃钢管

玻璃钢管耐腐蚀、水力性能好，质量仅为钢管的 1/4 左右、预应力钢筋混凝土管的 1/10～1/5，采用橡胶圈接口，水密性能好，施工、运输方便，寿命长，维护费用低，一般用于强腐蚀性土壤处。为降低价格，提高管道的刚度，国内已生产应用夹砂玻璃钢管，用于原水的输送和城市给水管网。

(5) 塑料管

塑料管具有内壁光滑不结垢，水头损失小，耐腐蚀，质量轻，易加工和接口方便等特点。目前国内用作给水管道的塑料管有硬聚氯乙烯管（UPVC 管）、聚乙烯管（PE 管）、聚丙烯管（PP 管）。

(6) 管道防腐

腐蚀是金属管道的变质现象，表现方式有生锈、坑蚀、结瘤、开裂、脆化等。腐蚀可以分为没有电流产生的化学腐蚀、形成原电池而产生电流的电化学腐蚀（氧化还原反应）。给水管网在水中和土壤中的腐蚀，以及流散电流引起的腐蚀，均为电化学腐蚀。

防止管道腐蚀的方法有：

1) 采用非金属管。

2) 金属管内壁喷涂涂料、水泥砂浆、沥青，防止金属和水接触。

3) 根据地下水和土壤性质，金属管外壁涂保护层防腐。

4) 阴极保护。方法之一是使用消耗性的阳极材料，如铝、镁、锌，将阳极块用导线连接到管道（阴极）上，阳极腐蚀，管道得以保护；另一种方法是外加电流阴极保护法，将电源的阴极连接到管线上，防止腐蚀。

5. 给水管件和附件

（1）给水管件

给水管件又称元件或零件。管道配件的种类非常多，如在管道分支处用的三通或四通；转弯处用的各种角度的弯管；变径处用的变径管；改变接口形式采用的各种短管等。给水铸铁管配件见表10-1。

铸铁管配件　　　　表10-1

| 编号 | 名称 | 符号 | 编号 | 名称 | 符号 |
|---|---|---|---|---|---|
| 1 | 承插直管 | | 17 | 承口法兰渐缩管 | |
| 2 | 法兰直管 | | 18 | 双承渐缩管 | |
| 3 | 三法兰三通 | | 19 | 承口法兰短管 | |
| 4 | 三承三通 | | 20 | 法兰插口短管 | |
| 5 | 双承法兰三通 | | 21 | 双承口短管 | |
| 6 | 法兰四通 | | 22 | 双承套管 | |
| 7 | 四承四通 | | 23 | 马鞍法兰 | |
| 8 | 双承双法兰四通 | | 24 | 活络接头 | |
| 9 | 法兰泄水管 | | 25 | 法兰式墙管(甲) | |
| 10 | 承口泄水管 | | 26 | 承式墙管(甲) | |
| 11 | 90°法兰弯管 | | 27 | 喇叭口 | |
| 12 | 90°双承弯管 | | 28 | 闷头 | |
| 13 | 90°承插弯管 | | 29 | 塞头 | |
| 14 | 双承弯管 | | 30 | 法兰式消火栓用弯管 | |
| 15 | 承插弯管 | | 31 | 法兰式消火栓用丁字管 | |
| 16 | 法兰渐缩管 | | 32 | 法兰式消火栓用十字管 | |

各种配件的口径和尺寸均采用公称尺寸，与各级公称管径的水管相匹配，其具体尺寸和规格可查阅《市政工程设计施工系列图集》或《给水排水设计手册》。

(2) 给水附件

1) 阀门

阀门在输水管道和给水管网中起分段和分区的隔离检修作用，并可调节管网中的流量和压力。常用的阀门有闸阀和蝶阀两种。

蝶阀的连接有对夹和法兰连接两种方式，密封有橡胶和金属等密封形式，且有中线、偏心等不同结构方式。

闸阀和蝶阀均有手动和电动之分。

2) 止回阀

止回阀是用来限制管道中的水流只朝一个方向流动的阀门。

3) 排气阀和泄水阀

排气阀安装在管线的隆起部位，在管线投产或检修后用水时能排出管内空气，平时用以排除从水中释出的气体，以免空气积聚在管内影响正常使用。另外，排气阀具有在管线出现负压时向管中进气的功能，从而起到减轻水锤对管路的危害。

泄水阀是在管道检修时用来排除管中的沉淀物以及检修时放空管内的存水。一般在管线下凹部位安装排水管，在排水管靠近水管的部位安装泄水阀。

6. 给水管道基础与覆土

(1) 基础

1) 天然基础。当管底地基土层承载力较高，地下水位较低时，可采用天然地基作为管道基础。施工时，整平天然地基，将管道铺设在未经扰动的原状土上即可。

2) 砂基础。当管底为岩石、碎石或多石地基时，对金属管道应铺垫不小于100mm厚的中砂或粗砂，对非金属管道应铺垫不小于150mm厚的中砂或粗砂，构成砂基础，再在上面铺设管道。

3) 混凝土基础。当管底地基土质松软，承载力低或铺设大管径的钢筋混凝土管道时，应采用混凝土基础。根据地基承载力的实际情况，可采用强度等级不低于C15的混凝土带形基础，也可采用混凝土枕基。

混凝土带形基础是沿管道全长做成的基础，而混凝土枕基是只在管道接口处用混凝土块垫起，其他地方用中砂或粗砂填实。

(2) 覆土

给水管道埋设在地面以下，其管顶以上应有一定厚度的覆土，以保证管道内的水在冬季不会因冰冻而结冰；在正常使用时管道不会因各种地面荷载作用而损坏。管道的覆土厚度是指管顶到地面的垂直距离。

在非冰冻地区，管道覆土厚度的大小主要取决于外部荷载、管材强度、管道交叉情况以及土壤地基等因素。一般金属管道的覆土厚度不小于0.7m，非金属管道的覆土厚度不小于1.0～1.2m。在冰冻地区，管道覆土厚度的大小，除考虑上述因素外还要考虑土壤的冰冻深度，覆土厚度应大于土壤的最大冰冻深度。一般管底在冰冻线以下的最小距离为：$DN \leqslant 300mm$ 时，为 $DN+200mm$；$300 < DN \leqslant 600mm$ 时，为 $0.75DN$；$DN > 600mm$ 时，为 $0.5DN$。

7. 给水管网附属构筑物

(1) 阀门井

给水管网中的各种附件一般都安装在阀门井中，使其有良好的操作和养护环境。阀门井的形状有圆形和矩形两种。

阀门井一般用砖、石砌筑，也可用钢筋混凝土现场浇筑。其形式、规格和构造参见《给水排水标准图集》或《市政工程设计施工系列图集》。

(2) 泄水阀井

泄水阀一般放置在阀门井中构成泄水阀井，当由于地形因素排水管不能直接将水排走时，还应建造一个与阀门井相连的湿井。

(3) 支墩

支墩一般用混凝土建造，也可用砖、石砌筑，一般有水平弯管支墩、垂直向下弯管支墩、垂直向上弯管支墩等。给水管道支墩的形状和尺寸参见《给水排水标准图集》或《市政工程设计施工系列图集》。

(4) 管道穿越障碍物

市政给水管道在通过铁路、公路、河谷时，必须采取一定的措施保证管道安全可靠地通过。管道穿越铁路或公路时，其穿越地点、穿越方式和施工方法，应符合相应的技术规范的要求，并经过铁路或交通部门同意后才可实施。

架空管维护管理方便，防腐性好，但易遭破坏，防冻性差，在寒冷地区必须采取有效的防冻措施。

当河谷较浅，冲刷较轻，河道航运繁忙，不适宜设置架空管；或穿越铁路和重要公路时，须采用倒虹管。

### 10.1.2 排水工程基础知识

1. 排水工程的分类

和给水工程对应，根据用户和污染源的不同，排水工程建设标准体系可划分为城市排水工程、工业排水工程、建筑排水工程三大类。

码10-1
市政污水工程

(1) 城市排水工程

以城市用户（包括各类工厂、公共建筑、居民住宅等）排出的废水，通过城市下水管道，汇集集中至一定地点进行污水处理，使出水符合处置地点的质量标准要求。还有从用户区域排除的雨水径流水，大型工业企业的排水汇集和常规污水处理等。

(2) 工业排水工程

工业生产工艺过程使用过的水，包括生产污水、生产废水等，对其排出的废水进行中和、除油、除重金属等特定的污水处理，再排入城市排水管道。

(3) 建筑排水工程

建筑排水工程包括生活污水、废水排水系统，生产污水、废水排水系统，雨水排水系统等。通过排水系统收集使用过的污水、废水以及屋面和庭院的雨水径流水，排至室外排水系统。

2. 排水体制

生活污水、工业废水和雨水可以采用一个管渠来排除,也可以采用两个或两个以上独立的管渠来排除,污水的这种不同排除方式所形成的排水系统,称为排水体制。排水系统的体制一般分为合流制和分流制两种类型。

(1) 合流制

将生活污水、工业废水和雨水混合在同一个管渠内排除的系统,称为合流制系统。

1) 直排式合流制

最早出现的合流制排水系统,是将排出的混合污水不经处理直接就近排入水体,如图 10-5 所示。

2) 截流式合流制

临河岸边建造一条截流干渠,同时在合流干管与截流干管相交前或相交处设置溢流井,并在截留干管下游设置污水处理厂。晴天和初降雨时所有污水都排送至污水处理厂,经处理后排入水体,随着降雨量增加,雨水径流也增加,当混合污水的流量超过截流干管的输水能力后,就有部分混合污水经溢流井溢出,直接排入水体,如图 10-6 所示。

图 10-5　直排式合流制

图 10-6　截流式合流制

1—合流干管；2—截流干管；3—溢流井；
4—污水处理厂；5—出水口；6—溢流出水口

3) 完全合流制

完全合流制是将污水和雨水合流于一条管渠,全部送往污水处理厂进行处理后再排放。此时,污水处理厂的设计负荷大,要容纳降雨的全部径流量,其水量和水质的经常变化不利于污水的生物处理；处理构筑物过大,平时也很难全部发挥作用。

(2) 分流制

将生活污水、工业废水和雨水分别在两个或两个以上各自独立的管渠内排除的系统,称为分流制系统。排除生活污水、城市污水或工业废水的系统称污水排水系统,排除雨水的系统称雨水排水系统。由于排除雨水方式的不同,分流制排水系统分为完全分流制和不完全分流制两种排水系统。

1) 完全分流制

完全分流制是将城市的生活污水和工业废水用一条管道排除,而雨水用另一条管道来排除的排水方式，如图 10-7 所示。

2）不完全分流制

在城市中受经济条件的限制，只建完整的污水排水系统，不建雨水排水系统，雨水沿道路边沟排除，或为了补充原有渠道系统输水能力的不足只建一部分雨水管道，待城市发展后再将其改造成完全分流制，如图 10-8 所示。

图 10-7 完全分流制
1—污水干管；2—污水主干管；3—污水处理厂；4—出水口；5—雨水干管

图 10-8 不完全分流制
1—污水管道；2—雨水管渠；
3—原有渠道

3）排水体制的特点

① 环保方面：全部截流式合流制对环境的污染最小；部分截留式合流制雨天时部分污水溢流入水体，造成污染；分流制在降雨初期有污染。

② 造价方面：合流制管道比完全分流制可节省投资 20%～40%，但合流制泵站和污水处理厂投资要高于分流制，总造价看，完全分流制高于合流制。而采用不完全分流制，初期投资少、见效快，适于在新建地区采用。

③ 维护管理：合流制污水处理厂维护管理复杂。晴天时合流制管道内易于沉淀，在雨天时沉淀物易被雨水冲走，减小了合流制管道的维护管理费。

3. 排水管道系统的组成

（1）污水管道系统的组成

城市污水管道系统包括小区管道系统和市政管道系统。

小区管道系统主要是收集小区内各建筑物排除的污水，并将其输送到市政管道系统中。一般由接户管、小区支管、小区干管、小区主干管和检查井、泵站等附属构筑物组成。

市政污水管道系统主要承接城市内各小区的污水，并将其输送到污水处理厂，经处理后再排放利用。其一般由支管、干管、主干管和检查井、泵站、出水口及事故排出口等附属构筑物组成。

（2）雨水管道系统的组成

降落在屋面上的雨水由天沟和雨水斗收集，通过落水管输送到地面，与降落在地面上的雨水一起形成地表径流，然后通过雨水口收集流入小区的雨水管道系统，经过小区的雨水管道系统流入市政雨水管道系统，然后通过出水口排放。因此雨水管道系统包括小区雨水管道系统和市政雨水管道系统两部分。小区雨水管道系统是收集、输送小区地表径流的管道及其附属构筑物，包括雨水口、小区雨水支管、小区雨水干管、雨水检查井等。

市政雨水管道系统是收集小区和城市道路路面上的地表径流的管道及其附属构筑物。其包括雨水支管、雨水干管和雨水口、检查井、雨水泵站、出水口等附属构筑物。

码10-2
道路雨水工程

4. 排水管材

（1）混凝土管和钢筋混凝土管

其适用于排除雨水和污水，分混凝土管、轻型钢筋混凝土管和重型钢筋混凝土管3种，管口有承插式、平口式和企口式3种形式，如图10-9所示。

图10-9　混凝土管和钢筋混凝土管
(a) 承插式；(b) 企口式；(c) 平口式

混凝土管和钢筋混凝土管便于就地取材，制造方便，在排水管道系统中得到了广泛应用。其主要缺点是抵抗酸、碱侵蚀及抗渗性能差；管节短、接头多、施工复杂、自重大、搬运不便。混凝土管的最大管径一般为450mm，长多为1m，适用于管径较小的无压管。轻型钢筋混凝土管、重型钢筋混凝土管长度多为2m，因管壁厚度不同，承受的荷载有很大差异。

（2）金属管

金属管质地坚固，强度高，抗渗性能好，管壁光滑，水流阻力小，管节长，接口少，施工运输方便。但价格昂贵，抗腐蚀性差，因此，在市政排水管道工程中很少用。只有在设防地震烈度大于8度或地下水位高，流沙严重的地区；或承受高内压、高外压及对渗漏要求特别高的地段才采用金属管。

常用的金属管有铸铁管和钢管。排水铸铁管耐腐蚀性好，经久耐用；但质地较脆，不耐振动和弯折，自重较大。钢管耐高压、耐振动，重量比铸铁管轻，但抗腐蚀性差。

（3）排水渠道

排水渠道一般有砖砌、石砌、钢筋混凝土渠道，断面形式有圆形、矩形、半椭圆形等，如图10-10所示。

砖砌渠道应用普遍，在石料丰富的地区，可采用毛石或料石砌筑，也可用预制混凝土砌块砌筑，对大型排水渠道，可采用钢筋混凝土现场浇筑。

排水渠道的构造一般包括渠顶、渠底和渠身。渠道的上部叫渠顶，下部叫渠底，两壁叫渠身。通常将渠底和基础做在一起，渠顶做成拱形，渠底和渠身扁

图 10-10 排水渠道（单位：mm）

(a) 石砌渠道；(b) 预制混凝土块拱形渠道

光、勾缝，以使水力性能良好。

（4）新型管材

随着新型建筑材料的不断研发，用于制作排水管道的材料也日益增多，新型排水管材不断涌现，如玻璃纤维筋混凝土管和热固性树脂管、离心混凝土管，其性能均优于普通的混凝土管和钢筋混凝土管。

塑料管已广泛用于排水管道，UPVC 双壁波纹管是以聚氯乙烯树脂为主要原料，经挤出成型的内壁光滑，外壁为梯形波纹状肋，内壁和外壁波纹之间为中空的异型管壁管材。其管材质量轻，搬运、安装方便。双壁波纹管采用橡胶圈承插式连接，施工质量易保证，由于是柔性接口，可抗不均匀沉降。一般情况下不需做混凝土基础，管节长，接头少，施工速度快。

在大口径排水管道中，已开始应用玻璃钢夹砂管。玻璃钢夹砂管具有质量轻、强度高、耐腐蚀、耐压，使用寿命长，流量大、能耗小，管节长（可达 12m），接头少的特点，使用橡胶圈连接，一插即可，快速可靠，综合成本低。

5．排水管道基础及覆土

（1）排水管道基础

1）砂土基础

砂土基础又称为素土基础，它包括弧形素土基础和砂垫层基础，如图 10-11 所示。

图 10-11 砂土基础（单位：mm）

(a) 弧形素土基础；(b) 砂垫层基础

弧形素土基础是在原土上挖一弧形管槽，将管道敷设在弧形管槽里。弧形素土基础适用于无地下水，原土能挖成弧形（通常采用 90°弧）的干燥土壤；管道直径小于 600mm 的混凝土管和钢筋混凝土管；管道覆土厚度在 0.7～2.0m 之间的小区污水管道、非车行道下的市政次要管道和临时性管道。

在挖好的弧形管槽里，填 100～150mm 厚的粗砂作为垫层，形成砂垫层基础。其适用于无地下水的岩石或多石土壤；管道直径小于 600mm 的混凝土管和钢筋混凝土管；管道覆土厚度在 0.7～2.0m 之间的小区污水管道、非车行道下的市政次要管道和临时性管道。

2）混凝土枕基

混凝土枕基是只在管道接口处才设置的管道局部基础，如图 10-12 所示。通常在管道接口下用 C15 混凝土做成枕状垫块，垫块常采用 90°或 135°管座。这种基础适用于干燥土壤中的雨水管道及不太重要的污水支管，常与砂土基础联合使用。

图 10-12　混凝土枕基

3）混凝土带形基础

混凝土带形基础是沿管道全长铺设的基础，分为 90°、135°、180°的管座形式，如图 10-13 所示。

混凝土带形基础适用于各种潮湿土壤及地基软硬不均匀的排水管道，管径为 200～2000mm。无地下水时常在槽底原土上直接浇筑混凝土；有地下水时在槽底铺 100～150mm 厚的卵石或碎石垫层，然后在上面再浇筑混凝土，根据地基承载力的实际情况，可采用强度等级不低于 C15 的混凝土。当管道覆土厚度在 0.7～2.5m 时采用 90°管座，覆土厚度在 2.6～4.0m 时采用 135°管座，覆土厚度在 4.1～6.0m 时采用 180°管座。

（2）覆土

在非冰冻地区，管道覆土厚度的大小主要取决于外部荷载、管材强度、管道交叉情况以及土壤地基等因素。一般排水管道的覆土厚度不小于 0.7m。

在冰冻地区，无保温措施的生活污水管道或水温与生活污水接近的工业废水管道，管底可埋设在冰冻线以上 0.15m；有保温措施或水温较高的管道，管底在冰冻线以上的距离可以加大，其数值应根据该地区或条件相似地区的经验确定，但要保证管道的覆土厚度不小于 0.7m。

6．排水管网附属构筑物构造

（1）检查井

图 10-13 混凝土带形基础（单位：mm）

在排水管渠系统上，为便于管渠的衔接和对管渠进行定期检查和清通，必须设置检查井。检查井通常设在管渠交汇、转弯、管渠尺寸或坡度改变、跌水等处以及相隔一定距离的直线管渠段上。根据检查井的平面形状，可将其分为圆形、方形、矩形或其他不同的形状。方形和矩形检查井用在大直径管道的连接处或交汇处，一般均采用圆形检查井。

检查井由井底（包括基础）、井身和井盖（包括盖座）三部分组成，如图 10-14 所示。井底流槽形式如图 10-15 所示。

图 10-14 检查井
1—井底；2—井身；3—井盖

井盖可采用铸铁、钢筋混凝土或其他材料，为防止雨水流入，盖顶应略高出地面。盖座采用与井盖相同的材料。井盖和盖座均为厂家预制，施工前购买即可，其形式如图 10-16 所示。

图 10-15 检查井井底流槽形式

图 10-16 轻型铸铁井盖和盖座
(a) 井盖；(b) 盖座

（2）雨水口

雨水口一般设在道路交叉口、路侧边沟的一定距离处以及设有道路缘石的低洼地方，在直线道路上的间距一般为 25~50m，在低洼和易积水的地段，要适当缩小雨水口的间距。

雨水口的构造包括进水箅、井筒和连接管三部分，如图 10-17、图 10-18 所示。

图 10-17 平箅雨水口

图 10-18 箅条交错排列的进水箅

井筒一般用砖砌，深度不大于 1m，在有冻胀影响的地区，可根据经验适当加大。

雨水口由连接管与雨水管渠或合流管渠的检查井相连接，如图 10-19 所示。连接管的最小管径为 200mm，坡度一般为 0.01，长度不宜超过 25m。

（3）倒虹管

排水管道遇到河流、洼地或地下构筑物等障碍物时，不能按原有的坡度埋设，而是按下凹的折线方式从障碍物下通过，这种管道称为倒虹管。它由进水井、下行管、平行管、上行管和出水井组成，如图 10-20 所示。

图 10-19 双箅联合式雨水口
1—边石进水箅；2—边沟进水箅；3—连接管

图 10-20 排水管道倒虹管

进水井和出水井均为特殊的检查井，在井内设闸板或堰板以根据来水流量控制倒虹管启闭的条数，进水井和出水井的水面高差要足以克服倒虹管内产生的水头损失。

平行管管顶与规划河床的垂直距离不应小于 0.5m，与构筑物的垂直距离应符合与该构筑物相交的有关规定。上行管和下行管与平行管的交角一般不大于 30°。

### 10.1.3 燃气工程基础知识

1. 燃气系统的分类及布置

（1）燃气管网系统的分类

城市燃气管网系统根据所采用的压力级制的不同，可分为一级系统、两级系统、三级系统和多级系统四种。

一级系统仅用低压管网来输送和分配燃气，一般适用于小城镇的燃气供应系统；两级系统由低压和中压或低压和次高压两级管网组成；三级系统由低压、中压和高压三级管网组成；多级系统由低压、中压、次高压和高压，甚至更高压力的管网组成。

（2）城市燃气管道的布置

城市燃气管道敷设在城市道路下，平面布置要根据管道内的压力、道路情况、地下管线情况、地形情况、管道的重要程度等因素确定。

2. 燃气管材

用于输送燃气的管材种类很多,应根据燃气的性质、系统压力和施工要求来选用,并要满足机械强度、抗腐蚀、抗振及气密性等要求。

(1) 钢管

常用的钢管主要有普通无缝钢管和焊接钢管。普通无缝钢管按制造方法又分为热轧和冷轧无缝钢管;焊接钢管中用于输送燃气的常用管道是直焊缝钢管,常用管径为 60~150mm。对于大口径管道,可采用直缝卷焊管($DN200 \sim DN1800$)和螺旋焊接管($DN200 \sim DN700$),其管长为 3.8~18m。

(2) 铸铁管

用于燃气输配管道的铸铁管,一般为铸模浇铸或离心浇铸铸铁管,铸铁管的抗拉强度、抗弯曲和抗冲击能力不如钢管,但其抗腐蚀性比钢管好,在中、低压燃气管道中被广泛采用。

(3) 塑料管

塑料管具有耐腐蚀、质轻、流动阻力小、使用寿命长、施工简便、抗拉强度高等优点,近年来在燃气输配系统中得到了广泛应用,目前应用最多的是中密度聚乙烯和尼龙-11 塑料管。但塑料管的刚性差,施工时必须夯实槽底土壤,才能保证管道的敷设坡度。

3. 附属设备

为保证燃气管网安全运行,并考虑到检修方便,在管网的适当地点要设置必要的附属设备,常用的附属设备主要有以下几种:

(1) 阀门

阀门的种类很多,在燃气管道上常用的有闸阀、旋塞、球阀和蝶阀。闸阀、球阀和蝶阀在给水管道工程构造中已述及,在此不再介绍。

旋塞是一种动作灵活的阀门,阀杆转 90°即可达到启闭的要求。

(2) 补偿器

补偿器是消除管道因胀缩所产生的应力的设备,常用于架空管道和需要进行蒸汽吹扫的管道上。此外,补偿器安装在阀门的下侧,利用其伸缩性能,方便阀门的拆卸与检修。在埋地燃气管道上,多用钢制波形补偿器。

在通过山区、坑道和地震多发区的中、低压燃气管道上,可使用橡胶-卡普隆补偿器,它是带法兰的螺旋波纹软管,软管是用卡普隆布作夹层的胶管,外层用粗卡普隆绳加强。其补偿能力在拉伸时为 150mm,压缩时为 100mm,优点是纵横方向均可变形。

(3) 排水器

为排除燃气管道中的冷凝水和石油伴生气管道中的轻质油,在管道敷设时应有一定的坡度,在低处设排水器,将汇集的油或水排出,其间距根据油量或水量而定,通常取 500m。排水器还可观测燃气管道的运行状况,并可作为消除管道堵塞的手段。

(4) 放散管

放散管是一种专门用来排放管道内部的空气或燃气的装置。在管道投入运行时，利用放散管排除管道内的空气；在检修管道或设备时，利用放散管排除管道内的燃气，防止在管道内形成爆炸性的混合气体。放散管应安装在阀门井中，在环状网中阀门的前后都应安装，在单向供气的管道上则安装在阀门前。

（5）阀门井

为保证管网的运行安全与操作方便，市政燃气管道上的阀门一般都设置在阀门井中。阀门井一般用砖、石砌筑，要坚固耐久并有良好的防水性能，其大小要方便工人检修，井筒不宜过深。

## 模块10.2　市政管网工程量清单编制

### 10.2.1　市政管网工程量清单编制方法

《市政工程工程量计算规范》附录E"管网工程"，适用于市政管网工程及市政管网专用设备安装工程，管道铺设、管件、钢支架制作以及新旧管道连接，同时适用于给水排水工程和市政燃气、供热工程。

1. 市政给水排水管道的界线划分

不同性质的管道，其清单项目设置、组价定额都有所不同，所以要首先明确管道的界线划分。

（1）市政给水管道与建筑安装给水管道的界线划分

《市政工程消耗量定额》规定：有水表井的以水表井为界，无水表井的以市政管道碰头点为界。有些地方定额又进行了进一步明确，如《××省市政工程计价表》规定：有水表井的以水表井为界，无水表井的以围墙外两者碰头处为界。水表井以外为市政给水管道，水表井以内为建筑安装管道。如果建筑小区内无水表井，则管道碰头处为建筑物入土管道的变径处。

（2）市政排水管道与建筑安装排水管道的界线划分

《市政工程消耗量定额》规定：以室外管道与市政管道碰头点检查井为界。《××省市政工程计价定额》规定：市政工程排水管道与其他专业工程排水管道按其设计标准及施工验收规范划分，按市政工程设计标准设计施工的管道，属于市政工程管道。

2. 市政管网工程量清单编制方法

市政管网工程和所有市政工程，在进行工程量清单编制时的步骤方法是相同的。

（1）工程量清单编制时，首先要熟悉图纸，熟悉规范、定额及相关的工程量计算规则；

（2）确定项目名称、项目编码，计算分部分项工程数量；

（3）确定综合工程内容，编制分部分项工程量清单；

（4）编制措施项目清单；

（5）编制其他项目清单以及零星工作量。

### 10.2.2　市政管网工程清单工程量计算规则及项目设置

市政管网工程清单项目设置共分管道铺设，管件、阀门及附件安装，支架制作及安装，管道附属构筑物共 4 章 51 个项目。

1. 管道铺设

管道铺设工程量清单项目设置及工程量计算规则，应按《市政工程工程量计算规范》表 E.1 规定执行。管道铺设项目设置中没有明确区分管道的用途，列工程量清单时在市政管道名称前要明确给水、排水、热力、燃气等。

（1）项目特征

管道铺设清单项目名称较多，同样是混凝土管道，因其规格不同可以用在给水工程上，也可以用在排水工程上。所以首先要明确管道铺设清单项目的特征。

1）材质

混凝土管包括预应力混凝土管（用于给水工程）、混凝土排水管。

铸铁管包括一般铸铁管、球墨铸铁管、硅铸铁管。

钢管包括碳素钢板卷管、焊接钢管、无缝钢管。

塑料管有 UPVC、PVC、PE、HDPE、PPR 等。

2）接口形式及接口材料

给水混凝土管采用承插连接，胶圈接口。

给水承插铸铁管采用承插连接（青铅接口、石棉水泥接口、膨胀水泥接口、胶圈接口）。

排水混凝土管有平接（水泥砂浆抹带接口、钢丝网水泥砂浆抹带接口），承插连接（水泥砂浆接口、沥青油膏接口），套箍连接（预制混凝土外套环、现浇混凝土套环）。

钢管有法兰连接、焊接、箍接、丝接等。

塑料管有焊接、胶粘剂粘接、热熔连接、电熔连接、胶圈连接等。

3）垫层厚度、材料品种、强度和基础断面形式、混凝土强度

4）管材规格、埋设深度、防腐要求

（2）工程量计算规则

给水排水工程中采用的混凝土管道、铸铁管道，规定按图示管道中心线长度以"延长米"计算，不扣除井、管件、阀门所占长度。

对钢管、镀锌钢管、塑料管道，按图示管道中心线长度以"延长米"计算，不扣除管件、阀门、法兰所占长度。

塑料排水管安装，其工程量应扣除井所占长度。

管道铺设除管沟挖填方外，包括从垫层到基础，管道防腐、铺设、保温、检验试验、冲洗消毒和吹扫等全部内容。

管道铺设中遇到的管件、钢支架制作安装及新旧管连接，应分别列清单项目。

2. 管件、阀门及附件安装

管件、阀门及附件安装工程量清单项目设置、项目特征描述的内容、计量单位及工程量计算规则，应按《市政工程工程量计算规范》表 E.2 的规定执行。

3. 支架制作及安装

支架制作及安装工程量清单项目设置、项目特征描述的内容、计量单位及工

程量计算规则，应按《市政工程工程量计算规范》表 E.3 的规定执行。

4. 管道附属构筑物

管道附属构筑物工程量清单项目设置、项目特征描述的内容、计量单位及工程量计算规则，应按《市政工程工程量计算规范》表 E.4 的规定执行。

### 10.2.3　市政管网工程量清单编制实例

以××污水处理厂室外排水工程为例，工程量清单封面见表 10-2，分部分项工程量清单见表 10-3，措施项目清单见表 10-4，其他项目清单见表 10-5，暂列金额明细见表 10-6，规费、税金项目清单见表 10-7，清单工程量计算表见表 10-8。

工程量清单封面　　　　　　　　　　　　　　　表 10-2

# ××污水处理厂室外排水工程
# 工程量清单

招 标 人：　××市重点建设办公室　　　咨 询 人：　××咨询有限公司
　　　　　　　（单位盖章）　　　　　　　　　　　　（单位资质专用章）

法定代表人　　　　　　　　　　　　　　法定代表人
或其授权人：　×××　　　　　　　　　或其授权人：　×××
　　　　　　　（签字或盖章）　　　　　　　　　　　　（签字或盖章）

编 制 人：　×××　　　　　　　　　　复 核 人：　×××
　　　　　　（造价人员签字盖专用章）　　　　　　　（造价工程师签字盖专用章）

编制时间：××××年××月××日　　　　复核时间：××××年××月××日

分部分项工程量清单  表10-3

工程名称：××污水处理厂室外排水工程　　　　标段：　　第1页　共1页

| 序号 | 项目编码 | 项目名称 | 项目特征描述 | 计量单位 | 工程量 | 综合单价 | 合价 | 其中：暂估价 |
|---|---|---|---|---|---|---|---|---|
| | | | | | | 金额（元） | | |
| 1 | 040501004001 | 塑料管道铺设 | 1. UPVC加筋管铺设（胶圈接口）225mm；<br>2. 人工挖沟、槽土方，一、二类土，深2m以内；<br>3. 非定型(管)道垫层　砂；<br>4. 人工填土夯实　槽、坑 | m | 185 | | | |
| 2 | 040501004002 | 塑料管道铺设 | 1. UPVC加筋管铺设（胶圈接口）300mm；<br>2. 人工挖沟、槽土方，一、二类土，深2m以内；<br>3. 非定型(管)道垫层　砂；<br>4. 人工填土夯实　槽、坑 | m | 185 | | | |
| 3 | 040501004003 | 塑料管道铺设 | 1. UPVC加筋管铺设（胶圈接口）400mm；<br>2. 人工挖沟、槽土方，一、二类土，深2m以内；<br>3. 非定型(管)道垫层　砂；<br>4. 人工填土夯实　槽、坑；<br>5. 非定型渠(管)道垫层　C15混凝土 | m | 357.21 | | | |
| 4 | 040501004004 | 塑料管道铺设 | 1. UPVC加筋管铺设（胶圈接口）600mm；<br>2. 人工挖沟、槽土方，一、二类土，深2m以内；<br>3. 非定型(管)道垫层　砂；<br>4. 人工填土夯实　槽、坑；<br>5. 非定型渠(管)道垫层　C15混凝土 | m | 51.33 | | | |
| 5 | 040504001001 | 雨水进水井 | 1. 人工挖坑土方，一、二类土，深2m以内；<br>2. 非定型井垫层　碎石；<br>3. 非定型井垫层　C15混凝土；<br>4. 非定型井砌筑及抹灰　砖砌　矩形 M7.5；<br>5. 砖墙　井内侧抹灰；<br>6. 砖墙　井底抹灰；<br>7. 钢筋混凝土井圈制作C20；<br>8. 井盖、井箅安装　雨水井　铸铁平箅；<br>9. 人工填土夯实　槽、坑 | 座 | 28 | | | |
| 6 | 040504001002 | 砌筑检查井（不落井底） | 1. 人工挖坑土方，一、二类土，深4m以内；<br>2. 非定型井垫层　混凝土100厚C15；<br>3. 非定型井垫层　混凝土200厚C20；<br>4. 非定型井砌筑及抹灰　砖砌　矩形 M7.5；<br>5. 砖墙　井内侧抹灰；<br>6. 砖墙　流槽抹灰；<br>7. 预制井室盖板；<br>8. 井室矩形盖板安装　每块体积在0.5m³以内；<br>9. 钢筋混凝土井圈制作C20；<br>10. 井盖、井箅安装　检查井　铸铁平箅；<br>11. 人工填土夯实　槽、坑 | 座 | 11 | | | |

续表

| 序号 | 项目编码 | 项目名称 | 项目特征描述 | 计量单位 | 工程量 | 金额(元) | | |
|---|---|---|---|---|---|---|---|---|
| | | | | | | 综合单价 | 合价 | 其中：暂估价 |
| 7 | 040504001003 | 砌筑检查井（落井底） | 1. 人工挖坑土方，一、二类土，深4m以内；<br>2. 非定型井垫层 混凝土100厚C15；<br>3. 非定型井垫层 混凝土200厚C20；<br>4. 非定型井砌筑及抹灰 砖砌 矩形M7.5；<br>5. 砖墙 井内侧抹灰；<br>6. 砖墙 流槽抹灰；<br>7. 预制井室盖板；<br>8. 井室矩形盖板安装 每块体积在0.5m³以内；<br>9. 钢筋混凝土井圈制作C20；<br>10. 井盖、井箅安装 检查井 铸铁平箅；<br>11. 人工填土夯实 槽、坑 | 座 | 10 | | | |
| | | | 本页小计 | | | | | |
| | | | 合计 | | | | | |

**措施项目清单**　　　　　　　　　　　　　　　　　　　　　　　　　表10-4

工程名称：××污水处理厂室外排水工程　　　　标段：　　　　第1页　共1页

| 序号 | 项目名称 | 计算基础 | 费率(%) | 金额(元) |
|---|---|---|---|---|
| 1 | 安全文明施工费 | | | |
| 2 | 夜间施工增加费 | | | |
| 3 | 二次搬运费 | | | |
| 4 | 冬雨季施工增加费 | | | |
| 5 | 大型机械设备进出场及安拆费 | | | |
| 6 | 施工排水 | | | |
| 7 | 施工降水 | | | |
| 8 | 地上、地下设施、建筑物的临时保护设施 | | | |
| 9 | 已完工程及设备保护 | | | |
| 10 | 各专业工程的措施项目 | | | |
| | 合计 | | | |

注：本表适用于以"项"计价的措施项目。

### 其他项目清单

表 10-5

工程名称：××污水处理厂室外排水工程　　　标段：　　　第 1 页　共 1 页

| 序号 | 项目名称 | 计量单位 | 金额(元) | 备注 |
|---|---|---|---|---|
| 1 | 暂列金额 |  | 24500 | 明细详见表 10-6 |
| 2 | 暂估价 |  |  |  |
| 2.1 | 材料暂估价 |  |  |  |
| 2.2 | 专业工程暂估价 |  |  |  |
| 3 | 计日工 |  |  |  |
| 4 | 总承包服务费 |  |  |  |
|  | 合　　计 |  |  | — |

注：材料暂估单价计入清单项目综合单价，此处不汇总。

### 暂列金额明细表

表 10-6

工程名称：××污水处理厂室外排水工程　　　标段：　　　第 1 页　共 1 页

| 序号 | 项目名称 | 计量单位 | 暂定金额(元) | 备注 |
|---|---|---|---|---|
| 1 | 暂列金额 | 项 | 24500 |  |
|  | 合　　计 |  | 24500 | — |

### 规费、税金项目清单

表 10-7

工程名称：××污水处理厂室外排水工程　　　标段：　　　第 1 页　共 1 页

| 序号 | 项目名称 | 计算基础 | 费率(%) | 金额(元) |
|---|---|---|---|---|
| 1 | 规费 |  |  |  |
| 1.1 | 工程排污费 |  |  |  |
| 1.2 | 社会保障费 |  |  |  |
| (1) | 养老保险费 |  |  |  |
| (2) | 失业保险费 |  |  |  |
| (3) | 医疗保险费 |  |  |  |
| (4) | 生育保险费 |  |  |  |
| (5) | 工伤保险费 |  |  |  |
| 1.3 | 住房公积金 |  |  |  |
| 2 | 增值税 | 分部分项工程费＋措施项目费＋其他项目费＋规费 |  |  |
|  | 合　　计 |  |  |  |

清单工程量计算表  表10-8

工程名称：××污水处理厂室外排水工程  第1页 共1页

| 序号 | 分部分项工程名称 | 单位 | 数量 | 计 算 式 |
|---|---|---|---|---|
| 一 | 道路北侧、南侧雨水总管 | | | |
| 1 | Y52-Y53 | | | |
| | PVC-U 环形肋管 D300 | m | 39 | |
| | 雨水检查井 1100×1100 | 座 | 2 | 落井底深1.651m，深1.5833m各1座 |
| 2 | Y54-1～Y55 | | | |
| | PVC-U 环形肋管 D300 | m | 29 | |
| | PVC-U 环形肋管 D400 | m | 39 | |
| | 雨水检查井 1100×1100 | 座 | 3 | 落井底深1.888m，深1.978m，深2.753m各1座 |
| 3 | Y56-Y57 | | | |
| | PVC-U 环形肋管 D300 | m | 39 | |
| | 雨水检查井 1100×1100 | 座 | 2 | 深1.743m不落底、深2.173m落等底各1座 |
| 4 | Y147-Y149 | | | |
| | PVC-U 环形肋管 D300 | m | 39 | |
| | 雨水检查井 1100×1100 | 座 | 2 | 深2.15m落底、深1.733m不落等底各1座 |
| 5 | Y149-Y151 | | 3 | |
| | PVC-U 环形肋管 D400 | m | 12 | |
| | 钢筋混凝土管 D600 | m | 51.33 | |
| | 雨水检查井 1100×1100 | 座 | 3 | 深2.486m、2.84m、3.171m落底各1座 |
| 6 | Y152-Y153 | | | |
| | PVC-U 环形肋管 D300 | m | 39 | |
| | 雨水检查井 1100×1100 | 座 | 2 | 深1.743m不落井底、深2.163m落底各1座 |
| 二 | 污水系统 | | | |
| | W42-W48 | | | |
| | PVC-U 环形肋管 D400 | m | 306.21 | |
| | 污水检查井 1100×1100 | 座 | 7 | 深 3.18m、2.943m、2.893m、3.048m、3.211m、3.374m、3.576m各1座 |
| 三 | 雨水收集系统 | | | 根据工程表给定数量计算，埋深按雨水口大样图中尺寸，管道顶为1200mm，等深1500mm计算 |
| | PVC-U 环形肋管 D225 | m | 185 | |
| | 雨水集水井 510×390 | 座 | 28 | |
| 四 | 石砌井及3号临时明渠 | — | — | — |

## 模块10.3 市政管网工程量清单报价编制

### 10.3.1 管道工程工程量清单报价编制方法

(1) 熟悉图纸、规范、定额及相关基础资料；
(2) 进行工程量的核算；
(3) 确定分部分项工程量清单综合单价；
(4) 进行分部分项工程量清单计价；
(5) 措施项目清单计价；
(6) 其他项目清单计价及零星工作量计价；
(7) 计算工程造价。

### 10.3.2 管道工程工程计价工程量计算

工程量清单报价，是按照计价工程量、工料机市场价、企业定额或有关消耗量定额（包括预算定额）进行组价，形成综合单价后，再与清单工程量相乘，得出分部分项工程费。所以有必要对消耗量定额进行全面熟悉和掌握。本书以《市政工程消耗量定额》为例介绍主要的计价工程量计算规则。

1. 管道铺设

因管道性质、施工工艺、验收要求、工作内容不同，给水管道和排水管道的预算工程量计算规则和套用的定额均有所不同，必须分别对待。

(1) 给水管道

承插铸铁给水管安装工程量，按不同承插铸铁管公称直径、接口材料，以承插铸铁管的中心线长度计算，不扣除管件、阀门所占长度。支管长度从主管中心开始计算到支管末端交接处的中心。计量单位为10m。

预应力（自应力）混凝土给水管安装（胶圈接口）工程量，按不同预应力（自应力）混凝土管公称直径，以安装预应力（自应力）混凝土管的中心线长度计算，计量长度为10m。

塑料给水管安装工程量，按不同塑料管外径、连接方式（粘接、胶圈接口），以安装塑料管的中心线长度计算，不扣除管件、阀门所占长度。计量单位为10m。

碳钢管安装工程量，按不同碳钢管公称直径，以安装碳钢管的长度计算，不扣除管件、阀门、法兰所占长度。计量单位为10m。

碳素钢板卷管安装工程量，按不同碳素钢板卷管规格尺寸（外壁×壁厚），以安装碳素钢板卷管的长度计算，不扣管件、阀门等所占长度。计量单位为10m。

给水管道安装总工程量不足50m时，管径不大于300mm的，其定额人工和机械乘以系数1.67；管径大于300mm的，其定额人工和机械乘以系数2.00；管径大于600mm的，其定额人工和机械乘以系数2.50。

(2) 排水管道

套用《市政工程消耗量定额》第五册第一章相应子目。

平接（企口）式、套箍式、承插式混凝土排水管道铺设工程量，按不同下管方式和管径，以混凝土管道的中心线扣除检查井所占长度后的延长米计算，计量单位为 100m。

塑料排水管、玻璃钢管道，以管道的中心线扣除检查井所占长度后的延长米计算。

（3）混凝土排水管道接口

套用《市政工程消耗量定额》第五册第一章"排水管道接口"的相应子目。

平（企）接口工程量，按不同接口材料（水泥砂浆、钢丝网水泥砂浆、膨胀水泥砂浆、石棉水泥砂浆）、管基角度（120°、180°）、管径，以平（企）接口的口数计算，计量单位为 10 个口。

预制混凝土外套环接口工程量，按不同接口形式（平口、企口）、接口材料（石棉水泥接口、柔性接口）、管径，以外套环接口的口数计算，计量单位为 10 个口。

现浇混凝土套环接口工程量，按不同管座角度（120°、180°）、管径，以套环接口的口数计算，计量单位为 10 个口。

变形缝接口工程量按不同管径，以变形缝的口数计算，计量单位为 10 个口。

承插接口工程量，按不同接口材料（水泥砂浆接口、沥青油膏接口）、管径，以承插接口的口数计算，计量单位为 10 个口。

在排水管道平（企）口接口定额中，膨胀水泥砂浆接口和石棉水泥接口适用于 360°的角度，其他接口均是管座 120°和 180°。若管座角度不同，按相应材质的接口做法，以管道接口调整表进行调整，即调整基数或材料乘以调整系数。

定额中，水泥砂浆抹带接口、钢丝网水泥砂浆抹带接口均不包括内抹口。如设计要求内抹口时，则按抹口周长每 100m 增加水泥砂浆 $0.42m^3$、人工 9.22 工日计算。

（4）检测及试验、冲洗消毒或吹扫

给水管道试压工程量，按不同管道公称直径，以试压管道的长度计算，不扣除管件、阀门、法兰所占长度，计量单位为 100m。

给水管道消毒冲洗工程量，按不同管道公称直径，以消毒冲洗管道的长度计算，不扣除管件、阀门、法兰所占长度，计量单位为 100m。

排水管道闭水试验工程量，按不同管径，按实际闭水长度计算，不扣除各种井所占长度，计量单位为 100m。

（5）管道防腐、绝热

铸铁管（钢管）内涂工程量，按不同铸铁管（钢管）公称直径、内涂水泥砂浆的方式（离心机械内涂或人工内涂），以内涂管道的中心线长度计算，不扣除管件、阀门所占的长度，但管件、阀门内防腐工程量也不另行计算，计量单位为 10m。

金属管道除锈的工程量，按除锈的方式、锈蚀程度，以除锈管道的外表面面积计算，计量单位为 $10m^2$，套用相应子目。

刷油的工程量，以管道的外表面面积计算，计量单位为 $10m^2$，按所涂刷油漆的种类、遍数，套用相应子目。

防腐层的安装工程量按管道外径计算刷油和缠绕玻璃丝布的面积，套用相应子目。

管道保温（冷）安装工程量，按不同保温材料品种（瓦块、板材等）、管道直径，计算绝热层的体积，以"$m^3$"计，计算管道长度时不扣除法兰、阀门、管件所占长度。

保温层外包保护层（防潮层）的敷设工程量，按保护层不同材料，计算保护层的面积，计量单位为 $10m^2$。组价时，根据绝热层的结构套用有关定额子目。

(6) 垫层铺筑、基础浇筑和管座浇筑

排水管道的基础分为定型基础和非定型基础。定型基础根据《给水排水标准图集》S2 编制，如果设计的工程项目要求与采用的标准图集不同，即为非定型基础。对定型混凝土管道基础，如果管径、管座角度一定，其单位长度的砌筑工程量、单位造价一定。

1) 定型混凝土排水管道基础

平接（企口）式管道基础工程量按不同管座角度（120°、180°）、管径，以管道基础中心线扣除检查井所占长度后的延长米计算，计量单位为 100m。

满包混凝土加固工程量按不同管径，以混凝土加固中心线扣除检查井所占长度后的延长米计算，计量单位为 100m。

若管座角度与《给水排水标准图集》S2 不符，则作为非定型管道基础。

2) 非定型管道（包括给水管道、排水管道）基础和垫层

按部位分别计算垫层铺筑、基础和管座浇筑的工程量。

渠（管）道垫层工程量按不同垫层材料（毛石、碎石、碎砖、砾石、2∶8灰土、3∶7灰土）、砖石料铺筑方法（灌浆或干铺），以垫层的体积计算，计量单位为 $10m^3$。

平基工程量按不同平基材料，以平基的体积计算，计量单位为 $10m^3$。

负拱基础工程量按不同基础材料，以基础的体积计算，计量单位为 $10m^3$。

混凝土枕基的预制、安装、现浇工程量按枕基的混凝土体积计算，计量单位为 $10m^3$。

现浇混凝土管座工程量按管座的混凝土体积计算，计量单位为 $10m^3$。

混凝土枕基、管座不分角度均按上述相应项目执行。

(7) 井壁（墙）凿洞

井壁（墙）凿洞工程量，按不同墙体材料（砖墙、石墙）、墙体厚度，以凿洞的面积计算，计量单位为 $10m^2$。

2. 管道配件

《市政工程消耗量定额》第五册第二章中，列出了铸铁管件、承插式预应力混凝土转换件、塑料管件、分水栓、马鞍卡子、二合三通、铸铁穿墙管、水表的安装子目。对于碳钢管件的制作安装需套用《市政工程消耗量定额》第七册第二章"管件制作、安装"有关定额子目。

3. 井类、设备基础

(1) 定型排水检查井

定型排水检查井的砌筑，预算定额中已综合了混凝土搅拌、捣固、抹平、养生、调制砂浆、砌筑、勾缝、井盖、井座、爬梯安装、材料场内运输等工作内容。

砖砌圆形雨水检查井工程量，按不同井径、适用管径、井深，以砖砌圆形雨水检查井的座数计算。井深按井底基础以上至井盖顶计算。

砖砌跌水检查井工程量，按不同跌差高度、井深，以砖砌跌水检查井的座数计算。

砖砌竖槽式跌水井工程量，按不同型号、跌差高度、井深，以砖砌竖槽式跌水井的座数计算。

砖砌污水闸槽井，按不同规格、管径、井深，以砖砌污水闸槽井的座数计算。

砖砌矩形直线污水检查井工程量，按不同规格、管径、井深，以砖砌矩形直线污水检查井的座数计算。

砖砌矩形两侧交汇雨水检查井工程量，按不同规格、管径、井深，以砖砌矩形两侧交汇雨水检查井的座数计算。

砖砌扇形雨水检查井工程量，按不同扇形角度（30°、45°、60°、90°）、管径、井深，以砖砌扇形雨水检查井的座数计算。

砖砌雨水进水井工程量，按不同算数（单、双、三）、算的安装方式（平、立、联合）、井深，以砖砌雨水进水井的座数计算。

砖砌连接井，按不同适用管径，以砖砌连接井的座数计算。

（2）给水定型井

给水定型井包括阀门井、水表井、消火栓井、排泥井。

砖砌圆形阀门井，按不同形式（收口式或直筒式）、井内径、井深，以砖砌圆形阀门井的座数计算，计算单位为座。这里的砖砌圆形阀门井是根据《给水排水标准图集》S143编制的，且按无地下水考虑。

砖砌矩形卧式阀门井，按不同井室净空尺寸、井深，以砖砌矩形卧式阀门井的座数计算，计算单位为座。这是根据《给水排水标准图集》S144编制的，且按无地下水考虑。

砖砌矩形水表井，按不同井室净空尺寸、井室净高，以砖砌矩形水表井的座数计算，计算单位为座。这是根据《给水排水标准图集》S145编制的，且按无地下水考虑。

消火栓井，按不同形式、井深，以消火栓井的座数计算。这是根据《给水排水标准图集》S162编制的，且按无地下水考虑。

圆形排泥湿井，按不同井内径、井深，以圆形排泥湿井的座数计算。这是根据《给水排水标准图集》S146编制的，且按无地下水考虑。

（3）非定型检查井

非定型检查井包括给水管道和排水管道上各式非定型井，统称为非定型井。

（4）排水管道出口

砖砌排水管道出水口工程量，按不同出水口形式（一字式、八字式、门字式)、出水口规格、管径,以排水管道出水口的处数计算。

石砌排水管道出水口工程量,按不同出水口形式(一字式、八字式、门字式)、出水口规格、管径,以排水管道出水口的处数计算。

4. 构筑物砌筑

(1) 管道方沟

1) 管道方沟垫层预算工程量按不同垫层材料(毛石、碎石、碎砖、砾石、2∶8灰土、3∶7灰土)、砖石料铺筑方法(灌浆或干铺),以垫层的体积计算。

2) 管道方沟基础砌筑预算工程量按不同平基材料,以平基的体积计算。

(2) 沉井工程

1) 现浇混凝土沉井井壁和隔墙工程量

垫木工程量,按沉井刃角中心线长度计算。灌砂工程量,按灌砂的体积计算。沉井的井壁、隔墙浇筑工程量,均按不同结构厚度(50mm以内、50mm以外),以结构的混凝土体积计算。沉井井壁及墙壁的厚度不同,如上薄下厚时,可按平均厚度计算。

2) 沉井下沉工程量按不同挖土方法(人工、机械)、土壤类别、井深,以沉井的体积计算。

3) 沉井混凝土底板工程量

砂垫层、混凝土垫层工程量,均按垫层的体积计算。沉井混凝土底板工程量,均按不同结构厚度(50mm以内、50mm以外),以结构的混凝土体积计算。

4) 沉井内地下混凝土结构。沉井内地下结构包括刃角、地下结构梁、地下结构柱和地下结构平台。沉井的刃角、地下结构梁、柱、平台制作工程量,按其混凝土体积计算。

(3) 现浇混凝土水池

现浇钢筋混凝土水池工程量均按水池各部位不同,以混凝土实体积计算,不扣除面积 $0.3m^2$ 以内的空洞体积。现浇钢筋混凝土水池部位分为:池底、池壁(隔墙)、池柱、池梁、池盖、现浇混凝土板、池槽、导流洞(壁)、混凝土扶梯、其他现浇钢筋混凝土构件和金属扶梯、栏杆。

(4) 预制钢筋混凝土构件

预制钢筋混凝土构件包括预制板、槽、支墩和其他异型构件。钢筋混凝土稳流板、井池内壁板、挡水板、导流隔板工程量,均按其混凝土体积计算,计量单位为 $10m^3$。配孔集水槽、辐射槽制作、安装工程量,均按其混凝土体积计算,计量单位为 $10m^3$。支墩制作、安装工程量,均按其混凝土体积计算,计量单位为 $10m^3$。异型构件制作、安装工程量,均按其混凝土体积计算,计量单位为 $10m^3$。

### 10.3.3 管道工程工程量清单报价实例

本书以××污水处理厂室外排水工程为例介绍管道工程工程量清单报价,投标总价封面见表10-9,单位工程投标报价汇总表见表10-10,分部分项工程量清单与计价表见表10-11,措施项目清单与计价表见表10-12,其他项目清单与计价汇总表见表10-13,暂列金额明细表见表10-14,规费、税金项目清单与计价表见表10-15。

投标总价封面 　　　　　　　　　　　表 10-9

# 投 标 总 价

招 标 人：　　　××市重点建设办公室　　　

工 程 名 称：　　　××污水处理厂室外排水工程　　　

投 标 总 价(小写)：　　　　387333.15　　　　

　　　（大写）：　　叁拾捌万柒仟叁佰叁拾叁元壹角伍分　　

投 标 人：　　　××市政工程公司　　　
　　　　　　　　　　（单位盖章）

法 定 代 表 人
或其授权人：　　　　　×××　　　　
　　　　　　　　　（签字或盖章）

编 制 人：　　　　　×××　　　　
　　　　　　　（造价人员签字盖专用章）

编 制 时 间：××××年××月××日

## 单位工程投标报价汇总表

表 10-10

工程名称：××污水处理厂室外排水工程　　　　　　　　　　　　第1页　共1页

| 序号 | 单项工程名称 | 金额(元) | 其中:暂估价(元) |
|---|---|---|---|
| 1 | 分部分项工程 | 299249.69 | |
| 2 | 措施项目 | 18231.82 | |
| 2.1 | 安全文明施工费 | 18231.82 | |
| 3 | 其他项目 | 24500.00 | |
| 3.1 | 暂列金额 | 24500.00 | |
| 3.2 | 专业工程暂估价 | | |
| 3.3 | 计日工 | | |
| 3.4 | 总承包服务费 | | |
| 4 | 规费 | 13370 | |
| 5 | 增值税税金 | 31981.64 | |
| | 招标控制价/投标报价合计＝1＋2＋3＋4＋5 | 387333.15 | |

注：本表适用于单位工程招标控制价或投标报价的汇总，如无单位工程划分，单项工程也使用本表汇总。

## 分部分项工程量清单与计价表

表 10-11

工程名称：××污水处理厂室外排水工程　　　标段：　　　　　第1页　共1页

| 序号 | 项目编码 | 项目名称 | 项目特征描述 | 计量单位 | 工程量 | 金额(元) | | 其中:暂估价 |
|---|---|---|---|---|---|---|---|---|
| | | | | | | 综合单价 | 合价 | |
| 1 | 040501004001 | 塑料管道铺设 | 1. UPVC加筋管铺设(胶圈接口)225mm；<br>2. 人工挖沟、槽土方，一、二类土，深2m以内；<br>3. 非定型(管)道垫层　砂；<br>4. 人工填土夯实　槽、坑 | m | 185 | 126.822 | 23462.07 | |
| 2 | 040501004002 | 塑料管道铺设 | 1. UPVC加筋管铺设(胶圈接口)300mm；<br>2. 人工挖沟、槽土方，一、二类土，深2m以内；<br>3. 非定型(管)道垫层　砂；<br>4. 人工填土夯实　槽、坑 | m | 185 | 222.25 | 41116.25 | |
| 3 | 040501004003 | 塑料管道铺设 | 1. UPVC加筋管铺设(胶圈接口)400mm；<br>2. 人工挖沟、槽土方，一、二类土，深2m以内；<br>3. 非定型(管)道垫层　砂；<br>4. 人工填土夯实　槽、坑；<br>5. 非定型渠(管)道垫层C15混凝土 | m | 357.21 | 308.03 | 110031.4 | |
| 4 | 040501004004 | 塑料管道铺设 | 1. UPVC加筋管铺设(胶圈接口)600mm；<br>2. 人工挖沟、槽土方，一、二类土，深2m以内；<br>3. 非定型(管)道垫层　砂；<br>4. 人工填土夯实　槽、坑；<br>5. 非定型渠(管)道垫层C15混凝土 | m | 51.33 | 697.385 | 35796.77 | |

续表

| 序号 | 项目编码 | 项目名称 | 项目特征描述 | 计量单位 | 工程量 | 金额(元) | | 其中：暂估价 |
|---|---|---|---|---|---|---|---|---|
| | | | | | | 综合单价 | 合价 | |
| 5 | 040504001001 | 雨水进水井 | 1. 人工挖坑土方 一、二类土，深2m以内；<br>2. 非定型井垫层 碎石；<br>3. 非定型井垫层 C15混凝土；<br>4. 非定型井砌筑及抹灰 砖砌 矩形 M7.5；<br>5. 砖墙 井内侧抹灰；<br>6. 砖墙 井底抹灰；<br>7. 钢筋混凝土井圈制作 C20；<br>8. 井盖、井箅安装 雨水井铸铁平箅；<br>9. 人工填土夯实 槽、坑 | 座 | 28 | 556.341 | 15577.55 | |
| 6 | 040504001002 | 砌筑检查井（不落井底） | 1. 人工挖坑土方 一、二类土，深4m以内；<br>2. 非定型井垫层 混凝土100厚C15；<br>3. 非定型井垫层 混凝土200厚C20；<br>4. 非定型井砌筑及抹灰 砖砌 矩形 M7.5；<br>5. 砖墙 井内侧抹灰；<br>6. 砖墙 流槽抹灰；<br>7. 预制井室盖板；<br>8. 井室矩形盖板安装 每块体积在0.5m³以内；<br>9. 钢筋混凝土井圈制作 C20；<br>10. 井盖、井箅安装 检查井铸铁平箅；<br>11. 人工填土夯实 槽、坑 | 座 | 11 | 3790.541 | 41695.95 | |
| 7 | 040504001003 | 砌筑检查井（落井底） | 1. 人工挖坑土方 一、二类土，深4m以内；<br>2. 非定型井垫层 混凝土100厚C15；<br>3. 非定型井垫层混凝土200厚C20；<br>4. 非定型井砌筑及抹灰 砖砌 矩形 M7.5；<br>5. 砖墙 井内侧抹灰；<br>6. 砖墙 流槽抹灰；<br>7. 预制井室盖板；<br>8. 井室矩形盖板安装 每块体积在0.5m³以内；<br>9. 钢筋混凝土井圈制作 C20；<br>10. 井盖、井箅安装 检查井铸铁平箅；<br>11. 人工填土夯实 槽、坑 | 座 | 10 | 3156.97 | 31569.7 | |
| | | | 本页小计 | | | | 299249.69 | |
| | | | 合计 | | | | 299249.69 | |

注：表中各项费用均以不包含增值税可抵扣进项税额的价格计算。

**措施项目清单与计价表**  表 10-12

工程名称：××污水处理厂室外排水工程　　标段：　　　　第 1 页　共 1 页

| 序号 | 项目名称 | 计算基础 | 费率(%) | 金额(元) |
|---|---|---|---|---|
| 1 | 安全文明施工费 | 人工费(60772.73) | 30% | 18231.82 |
| 2 | 夜间施工增加费 | | | |
| 3 | 二次搬运费 | | | |
| 4 | 冬雨季施工增加费 | | | |
| 5 | 大型机械设备进出场及安拆费 | | | |
| 6 | 施工排水 | | | |
| 7 | 施工降水 | | | |
| 8 | 地上、地下设施、建筑物的临时保护设施 | | | |
| 9 | 已完工程及设备保护 | | | |
| 10 | 各专业工程的措施项目 | | | |
| | 合　　计 | | | 18231.82 |

注：1. 本表适用于以"项"计价的措施项目。
　　2. 表中安全文明施工费以不包含增值税可抵扣进项税额的价格计算。

**其他项目清单与计价汇总表**    表 10-13

工程名称：××污水处理厂室外排水工程　　　　标段：　　　　　　第 1 页　共 1 页

| 序号 | 项目名称 | 计量单位 | 金额(元) | 备注 |
|---|---|---|---|---|
| 1 | 暂列金额 | | 24500 | 明细详见表 10-14 |
| 2 | 暂估价 | | | |
| 2.1 | 材料暂估价 | | | |
| 2.2 | 专业工程暂估价 | | | |
| 3 | 计日工 | | | |
| 4 | 总承包服务费 | | | |
| | 合　计 | | 24500 | — |

注：材料暂估单价计入清单项目综合单价，此处不汇总。

**暂列金额明细表**    表 10-14

工程名称：××污水处理厂室外排水工程　　　　标段：　　　　　　第 1 页　共 1 页

| 序号 | 项目名称 | 计量单位 | 暂定金额(元) | 备注 |
|---|---|---|---|---|
| 1 | 暂列金额 | 项 | 24500 | |
| | 合　计 | | 24500 | — |

注：表中暂列金额以不包含增值税可抵扣进项税额的价格计算。

规费、税金项目清单与计价表　　　　表 10-15

工程名称：××污水处理厂室外排水工程　　标段：　　第 1 页　共 1 页

| 序号 | 项目名称 | 计算基础 | 费率(%) | 金额(元) |
|---|---|---|---|---|
| 1 | 规费 | | | 13370 |
| 1.1 | 工程排污费 | | | |
| 1.2 | 社会保障费 | 人工费(60772.73) | 16% | 9723.64 |
| 1.3 | 住房公积金 | 人工费(60772.73) | 6% | 3646.36 |
| 1.4 | 危险作业意外伤害保险 | | | |
| 1.5 | 工程定额测定费 | | | |
| 2 | 增值税 | 分部分项工程费＋措施项目费＋其他项目费＋规费 | 9% | 31981.64 |
| | 合　　计 | | | 45351.64 |

## 思考题与习题

1. 叙述给水工程的分类。
2. 叙述城市给水系统的组成。
3. 常用的给水管材有哪些？
4. 常用的给水管件和附件有哪些？
5. 排水工程是如何分类的？
6. 叙述排水管道系统的组成。
7. 常用的排水管材有哪些？
8. 叙述燃气系统的分类。
9. 叙述常用的燃气管材。
10. 叙述市政管网工程工程量清单的编制过程。
11. 叙述市政管网工程工程量清单报价的编制过程。

# 教学单元 11　市政工程 BIM 算量概论

**【课程思政】**　被称为"现代世界七大奇迹"之一的港珠澳大桥，位于广东省珠江口伶仃洋海域内。港珠澳大桥获得国际隧道协会"2018 年度重大工程奖"；英国土木工程师学会（ICE）期刊 *New Civil Engineer* 评选的"2018 年度隧道工程奖（10 亿美元以上）"；港珠澳大桥珠海口岸工程荣获"鲁班奖"（国家优质工程）；获"2020 年国际桥梁大会（IBC）超级工程奖"。

港珠澳大桥是世界上里程最长、沉管隧道最长、寿命最长、钢结构最大、施工难度最大、技术含量最高、科学专利和投资金额最多的跨海大桥；大桥工程的技术及设备规模创造了多项世界纪录。

港珠澳大桥由于在设计中应用了 BIM 多专业协同、BIM 模型出图、设计方案论证等，在施工阶段采用 BIM 技术进行施工进度管理、漫游与工序模拟，而取得了非常显著的成果。

**【教学目标】**　通过本教学单元学习，学生了解 BIM 的概念、BIM 三维可视化特性以及建模软件的有关内容；通过对市政工程 BIM 模型获取工程量的方法，以及软件计算工程量内容的了解，为后续学习市政工程算量软件，掌握 BIM 工程量计算方法做好准备。

## 模块 11.1　BIM 概述

### 11.1.1　建筑信息模型（BIM）的概念

建筑信息模型（Building Information Modeling，Building Information Model，简称 BIM）是在建设工程及设施全生命期内，对其物理和功能特性进行数字化表达，并依此设计、施工、运营的过程和结果的总称，简称 BIM 模型。

### 11.1.2　BIM 的三维可视化特性

三维可视化是 BIM 技术的主要特性，有效应用三维可视化 BIM 技术可以促使建筑设计更加精准。

贯穿于建筑方案创作过程是三维的空间思维，而传统设计方法中的演化和推敲是在二维图形上完成的（图 11-1），设计师往往会受限于二维和三维思维之间的差别。另外，设计人员和读图人员之间，为了表达和理解设计，要经历反复转换的过程。BIM 技术的可视性特点使设计人员可以在三维空间里面做设计，三维的立体实物图形能将建筑物的具体形象展现出来，有效再现建筑的具体构件信息（图 11-2），在方便设计师的同时，也方便了其他人理解设计师的意图。

这种"所见即所得"的可视性能有效实现整个建筑设计、建设和管理过程中工程内容的全面性和准确性。

图 11-1　斜拉桥二维图

图 11-2　斜拉桥三维图

## 模块 11.2　BIM 软件概述

### 11.2.1　国外建模软件

1. Revit

Revit 是美国 Autodesk 公司一系列软件的名称。Revit 系列软件是为建筑信息模型（BIM）构建的，可帮助建筑设计师设计、建造和维护质量更好、能效更高的建筑。Revit 是我国建筑业 BIM 体系中使用最广泛的软件之一。

2. ArchiCAD

ArchiCAD 是图软（GRAPHISOFT）公司于 1982 年在匈牙利首都布达佩斯创建的。ArchiCAD 作为一款最早的建模软件，历史更长，积累更好，能出非常漂亮的图档，支持多核工作，而且速度还快于 CAD，较受最开始接触三维软件的建筑师欢迎。

### 3. CATIA

CATIA 是法国达索公司的产品开发 CAD/CAE/CAM 一体化软件，是英文 Computer Aided Tri-Dimensional Interface Application（计算机辅助三维应用程序接口）的缩写。

它的功能涵盖了产品从概念设计、工业设计、三维建模、分析计算、动态模拟与仿真、工程图的生成到生产加工成产品的全过程，其中还包括了大量的电缆和管道布线、各种模具设计和分析、人机交换等实用模块。在 CATIA 的设计环境中，无论是实体还是曲面，做到了真正的互操作。CATIA 不但能够保证企业内部设计部门之间的协同设计功能，而且还可以提供企业整个集成的设计流程和端对端的解决方案。

### 4. Bentley

美国 Bentley 软件公司的 Bentley 软件作为 BIM 技术应用软件在工程上可应用的范围很广。它具有能在三维环境里精确绘图、独特的参考功能、优良的兼容功能、友好的操作界面、完整的软件体系和统一的数据平台等优点。我国用户尤其是基础设施方面的很多用户开始使用 Bentley 软件。

## 11.2.2 国内建模软件

### 1. 国内建模软件

目前国内具有建模功能的软件，主要包括"×××三维算量"等。

建模的源头是建筑师，建模技能是非常专业的技能，需要专业知识和方法，不能普及到大家都来建模，需要由经过专业学习的建筑师和结构工程师来完成。目前的房屋建筑、桥梁 BIM 模型，基本上用国外建模软件来完成。近期国内也有软件公司在开发有自主知识产权的建模软件。

国内一般的××建模软件不是正向设计建模，是根据 CAD 施工图的数据信息重新录入软件的工作过程，所以这项工作应该叫"翻模"，不是"建模"。

### 2. 翻模

采用设计院交付的 CAD 施工图，用软件建立和深化为建筑信息模型，俗称"翻模"。

依据 CAD 图纸，应用翻模软件，根据要求输入各种相关数据，将二维平面图翻模为三维立体建筑物。

### 3. 翻模的局限性

目前，大多数设计单位都是交付的 CAD 图，所以各软件公司都开发了将 CAD 图"翻为"建筑信息模型的软件。由于没有统一标准，各软件公司依据 CAD 图翻模出来的建筑信息模型的格式没有统一，因此各软件翻出来的模型不能通用。

## 模块 11.3 市政工程 BIM 算量应用举例

说明：本模块市政工程算量的 BIM 模型，均由 Revit 软件建模。

### 11.3.1 钢筋混凝土桥 BIM 算量

1. 某工程钢筋混凝土桥 BIM 模型

某工程钢筋混凝土桥 BIM 模型示意图见图 11-3。

图 11-3　某工程钢筋混凝土桥 BIM 模型示意图

## 2. 某大桥箱梁与承台模型的节点大样

某大桥箱梁与承台模型的节点大样见图 11-4。

图 11-4　某大桥箱梁与承台模型的节点大样图

### 3. 某大桥边箱梁长度

在 Revit 软件中，可以看到边箱梁的长度为 30.30m，见图 11-5。

图 11-5　某大桥边箱梁长度示意图

### 4. 某大桥边箱梁构件三维图

某大桥边箱梁构件三维图，见图 11-6。

图 11-6　某大桥边箱梁构件三维图

## 5. 某大桥边箱梁构件混凝土工程量

BIM模型的构件工程量，不需要人工计算，可以直接从该构件的属性找到。见图11-7中框选的内容，即该33.30m长的边箱梁构件混凝土工程量为36.919m³。

图11-7 某大桥边箱梁构件混凝土工程量

## 6. 某大桥边箱梁构件钢筋工程量

在某大桥边箱梁构件BIM模型中，可以找到该构件钢筋用量数据，见图11-8。
钢筋质量 $= 895271.41 \times 7.85 \times 10^{-3} = 7027.88$ kg

图11-8 某大桥边箱梁构件钢筋工程量

## 11.3.2 应用 BIM 模型计算市政工程工程量

1. 从 BIM 模型提取混凝土挡土墙工程量

通过 Revit 软件打开混凝土挡土墙 BIM 模型，从框选中内容可以看到 1.20m 长的混凝土挡土墙工程量为 5.983m³，见图 11-9。

图 11-9　混凝土挡土墙 BIM 模型中工程量数据

2. 从 BIM 模型提取道路栏杆混凝土底座工程量

从 BIM 模型中提取道路栏杆混凝土底座的工程量数据，见图 11-10 中的 3.042m³。

3. 从 BIM 模型提取栈桥栏杆工程量

栈桥 BIM 模型与栏杆工程量数据见图 11-11，框选处的栏杆长为 73.4508m。

4. 从 BIM 模型提取栈桥 H 型钢工程量

栈桥 BIM 模型中长度为 32.0m 的 H 型钢工程量数据见图 11-12，框选处的体积为 0.084m³。

H 型钢质量＝0.084×7850＝659.4kg

5. 从 BIM 模型提取栈桥边沿工字钢工程量

栈桥 BIM 模型 20.14m 长工字钢工程量数据见图 11-13，框选处体积为 0.205m³。

图 11-10 从 BIM 模型中提取道路栏杆混凝土底座的工程量数据

图 11-11 栈桥 BIM 模型与栏杆工程量数据

图 11-12　栈桥 BIM 模型 H 型钢工程量数据

图 11-13　BIM 模型工字钢工程量数据

工字钢质量＝0.205×7850＝1609.25kg

### 11.3.3　软件自动汇总工程量计算结果

1. 计量软件自动从模型中提取工程量数据并汇总计算结果

虽然现有的 BIM 软件，例如 Revit、Takela 等都可以计算工程量，但是由于系统中没有设置和建立符合我国各省市规定的预算定额（或规范）及工程量计算规则所对应规则以及数据库，不能计算出符合要求的工程量。因此，凡是 BIM 算量平台都需要进行二次开发，才能运用建筑信息模型，实现符合我国工程量计算规范或者规则要求的工程量计算。

例如，某个以 Revit 平台开发的工程量计算软件，先将 BIM 模型导入计算机，见图 11-14。

图 11-14　建筑结构 BIM 模型

点击软件界面"分析汇总"操作按钮后，就完成了工程量计算分析与汇总，见图 11-15。

图 11-15　工程量计算分析与汇总界面

工程量计算结果报表见图 11-16。

图 11-16　工程量计算结果报表

2. 道路桥梁工程量计算软件及特点

可以通过 BIM 软件建立道路桥梁的 BIM 模型。然后通过编制路桥工程量计算软件，实现 BIM 工程量计算，取得计算成果。

路桥 BIM 工程量计算软件是根据造价工程师总结的工程量计算方法和经验编制的，所以学生要掌握市政工程计量的方法和技能，将来才能灵活应用路桥工程量计算软件。BIM 路桥工程量计算软件是现代化、信息化的工程量计算工具，只

图 11-17　某道路工程量计算软件界面

要掌握好操作流程就可以完成计算任务，软件并不能告诉你如何计算工程量，你也看不到这些数据是怎样运算的。所以掌握手工计算工程量的方法和技能，是高等职业教育的目标。

目前，市政工程专业通过开设"Revit 建模基础""市政工程 BIM 计量软件应用"等课程学习与训练 Revit 建模软件和市政工程 BIM 算量软件操作方法和技能。各地区都有市政工程 BIM 算量相关软件，例如某道路工程量计算软件见图 11-17，某桥梁工程量计算软件见图 11-18。

图 11-18　某桥梁工程量计算软件界面

### 思考题与习题

1. 什么是 BIM？BIM 最重要的特性是什么？
2. 教材中介绍了哪些 BIM 软件？
3. 你听说过有哪些建模软件？
4. Revit 建模软件可以建桥梁模型吗？
5. BIM 模型中的工程量数据是从哪里来的？
6. BIM 市政工程算量需要市政工程计量的专业知识吗？
7. 你对 BIM 算量有哪些认识？

# 附录　市政工程施工图

## 道路工程说明

### 1.1　设计依据
1. 某污水处理厂工程建设指挥部委托某设计院设计合同。
2. 关于某道路工程初步设计的批复。
3. 某市建设委员会公文处理简复单。

### 1.2　主要设计资料
1. 《城市道路工程设计规范（2016年版）》CJJ 37—2012。
2. 《无障碍设计规范》GB 50763—2012。

### 1.3　道路设计调整内容
1. 与初步设计相比，道路路宽由初设 50m 增加到 60m，道路分幅也作了一定的调整（详见标准横断面）。
2. 因道路路宽和路幅的调整且要与已设计道路标高接顺，道路纵断也作了相应调整。
3. 本标段与初步设计相比在桩号 K8+260 处增加一座跨径 20m 的桥梁。

### 1.4　道路设计标准
1. 道路设计等级：德胜路：城市快速路，设计车速 80km/h，辅道设计车速 40km/h。
2. 沥青路面设计年限 15 年，路面结构设计标准轴载 100kN。交通等级：重型。

### 1.5　道路路面结构设计
快车道：3cm（细粒式沥青混凝土）+5cm（中粒式沥青混凝土）+7cm（粗粒式沥青混凝土）+35cm（粉煤灰三渣）+30cm（塘渣垫层）=80cm。

辅道：3cm（细粒式沥青混凝土）+7cm（粗粒式沥青混凝土）+30cm（粉煤灰三渣）+20cm（塘渣垫层）=60cm。

人行道：5cm（预制人行道板）+2cm（水泥砂浆）+15cm（粉煤灰三渣）=22cm。

### 1.6　路基工程
设计德胜路大部分路段为拆迁建筑、现状农田及池塘，要求对路基进行处理。
1. 对于现状农田路段，路基施工前需先清除表面耕植土，层厚约为 30cm，然后分层回填至路基顶面。
2. 对于淤泥质填土和池塘等不良地质的路段，应先抽干水，要求完全清淤，然后用塘渣进行换填处理，分层回填至路基顶面，如遇淤泥层较厚，则根据实际情况，待施工时再明确处理方案。

3. 对于沿线桥梁桥台台背5m范围内填土应采用砂碎石回填。

### 1.7 施工注意事项

1. 本标段设计起点桩号为K8+120，终点桩号为K10+320。

2. 与本次设计道路相交的经一路、经二路、经三路、经四路均不开口（平面图中用虚线表示）。

3. 道路平面图中表示的桥梁、箱涵位置、尺寸及结构以桥梁、箱涵图为准。

4. 公交车站设在辅道上，采用非港湾式停靠站，具体位置由公交公司和其他部门协商确定。

5. 道路两侧挡墙基础如遇池塘，则先清淤，用塘渣回填至周围现状地面标高，然后在其上砌筑挡墙至路面高度。

6. 道路填土应分层回填，采用重型压路机碾压，每层夯实厚度不大于30cm，路槽下0~0.8m范围压实度为98%，0.8m以下压实度为93%。保证土基回弹模量≥25MPa，再铺基层，严禁用生活垃圾和淤质土及有机质土回填。

7. 施工前应进行各项室内指标试验（包括侧石抗压强度等），满足要求后才能进行施工。

8. 路基填方及路面结构施工时应严格按有关规范及验收标准执行，合格后可进行下一道工序施工。

### 1.8 工程质量验收标准

道路工程质量验收和评定按《城镇道路工程施工与质量验收规范》CJJ 1—2008进行。

道路平面图

说明：
1. 本图尺寸以"cm"计。
2. 快车道沥青混凝土路面顶面允许弯沉值为0.048cm，基层顶面允许弯沉值为0.06cm。
3. 辅道沥青混凝土路面顶面允许弯沉值为0.056cm，基层顶面允许弯沉值为0.07cm。
4. 粉煤灰三渣基层配合比（重量比）为粉煤灰：石灰：碎石=32:8:60。
5. 土基模量必须大于25MPa，塘渣顶面回弹模量必须大于等于35MPa，塘渣须有较好级配，最大粒径小于等于10cm。
6. 5m中央绿化带采用高侧石，4.5m机非隔离带采用普通侧石。

路面结构图

**挡墙断面尺寸表**

| 墙高 H (m) | HH (m) | $DH_1$ (m) | $DH_2$ (m) | B (m) | $DL_1$ (m) | $DL_2$ (m) |
|---|---|---|---|---|---|---|
| 4.0 | 5.13 | 1.13 | 0.5 | 3.15 | 0.38 | 0.5 |
| 3.5 | 4.55 | 1.05 | 0.5 | 2.75 | 0.35 | 0.3 |
| 3 | 3.97 | 0.97 | 0.5 | 2.25 | 0.32 | 0.5 |
| 2.5 | 3.28 | 0.78 | 0.4 | 1.93 | 0.26 | 0.4 |
| 2 | 2.62 | 0.62 | 0.3 | 1.62 | 0.18 | 0.3 |
| 1.5 | 2.01 | 0.51 | 0.25 | 1.3 | 0.15 | 0.2 |
| 1.0 | 1.41 | 0.41 | 0.2 | 1.06 | 0.12 | 0.2 |

**挡墙工程数量表（m³/m）**

| 墙　高 | 4000 (mm) | 3500 (mm) | 3000 (mm) | 2500 (mm) | 2000 (mm) | 1500 (mm) | 1000 (mm) |
|---|---|---|---|---|---|---|---|
| C20 混凝土压顶 | 0.11 | 0.110 | 0.110 | 0.110 | 0.110 | 0.110 | 0.110 |
| M10 浆砌块石 | 4.43 | 3.6 | 2.71 | 3.16 | 2.2 | 1.43 | 0.82 |
| C15 毛石混凝土 | 2.6 | 2.13 | 1.73 | — | — | — | — |
| 碎石垫层 | 0.32 | 0.28 | 0.24 | 0.19 | 0.16 | 0.13 | 0.11 |

说明:
1. 挡墙沉降缝宽 2cm，间距 10～15m，墙高变化处也需设沉降缝，缝内填油浸沥青木丝板。
2. 墙背回填土采用一层塘渣一层土，每层压实厚度不大于 30cm。
3. 挡墙底地表一层杂填土需全部挖除，再填以塘渣。
4. 挡墙采用大开挖施工。要做好施工现场排水工作，防止地基土泡水扰动。
5. 挡墙高度大于 1.5m 以上需设泄水孔，泄水孔需高出地面 30cm。
6. 挡墙边 1m 以内严禁用压路机碾压，需人工夯实。
7. 墙身块石强度必须大于 300kg/cm²，块石大小须基本一致，摆放密实，坐浆可靠。
8. 若挡墙高度与实地高度不同，按实际高度施工。
9. 施工横断面图中挡墙高度为本图中的 HH。
10. 碎石垫层厚度 10cm，反滤层与墙背间设土工布两层（300g/m²）。
11. 道路两侧挡墙如遇池塘，则先清淤，然后用塘渣回填至周围现状标高且塘渣回填顶面须超出挡墙底基础外 0.5m，然后以 1：1.5 放坡（见图）。

**浆砌块石挡墙设计图**

7.455

桩号：K8+120.000

路中心填方高度＝1.225

左宽＝30.000　右宽＝30.000

填方面积＝19.425　挖方面积＝0.715

左挡墙高度＝0.998　右挡墙高度＝1.174

左挡墙面积＝0.539　右挡墙面积＝0.636

7.758

桩号：K8+180.000

路中心填方高度＝2.058

左宽＝30.000　右宽＝30.000

填方面积＝79.514　挖方面积＝1.163

左挡墙高度＝2.232　右挡墙高度＝1.909

左挡墙面积＝1.809　右挡墙面积＝1.428

7.353

桩号：K8+100.000

路中心填方高度＝1.113

左宽＝30.000　右宽＝30.000

填方面积＝15.316　挖方面积＝1.786

左挡墙高度＝1.079　右挡墙高度＝1.073

左挡墙面积＝0.583　右挡墙面积＝0.580

7.661

桩号：K8+160.772

路中心填方高度＝1.921

左宽＝30.000　右宽＝30.000

填方面积＝60.225　挖方面积＝1.151

左挡墙高度＝2.057　右挡墙高度＝2.057

左挡墙面积＝1.597　右挡墙面积＝1.597

7.252

桩号：K8+080.000

路中心填方高度＝1.032

左宽＝30.000　右宽＝30.000

填方面积＝13.168　挖方面积＝5.191

左挡墙高度＝0.948　右挡墙高度＝0.948

左挡墙面积＝0.512　右挡墙面积＝0.512

管道施工横断图（一）

桩号：K8+140.000

路中心填方高度=1.306

左宽=30.000　右宽=30.000

填方面积=19.560　挖方面积=2.664

左挡墙高度=0.976　右挡墙高度=1.187

左挡墙面积=0.527　右挡墙面积=0.643

桩号：K8+240.000

路中心填方高度=2.115

左宽=30.500　右宽=30.000

填方面积=92.195　挖方面积=3.738

左挡墙高度=4.883　右挡墙高度=2.246

左挡墙面积=6.538　右挡墙面积=1.826

桩号：K8+320.000

路中心填方高度=4.362

左宽=30.000　右宽=30.000

填方面积=129.383　挖方面积=2.077

左挡墙高度=2.865　右挡墙高度=2.942

左挡墙面积=2.669　右挡墙面积=2.784

桩号：K8+220.000

路中心填方高度=2.250

左宽=30.000　右宽=30.000

填方面积=71.760　挖方面积=1.318

左挡墙高度=2.197　右挡墙高度=2.322

左挡墙面积=1.765　右挡墙面积=1.922

管道施工横断图（二）

桩号：K8+300.000

路中心填方高度=4.333

左宽=30.000　右宽=30.000

填方面积=128.959　挖方面积=2.373

左挡墙高度=2.980　右挡墙高度=2.814

左挡墙面积=2.842　右挡墙面积=2.594

桩号：K8+200.000

路中心填方高度=1.799

左宽=30.000　右宽=30.000

填方面积=56.344　挖方面积=0.916

左挡墙高度=1.978　右挡墙高度=1.671

左挡墙面积=1.506　右挡墙面积=1.174

桩号：K8+280.000

路中心填方高度=2.586

左宽=30.000　右宽=30.500

填方面积=129.902　挖方面积=4.842

左挡墙高度=2.946　右挡墙高度=4.769

左挡墙面积=2.791　右挡墙面积=6.287

桩号：K8+340.000

路中心填方高度=4.262

左宽=30.000　右宽=30.000

填方面积=124.154　挖方面积=3.945

左挡墙高度=4.776　右挡墙高度=2.609

左挡墙面积=6.303　右挡墙面积=2.303

道路施工横断图

## 排水施工图总说明

### 2.1 设计依据及主要资料

1. 某污水处理厂工程建设指挥部委托某设计院设计合同。
2. 关于某道路工程初步设计的批复。
3. 某道路工程管线设计协调会会议纪要(某污水处理厂工程建设指挥部)。
4. 某道路工程初步设计(某设计院)。

### 2.2 施工图变更内容

1. 道路按远期60m实施,要求管线也按远期设计。
2. 按"初步设计的批复"要求,管线均安排在辅道、人行道及辅道与快车道之间的绿化带上(详见管位图)。

### 2.3 管材、接口形式、管道基础

1. 管材:

$D225 \sim D500$:为PVC-U环形肋管,后附图纸提供的$D400$为承插混凝土基础;

$D600$:钢筋混凝土管。

2. 接口形式:橡胶圈接口。
3. 管道基础:见结构图。

### 2.4 施工方法、注意事项及验收标准

1. 施工方法

采用大开挖施工,做好沟槽内降水以及地面排水工作;管道应由下游向上游施工,由深及浅。

2. 施工注意事项

(1) 道路纵坡最低处设置的雨水口位置不应移动,均为单箅式雨水口。

(2) 雨水口连接管:均为$D225$,$i=1\%$。

(3) 路口雨水口位置应根据道路交叉口竖向设计设置。

(4) 钢件防腐:采用JS涂料。

3. 验收标准

要求雨水、污水管均做闭水试验,验收按《给水排水管道工程施工及验收规范》GB 50268—2008及其有关规范实行。

### 2.5 需说明的几个问题

1. 管线单位应提供各自管线设计资料,以便管线综合设计。
2. 施工前应会同有关部门确定是否需设置水利横穿管。
3. 道路两侧各15m范围内河道做驳坎,详见结构图。

**工程数量表**

| 序号 | 名称 | 规格 | 材料 | 单位 | 数量 | 备注 |
|---|---|---|---|---|---|---|
| 雨 水 部 分 | | | | | | |
| 1 | 雨水管 | D225 | PVC-U 环形肋管 | m | 185 | |
| 2 | 雨水管 | D300 | PVC-U 环形肋管 | m | 190 | |
| 3 | 雨水管 | D400 | PVC-U 环形肋管 | m | 174 | |
| 4 | 雨水管 | D600 | 钢筋混凝土管 | m | 106 | |
| 5 | 雨水检查井 | 1100×1100 | 砖砌井 | 座 | 16 | |
| 6 | 单箅雨水口 | 510×390 | 铸铁 | 座 | 28 | |
| 7 | 出水口 | D600 | 石砌 | 座 | 1 | |
| 污 水 部 分 | | | | | | |
| 1 | 污水管 | D400 | PVC-U 形环肋管 | m | 153 | |
| 2 | 污水检查井 | 1100×1100 | 砖砌井 | 座 | 4 | |
| 河 道 部 分 | | | | | | |
| 1 | 3号临时明渠 | 4m 宽 | 石砌 | m | 177 | |

平面图（Ⅱ型）

矩形排水检查井平面图、剖面图
（井筒总高度≤2.0m，不落底井）

注：
1. $D$ 为检查井主管管径。
2. 主管为企口管时，检查井的 $a'$ 为 $1000mm-a$，其余为 $100mm$。

## 各 部 尺 寸

| 管径 $D$(mm) | 井室平面尺寸 $A \times B$(mm×mm) | 井壁厚度 $a$(mm) | 井室高度 $H_1$(mm) | 井筒高度 $h$(mm) |
|---|---|---|---|---|
| ≤600 | 1100×1100 | 370 | 1800～1900 | 600～2000 |

## 工程数量表

| 管径 $D$(mm) | 井室平面尺寸 $A \times B$(mm×mm) | 井壁厚度 $a$(mm) | 井室砖砌体 (m³/m) | 井室砂浆抹面 (m²/m) | 流槽砖砌体 (m³) |
|---|---|---|---|---|---|
| ≤600 | 1100×1100 | 370 | 2.18 | 11.76 | 0.35 |

| 流槽砂浆抹面 (m²) | 井筒砖砌体 (m³/m) | 井筒砂浆抹面 (m²/m) | 顶板数量 (块) | 井盖井座数量 (套) |
|---|---|---|---|---|
| 2.14 | 0.71 | 5.91 | 1 | 1 |

矩形排水检查井各部尺寸及工程量表
(井筒总高度≤2.0m,不落底井)

附录　市政工程施工图

注：
1. $D$ 为检查井主管管径。
2. 主管为企口管时，检查井的 $a'$ 为 1000mm—$a$，其余为 100mm。

平面图（Ⅰ型）

矩形排水检查井平面图、剖面图
（井筒总高度≤2.0m，落底井）

## 各 部 尺 寸

| 管径<br>$D$(mm) | 井室平面尺寸<br>$A \times B$(mm×mm) | 井壁厚度<br>$a$(mm) | 井室高度<br>$H_1$(mm) | 井筒高度<br>$h$(mm) |
| --- | --- | --- | --- | --- |
| ≤600 | 1100×1100 | 370 | 1800～1900 | 600～2000 |

## 工程数量表

| 管径<br>$D$(mm) | 井室平面尺寸<br>$A \times B$(mm×mm) | 井壁厚度<br>$a$(mm) | 井室砖砌体<br>(m³/m) | 井室砂浆抹面<br>(m²/m) |
| --- | --- | --- | --- | --- |
| ≤600 | 1100×1100 | 370 | 2.18 | 11.76 |

| 井筒砖砌体<br>(m³/m) | 井筒砂浆抹面<br>(m²/m) | 顶板数量<br>(块) | 井盖井座数量<br>(套) | |
| --- | --- | --- | --- | --- |
| 0.71 | 5.91 | 1 | 1 | |

矩形排水检查井各部尺寸及工程量表
(井筒总高度≤2.0m，不落底井)

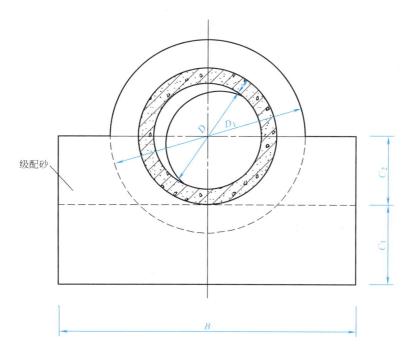

$D200\sim D300$ 承插管砂基础

**基础尺寸表**

| $D$ | $D_1$ | $t$ | $B$ | $C_1$ | $C_2$ | 级配砂用量($m^3/m$) |
|---|---|---|---|---|---|---|
| 200 | 365 | 30 | 560 | 150 | 130 | 0.130 |
| 300 | 510 | 40 | 680 | 150 | 190 | 0.174 |

说明：1. 本图尺寸以"mm"计。

2. 适用条件：

(1) 管顶覆土 0.7~4.0m。

(2) 开槽埋设的排水管道。

(3) 地基为原状土。

3. 管槽回填土的密实度：管子两侧不低于 90％，严禁单侧填高，管顶以上 500mm 内，不低于 85％，管顶 500mm 以上按路基要求回填。

4. 管基础与管道必须结合良好。

$D225\sim D300$ 承插管砂基础

管道基础

**基础尺寸表**

| D | D' | $D_1$ | t | B | $C_1$ | $C_2$ | $C_3$ | C15 混凝土用量（m³/m） |
|---|----|-------|---|---|-------|-------|-------|---------------------|
| 400 | 490 | 640 | 45 | 740 | 80 | 167 | 60 | 0.169 |
| 600 | 720 | 910 | 60 | 1010 | 80 | 246 | 71 | 0.282 |

说明：

1. 本图尺寸以"mm"计。
2. 适用条件：
    (1) 管顶覆土 D400～D600 为 0.7～4.0m。
    (2) 开槽埋设的排水管道。
    (3) 地基为原状土。
3. 垫层：① 碎石垫层，厚 100mm；
    ② 块石垫层，厚 300mm；
    ③ 水泥稳定碎石层，厚 250mm。
4. 管槽回填土的密实度：管两侧不低于 90%，严禁单侧填高，管顶以上 500mm 内，不低于 85%，管顶 500mm 以上按路基要求回填。
5. 管基础与管道必须结合良好。
6. 当施工过程中需在 $C_1$ 层面处留施工缝时，则在继续施工时应将间歇面凿毛刷净，以使整个管基连为一体。
7. 管道带形基础每隔 15～20mm 断开 20mm，内填沥青木丝板。

D400～D600 承插管 135°混凝土基础

## 钢筋及工程数量表

| 检查井尺寸 $A \times B$ (mm×mm) | 盖板尺寸 $A' \times B'$ (mm×mm) | 编号 | 直径 (mm) | 简图 (mm) | 根长 (mm) | 根数 (根) | 共长 (m) | 质量 (kg) | 每块顶板材料用量 钢筋 (kg) | 每块顶板材料用量 混凝土 ($m^3$) |
|---|---|---|---|---|---|---|---|---|---|---|
| 1100×1100 | 1450×1400 | ① | Φ10 | 1390 | 1390 | 2 | 2.780 | 1.715 | 23.232 | 0.197 |
| | | ② | Φ12 | 1390 | 1390 | 6 | 8.340 | 7.406 | | |
| | | ③ | Φ10 | 1340 | 1340 | 4 | 5.360 | 3.307 | | |
| | | ④ | Φ12 | 1340 | 1340 | 2 | 2.680 | 2.380 | | |
| | | ⑤ | Φ12 | 搭接42φ | 3020 | 2 | 6.040 | 5.364 | | |
| | | ⑥ | Φ10 | 均长140 | 均长 270 | 3 | 0.810 | 0.500 | | |
| | | ⑦ | Φ10 | 均长490 | 均长 620 | 3 | 1.86 | 1.148 | | |
| | | ⑧ | Φ10 | 均长290 | 均长 420 | 6 | 2.52 | 1.555 | | |

说明：1. 本图尺寸以"mm"计。
2. 材料：混凝土 C20，Φ为 HRB400 级钢筋。
3. 主钢筋净保护层 30mm。
4. 板顶覆土厚度为 600~2000mm。
5. 活载：城-B。

1100×1100 矩形排水检查井顶板配筋图

$A—A$ 剖面 1:30

顶板配筋平面 1:30

## 钢筋明细表

| 编号 | 简 图 | 直径(mm) | 根 数 |
|---|---|---|---|
| ① | 810 | Φ6 | 10 |
| ② | 80／260／150／160／200 | Φ4 | 10 |
| ③ | 930 | Φ6 | 10 |
| ④ | 80／260／150／160／200 | Φ4 | 6 |
| ⑤ | 45／160／150／60／200 | Φ4 | 6 |

注：1号筋遇侧石折弯。

## 主要工程数量表

| 序号 | 材料名称 | | 单位 | 数量 | 备 注 |
|---|---|---|---|---|---|
| 1 | 碎石垫层 | | m³ | 0.106 | |
| 2 | C15 混凝土 | | m³ | 0.106 | |
| 3 | 砖砌体 | | m³/m | 0.662 | |
| 4 | 砂浆抹面 | 底面 | m² | 0.199 | |
| | | 内侧面 | m²/m | 1.80 | |
| 5 | 雨水口箅子及底座 | | 套 | 1 | 防盗式 |
| 6 | C30 钢筋混凝土 | | m³ | 0.136 | |

说明：

1. 单位：mm。
2. 本图适用于沥青路面，当为混凝土路面时，则取消平石，箅子周围应浇筑钢筋混凝土加固，详见加固图。
3. 砖砌体用 M10 水泥砂浆砌筑 MU10 机砖，井内壁抹面厚 20mm。
4. 勾缝、坐浆和抹面均用 1:2 水泥砂浆。
5. 要求雨水口箅面比周围道路低 2～3cm，并与路面接顺，以利排水。
6. 安装箅座时，下面应坐浆；箅座与侧石、平石之间应用砂浆填缝。
7. 雨水口管：随接入井方向设置 $D200$，$i=0.01$。

### 单箅式雨水口主要工程量及钢筋表

总体布置立面图

总体平面布置图

说明：

图中桩号、坐标均以"m"计，其他尺寸以"cm"计。

289

立面图(正)

桥台横断面图

说明：图中标高以"m"计，其他尺寸以"cm"为单位。

20m空心板边板一般构造图

预应力钢束曲线坐标

| 束号 | 水平坐标 X 竖直坐标 Y | 0~150 跨中截面 | 250 | 300 | 350 | 400 | 450 | 500 | 550 | 600 | 650 | 700 | 750 | 800 | 850 | 900 | 950 | 983 锚固截面 |
|---|---|---|---|---|---|---|---|---|---|---|---|---|---|---|---|---|---|---|
| 1 | Y | 13.4 | 13.4 | 13.4 | 13.4 | 13.4 | 13.4 | 13.8 | 15.4 | 18.2 | 22.2 | 27.3 | 33.7 | 41.4 | 50.2 | 60.4 | 71.0 | 78.0 |
| 2 | Y | 7.8 | 7.8 | 7.8 | 7.8 | 7.8 | 7.8 | 7.8 | 7.8 | 7.8 | 7.8 | 7.8 | 7.8 | 7.8 | 8.0 | 9.1 | 10.8 | 12.0 |

一块板钢绞线材料数量表

| 束号 | 直径 (mm) | 根数 | 每根长度 (cm) | 共长 (m) | 单位质量 (kg/m) | 共质量 (kg) | φ56 波纹管长度 (m) |
|---|---|---|---|---|---|---|---|
| 1 | Φʲ15.24 | 8 | 2106.3 | 168.50 | 1.102 | 370.49 | 78.84 |
| 2 | Φʲ15.24 | 8 | 2096.2 | 167.70 | | | |

说明：
1. 本图尺寸除钢绞线直径以"mm"计，其余均以"cm"计，比例为 1:2.5。
2. 预应力钢束曲线坐标值为钢束竖向坐标至梁底距离。
3. 钢绞线孔道采用直径为 56mm 的预埋波纹管，锚具采用 YM15-4 锚具。
4. 设计采用标准强度 $R_y^b$=1860MPa 的高强度低松弛钢绞线，$4\phi^j15.24$mm 一束，两端张拉，每束钢绞线的张拉控制力为 781.2kN。

20m 空心板预应力钢束构造图

## 一块空心板普通钢筋明细表

斜交角20°　挑臂25cm　变截面

| 类别 | 编号 | 直径(mm) | 长度(cm) | 根数(根) | 共长(m) | 总质量(kg) | 合计 |
|---|---|---|---|---|---|---|---|
| 中板 | 1 | Φ8 | 2002.0 | 22 | 440.44 | 174.0 | |
| | 2 | Φ8 | 1760.0 | 4 | 70.40 | 27.8 | |
| | 3 | Φ8 | 165.1 | 2 | 3.30 | 1.3 | |
| | 3′ | Φ8 | 172.7 | 2 | 3.45 | 1.4 | |
| | 4 | Φ8 | 252.0 | 95 | 239.40 | 94.6 | |
| | 4′ | ⏀12 | 361.2 | 8 | 28.90 | 25.7 | 钢筋:(kg) |
| | 5 | ⏀12 | 359.2 | 14 | 50.29 | 44.7 | Φ8:474.1 |
| | 5′ | ⏀12 | 376.0 | 6 | 22.56 | 20.0 | ⏀12:193.8 |
| | 6 | Φ8 | 121.0 | 95 | 114.95 | 45.4 | 混凝土:(m³) |
| | 6′ | ⏀12 | 109.6 | 12 | 13.15 | 11.7 | C50:9.47 |
| | 7 | Φ8 | 89.8 | 240 | 215.52 | 85.1 | C20:0.24 |
| | 8 | Φ8 | 120.0 | 94 | 112.80 | 44.6 | |
| | 9 | ⏀12 | 98.6 | 85 | 83.83 | 74.4 | |
| | 9′ | ⏀12 | 102.9 | 4 | 4.12 | 3.7 | |
| | 10 | ⏀12 | 107.2 | 8 | 8.58 | 7.6 | |
| | 10′ | ⏀12 | 113.1 | 6 | 6.79 | 6.0 | |
| 边板 | 1 | Φ8 | 2002.0 | 25 | 500.5 | 197.7 | |
| | 2 | Φ8 | 1760.0 | 2 | 35.20 | 13.9 | |
| | 3 | Φ8 | 165.1 | 1 | 1.65 | 0.7 | |
| | 3′ | Φ8 | 172.7 | 1 | 1.73 | 0.7 | |
| | 4 | Φ8 | 361.6 | 99 | 357.98 | 141.4 | |
| | 5 | ⏀12 | 360.2 | 18 | 64.84 | 57.6 | 钢筋:(kg) |
| | 5′ | ⏀12 | 377.1 | 6 | 22.62 | 20.1 | Φ8:461.7 |
| | 6 | ⏀12 | 110.1 | 12 | 13.22 | 11.7 | ⏀12:208.9 |
| | 7 | Φ8 | 89.8 | 24.0 | 215.52 | 85.1 | 混凝土:(m³) |
| | 8 | Φ8 | 120.0 | 47 | 56.40 | 22.3 | C50:10.60 |
| | 9 | ⏀12 | 128.4 | 87 | 111.72 | 99.2 | C20:0.24 |
| | 9′ | ⏀12 | 132.7 | 10 | 13.27 | 11.8 | |
| | 10 | ⏀12 | 140.2 | 6 | 8.41 | 7.5 | |
| | 10′ | ⏀12 | 113.6 | 1 | 1.14 | 1.0 | |

注:C20混凝土为空心板封端混凝土。

### 20m空心板锚端钢筋构造图
#### 一块板锚端钢筋明细表

| 编号 | 直径(mm) | 每根长度(cm) | 根数 | 共长(m) | 总长(m) | 总质量(kg) | YM15-4锚具(套) |
|---|---|---|---|---|---|---|---|
| 1 | ф12 | 86.0 | 48 | 41.28 | 112.6 | 126.8 | 8 |
| 2 |  | 210.6 | 4 | 8.42 |  |  |  |
| 3 |  | 74.0 | 42 | 31.08 |  |  |  |
| 4 |  | 50.0 | 16 | 8.00 |  |  |  |
| 5 |  | 109.6 | 16 | 17.54 |  |  |  |
| 6 |  | 16.0 | 128 | 20.48 |  |  |  |

说明：
1. 本图尺寸除钢筋直径以"mm"计,其余均以"cm"计,比例为1:20。
2. 图中锚具、锚下垫块均未示出,YM15-4锚具、锚下垫板及螺旋筋连同锚具向厂家成套购置。
3. 端部钢筋密集、混凝土强度等级较高,施工时要求采取适当措施,使端部混凝土密实,确保混凝土质量。
4. 施工时必须保持锚垫板与钢绞线管道垂直。
5. 图中带括号尺寸,括号内为边板尺寸,括号外为中板尺寸。

跨径20m空心板中板锐角钝角、加强筋构造图

**一根桩材料数量表**

| 编号 | 直径(mm) | 长度(cm) | 根数 | 共长(m) | 质量(kg) | 总质量(kg) |
|---|---|---|---|---|---|---|
| 1 | φ20 | 3718 | 10 | 371.80 | 918.3 | 1712.1 |
| 2 | φ20 | 2717 | 10 | 271.70 | 671.1 | |
| 3 | φ20 | 276 | 18 | 49.68 | 122.7 | |
| 4 | φ8 | 52655 | 1 | 526.55 | 208.0 | 214.9 |
| 5 | φ8 | 1749 | 1 | 17.49 | 6.9 | |
| 6 | φ12 | 53 | 72 | 38.16 | 33.9 | 33.9 |
| C25 混凝土(m³) | | | | | 39.27 | |

说明：
1. 图中尺寸除钢筋直径以"mm"计，其余以"cm"为单位。
2. 加强钢筋绑扎在主筋内侧，其焊接方式为双面焊。
3. 定位钢筋 N6 每隔 2m 设一组，每组 4 根，均匀设于加强筋 N3 四周。
4. 沉淀物厚度不大于 15cm。
5. 全桥共钻孔桩 48 根。

一个搭板材料数量表

| 编号 | 直径(mm) | 长度(cm) | 根数 | 共长(m) | 质量(kg) | 总质量(kg) |
|---|---|---|---|---|---|---|
| 1 | Φ22 | 652 | 34 | 221.68 | 660.6 | 660.6 |
| 2 | Φ16 | 647 | 34 | 219.98 | 347.6 | 347.6 |
| 3 | Φ22 | 679 | 33 | 224.07 | 667.7 | 667.7 |
| 4 | Φ16 | 673 | 33 | 222.09 | 350.9 | 350.9 |
| 5 | Φ12 | 42 | 289 | 121.38 | 107.8 | 217.4 |
| 6 | Φ12 | 133 | 48 | 63.84 | 56.7 | |
| 7 | Φ12 | 124 | 48 | 59.52 | 52.9 | |
| C30 混凝土 (m³) | | | | | | 11.97 |

说明：
1. 图中尺寸除钢筋直径以 "mm" 计，其余以 "cm" 为单位。
2. 搭板横向布置在快车道内，全桥 8 块。
3. 全桥纵缝连接钢筋 115.5kg。

纵缝连接杆大样

搭板配筋图（一）

## 一个搭板材料数量表

| 编号 | 直径 (mm) | 长度 (cm) | 根数 | 共长 (m) | 质量 (kg) | 总质量 (kg) |
|---|---|---|---|---|---|---|
| 1 | Φ22 | 652 | 42 | 273.84 | 816.0 | 816.0 |
| 2 | Φ16 | 647 | 42 | 271.74 | 429.3 | 429.3 |
| 3 | Φ22 | 865 | 33 | 285.45 | 850.6 | 850.6 |
| 4 | Φ16 | 859 | 33 | 283.47 | 447.9 | 447.9 |
| 5 | Φ12 | 42 | 357 | 149.94 | 133.1 | |
| 6 | Φ12 | 154 | 48 | 73.92 | 65.6 | 260.4 |
| 7 | Φ12 | 124 | 56 | 69.44 | 61.7 | |
| C30 混凝土 (m³) | | | | | | 15.32 |

说明：
1. 图中尺寸除钢筋直径以 "mm" 计，其余以 "cm" 为单位。
2. 搭板横向布置在辅道内，全桥共4块。

### 搭板配筋图（一）

钢筋数量表（一根枕梁）

| 编号 | 直径 (mm) | 一根长 (cm) | 根数 | 总长 (m) | 单位质量 (kg/m) | 总质量 (kg) |
|---|---|---|---|---|---|---|
| 1 | Φ10 | 124 | 41 | 50.84 | 0.617 | 31.3 |
| 1' | Φ10 | 128 | 6 | 7.68 | 0.617 | 4.7 |
| 2 | ⫶22 | 55 | 36 | 19.8 | 2.984 | 59.1 |
| 3 | ⫶22 | 846 | 10 | 84.6 | 2.984 | 252.4 |

合计：C30混凝土 1.02m³，HRB400级 242.9kg，HPB300级 28.4kg

枕梁构造配筋图（二）

说明：
1. 本图尺寸除钢筋直径以"mm"计，其余以"cm"计。
2. 本图为非机动车道搭板下的枕梁，全桥共4个。
3. 2号钢筋为底板枕梁处支撑栓钉，离板端15cm，其间距为50cm。
4. 栓钉下和搭板间的地基土容许承载力应不小于250kPa。可用塑料套管使其自由，但必须在塑料管内灌入沥青以防栓钉腐蚀。
5. 钢筋与现浇板混凝土不粘结，保证搭板转动自由，但必须在塑料管内灌入沥青以防栓钉腐蚀。
6. 枕梁垫层为6%水泥稳定碎石。
7. 桥头搭板要求按图中所示填筑级配砂砾，按密度施工要求；粒径要求：路槽面以下0~80cm范围>96%（>98%），水稳密实。

平面图 1:10

A—A 剖视图

### 技术参数表

| 型号 | 伸缩量 | N1 | N2 | N3 | N4 | 螺孔间距 | | h |
|---|---|---|---|---|---|---|---|---|
| | | | | | | $a×b$ | $e×d$ | |
| 80 | 0-80 | 980×410×28 | 980×240×28 | 976×250×2 | 700×1.6 延长 | 35×70 | 35×80 | 120 |

### B 值表

| 设置温度 T 规格 | 0℃以下 | 10℃ | 20℃ | 30℃ | 40℃以上 |
|---|---|---|---|---|---|
| SFP-80 | 620 | 610 | 600 | 590 | 580 |

说明：
1. 本图尺寸均以"mm"计。
2. 梁架设时，梁端应为一直线并预留适当缝隙，预留缝隙根据气温参照 C 值确定，同时采取有效的措施，防止杂物落入缝隙。
3. 开挖槽尺寸以梁的端面为基准，根据气温参照 B 值放样。
4. 滑移钢板应安装在滑动梁一端。
5. 桥面上应安装滑移钢板。
6. 伸缩装置应安装在坚实的地基上，对原桥面松散和不坚固的铺装需彻底凿除，同时防止杂物落入缝隙内。
7. 桥面为双向车道时，梳形钢板必须从桥面的中心线处开始编排，非标准长度的梳形钢板应放在桥面的两端。
8. 锚固螺栓埋设深度应大于 50mm，在定位打孔时如遇原缝中的预埋件，该处的螺栓应用电焊焊接锚固。
9. 锚固螺栓孔用专用锚具定位，孔距应与梳形钢板一致，螺栓顶部应低于钢板顶面 1~2mm。
10. 锚固螺栓用环氧砂浆埋设。
11. 安装时，梳形钢板的总宽度应根据气温参照 B 值确定。
12. 混凝土浇捣要密实、平整、无蜂窝状，采用 C40 纤维网混凝土。
13. 安装后，伸缩装置表面与原路面纵向高差应控制在 2mm 内（3mm 直尺范围），横向的顺直度应控制在 3mm 内（一条缝范围内）。
14. 伸缩装置顶部的锚固螺栓孔，用环氧砂浆灌注封闭，梳形钢板间的缝隙用防水油膏封闭，油膏层厚比梳形钢板顶面低一些。
15. 伸缩缝预埋筋必须与厂家产品规格配套，并由厂家指导安装。

SFP伸缩缝

# 主要参考文献

［1］ 中华人民共和国住房和城乡建设部. 建设工程工程量清单计价规范：GB 50500—2013［S］. 北京：中国计划出版社，2013.
［2］ 袁建新，袁媛. 建筑工程预算［M］. 7版. 北京：中国建筑工业出版社，2023.
［3］ 袁建新. 工程量清单计价［M］. 5版. 北京：中国建筑工业出版社，2020.
［4］ 王云江. 市政工程定额与预算［M］. 北京：中国建筑工业出版社，2005.
［5］ 中华人民共和国住房和城乡建设部. 市政工程工程量计算规范：GB 50857—2013［S］. 北京：中国计划出版社，2013.